鸡饲料配方设计技术

王继华　傅庆民　编著

中国农业大学出版社

图书在版编目(CIP)数据

鸡饲料配方设计技术/王继华,傅庆民编著.—北京:中国农业大学出版社,2005.6

ISBN 978-7-81066-873-6

Ⅰ.鸡…　Ⅱ.①王…②傅…　Ⅲ.鸡-饲料-配方　Ⅳ.S831.5

中国版本图书馆 CIP 数据核字(2005)第 035220 号

书　　名	鸡饲料配方设计技术		
作　　者	王继华　傅庆民　编著		
策划编辑	张秀环　潘晓丽	责任编辑	彭威鑫
封面设计	郑　川	责任校对	陈　莹　王晓凤
出版发行	中国农业大学出版社		
社　　址	北京市海淀区圆明园西路 2 号	邮政编码	100193
电　　话	发行部 010-62731190,2620	读者服务部	010-62732336
	编辑部 010-62732617,2618	出　版　部	010-62733440
网　　址	http://www.cau.edu.cn/caup	E-mail	caup@public.bta.net.cn
经　　销	新华书店		
印　　刷	北京时代华都印刷有限公司		
版　　次	2005 年 7 月第 1 版　2009 年 3 月第 3 次印刷		
规　　格	850×1 168　32 开本　9.5 印张　235 千字		
印　　数	7 001～10 000		
定　　价	16.50 元		

内容提要

本书详细介绍了鸡饲料配方设计过程和设计方法技巧，这些配方设计过程和方法技巧多数是作者在科研或生产中实际使用过的。本书给出了大量实用的饲料配方，供初学者研究和模仿。本书还介绍了最近公布的中国饲料数据库，以及中外最近公布的各种家畜的饲养标准及其使用技术。本书系统介绍了控制鸡产品质量的饲料配方设计技术，例如控制肉鸡胴体质量的技术，控制鸡蛋质量（例如高锌蛋、高碘蛋等）的饲料配方设计技术，炎热的夏季设计鸡饲料配方的技术等。目前电脑已经普及，利用Office 2000里的Excel 2000或以上版本，完全可以不买饲料配方软件，自己设计出简单易用的程序；本书对利用Excel 2000及以上版本设计最佳饲料配方的技术给予了相当详细的介绍。

前言

在养鸡生产中，饲料投入占总生产成本的75%左右，所以提高养鸡经济效益的关键是使用物美价廉的配合饲料。目前专业化、工厂化生产的配合饲料，其技术含量高低主要取决于饲料配方，这是生产配合饲料的核心技术。由于行业竞争和科技进步，对配方师的技术要求越来越高。要从多种原料、多项指标、多个配方，设计出“营养全、消化率高、适口性好、体积适当、成本低、效益高”的最佳饲料配方，不仅需要营养学和饲料学知识，而且需要懂得饲料加工技术。

我个人从事养鸡生产技术研究已20多年，在一些饲料厂家做技术总监，出饲料配方也有十几年了。1998年，学校要求我为饲料专业和畜牧专业承担新开课程“饲料配方设计技术”的讲授和实验全部教学任务。由于此课程在我国同类高等学校中也是新开设的，没有类似内容的教科书可以借用，我只有自己编写教材。书稿在我校教务处印刷后，不仅往届毕业的学生，而且许多养殖界同行来函来电索要，并且在使用后提出了许多修改意见。本书就是在“饲料配方设计技术”讲稿的基础上多次修改写成的。

本书详细介绍了鸡饲料配方设计过程和设计方法技巧，这些配方设计过程和方法技巧多数是作者在科研或生产中实际使用过的。本书给出了大量实用的饲料配方，供初学者研究和模仿；本书还介绍了最近公布的中国饲料数据库，以及中外最近公布的各种家畜的饲养标准及其使用技术。

一个突出特点是，本书系统介绍了控制鸡产品质量的饲料配方设计技术，例如控制肉鸡胴体质量的技术，控制鸡蛋质量（如高锌蛋、高碘蛋等)的饲料配方设计技术,天气炎热的夏季设计鸡饲料配方的技术等;目前电脑已经普及,利用 Office 2000 里的 Excel 2000 或以上版本,完全可以不买饲料配方软件,自己设计出简单易用的程序;本书对利用 Excel 2000 及以上版本设计最佳饲料配方的技术给予了相当详细的介绍。

因为教学需要,本书每年都要修改,写作过程长达10余年,所以许多参考文献已经无法找到出处,我们只有在此向原作者致以衷心感谢!同时,对于多年来为本书的修改提出建议和意见的养殖界、饲料界同行和我校的毕业生们表示衷心的感谢。

限于作者的知识和技术水平,本书不当之处难免,恳望读者不吝赐教。我的电子信箱是 wangjihuamail@sohu.com。

王继华

2005 年 7 月 1 日

于河北工程学院动物科学系

目　录

第一章 鸡饲料营养原理

动物为维持生命及生长发育、繁殖和生产需要，每天必须采食一定数量的饲料。饲料中含有动物需要的各种养分，包括能量、蛋白质、碳水化合物、粗脂肪、矿物质、维生素和水等。要提高动物生产和饲料转化效率，必须了解饲料养分对动物生存，繁衍和生产所起的作用。

饲料配方是否能达到设计目标的关键在于：①对动物营养需要量的认识是否准确；②对饲料原料的有效养分含量或生物学效价掌握的准确程度；③对配合饲料加工贮藏过程中养分损失的准确预测。所以这些研究是营养学、饲料学和配方师的首要目标。

第一节 饲料的养分

从人类认识的角度看，人类对动物所需养分和饲料所含养分的认识过程是由粗到细，由简到繁。从动物本身看，随动物种类、性别、年龄、生理状态和生产性能的不同，所需养分的种类和数量也有变化。

（一）经典的饲料养分

一般用化学分析法研究饲料所含养分的种类和数量。经典的常规化学分析测定表明，饲料中含有蛋白质、碳水化合物、粗脂肪、矿物质、维生素和水 6 大部分，见表 1-1。这些成分可分为能源物质、组织物质和活性物质 3 类。

表 1-1　饲料中的养分

- 饲料
  - 水分
  - 干物质
    - 有机物
      - 维生素
      - 含氮物质(粗蛋白)
        - 真蛋白质
        - 氮化物
      - 无氮物质
        - 粗脂肪
        - 碳水化合物
          - 粗纤维
            - 纤维素
            - 半纤维素
            - 木质素
          - 无氮浸出物
            - 糖
            - 淀粉
    - 矿物质(灰分)

饲料中的不同养分在动物体内的营养作用不同。能源物质为动物提供能量,主要成分是碳水化合物和脂肪。组织物质构成动物机体各种组织,蛋白质、脂肪、矿物质和水分是基本的组织物质。活性物质是对动物体内新陈代谢过程起调节作用的物质,维生素、微量元素和某些脂肪酸即属于活性物质。这些物质在饲料中比例很小,但其功用十分重要,尤其在封闭圈养条件下动物无法自由活动,无法自己寻找到所需养分,所以无论缺少哪一种活性物质,动物都会发生疾病或生长受阻。

(二)饲料养分的细分

养分是指具有营养作用的化学物质,如蛋白质、碳水化合物、矿物质、维生素和水等。

随着分析手段和试验方法的发展,人类对动物营养需要的认识越来越深刻,不仅认识的动物所需养分的种类越来越多,而且对各种养分需要量的认识越来越精确。目前人类已认识到家畜必需的养分种类已多达50余种,见表1-2。

表 1-2　动物所需养分的种类

养分	复胃	单胃	养分	复胃	单胃	养分	复胃	单胃
能量	＋	＋	维生素A	＋	＋	钙	＋	＋
亚油酸	—	＋	维生素D_2	＋	＋	磷	＋	＋
蛋白质	＋	＋	维生素D_3	＋	＋	有效磷	—	＋
精氨酸	—	＋—	维生素E	＋	＋	钠	＋	＋
组氨酸	—	＋	维生素K	＋	＋	氯	＋	＋
异亮氨酸	—	＋	核黄素	—	＋	镁	＋	＋
亮氨酸	—	＋	硫氨素	—	＋	钾	＋	＋
赖氨酸	—	＋	泛酸	—	＋	硫	＋	＋
蛋氨酸	—	＋	烟酸	—	＋	铁	＋	＋
胱氨酸	—	＋	胆碱	—	＋	铜	＋	＋
苯丙氨酸	—	＋	吡哆醇	—	＋	锰	＋	＋
酪氨酸	—	＋	生物素	—	＋	锌	＋	＋
色氨酸	—	＋	叶酸	—	＋	钴	＋	＋
苏氨酸	—	＋	维生素B_{12}	＋	＋	碘	＋	＋
甘氨酸	—	＋—				硒	＋	＋
丝氨酸	—	＋—				镍	＋	＋
缬氨酸		鸡＋				锡	＋	＋

注：标有“＋”、“—”的精氨酸、甘氨酸和丝氨酸是半必需氨基酸，在有些条件下动物自身合成的速度不能满足最大生长的需要，而需要日粮中供给。

（三）水分

1．水分的概念

饲料在100～105℃烘至恒重所失去的重量，定义为该饲料的水分含量。干物质是指从饲料中扣除水分后的物质的重量，可用每千克含多少克（g/kg）或以百分率（%）表示。

在评价饲料的养分含量以及设计饲料配方时，需要把水分扣除才能有个统一的处理标准。尤其是青贮饲料和青绿饲料等含水分量极不稳定的饲料原料，在干物质基准上评价和分析其养分含量才方便使用。

2．水在饲料中有两种存在状态

一是游离水，二是结合水。同种饲料中水分含量高低主要取决于游离水变化。不同饲料中水分含量不等，风干饲料一般含水分在12％左右。饲料中含水分高时易发热、发霉或变质，所以含水量是影响饲料质量的重要因素，直接影响饲料贮藏期限。动物体内也含有水分。畜体含水量随家畜种类、体况和年龄而异。幼年家畜含水分多，越胖含水分越少。例如出壳雏鸡含水分85％左右，42周龄时含水55％。

3. 水分在家畜体内有多种功能

例如运输、溶剂、化学反应的介质、润滑、维持器官形态和体态、调节体温等。

4. 家畜可从3方面获得水

饮水、饲料中的水和代谢水，以饮水为主。

5. 水的供应十分重要

缺水可影响动物健康、严重可致死，蛋鸡缺水产蛋量下降，肉鸡缺水生长缓慢。

第二节 蛋白质与氨基酸

(一)蛋白质的概念与营养作用

粗蛋白质(CP)是常用于表示饲料中蛋白质含量的一种指标。一般用饲料中含氮化合物中的总氮量乘以6.25的积来表示。

蛋白质是生命的基础，是动物一切生命活动和生产活动不可缺少的物质，它在动物体内的特有功能是其他任何物质不能取代和转化的。蛋白质是组成机体的结构物质(细胞组成)，是体内代谢活性物质(激素、酶、免疫抗体)的主要成分，是组织更新、修补的原料。蛋白质还可以像碳水化合物、脂肪一样作为动物的能源物质。但碳水化合物和脂肪却不能代替蛋白质，所以在动物饲养中蛋白质既重要又最易缺少。在动物生产上，蛋白质的质和量直接关系到动物生命、生长、发育、繁殖和生产，因此饲料中供应足够质和量的蛋白质对动物生活和生产有重要作用。

(二)动物对蛋白质的需要量

不同动物对蛋白质的需要量不同。动物对蛋白质的需要量随物种、品种、生长发育阶段、生理状况、生产性能等而变化。环境温度过高或过低时也会影响动物的蛋白质和氨基酸需要量。

为保持营养平衡,在设计饲料配方时必须根据能量水平调整蛋白质和氨基酸水平,各种氨基酸占粗蛋白质的比例应保持不变,这对于白来航鸡和产蛋火鸡特别合适。蛋白质供给过剩不仅浪费,而且因需消化分解和排出它们而加重肝和肾的负担,严重时会导致肝脏结构和功能损伤,最终导致机体蛋白质中毒,即酸毒症。所以一般饲养标准都规定相应动物的蛋白质需要量。

(三)蛋白质消化率

反映蛋白质被动物消化吸收的比例,常以吸收的氮占食入氮的百分数(%)表示,叫表观消化率。若从粪中扣除因肠道上皮细胞脱落等产生的内源氮,则所得结果叫真消化率。影响饲料消化率的主要因素有饲料品质、动物物种、品种、年龄、生理状态和饲养管理等。饲料品质因素包括:①蛋白质种类。例如羽毛粉的粗蛋白质含量可达86%,但消化率仅25%;豆粕含粗蛋白质约46%,消化率为90%。②粗纤维水平影响蛋白质消化率。③粉碎粒度。④加工方式。例如加热过度的豆粕其蛋白质消化率下降。⑤蛋白酶抑制因子。例如生大豆含蛋白酶抑制因子,降低大豆蛋白质的消化率。⑥非蛋白氮,猪鸡等不可利用。

(四)氨基酸的概念

鸡对蛋白质的需要实际上是对氨基酸的需要。鸡不仅要求饲料中氨基酸的种类齐全,而且还要求氨基酸间有一定数量和比例。蛋白质的生物学价值不仅取决于蛋白质消化率,而且还取决于所含氨基酸的平衡状况。

1. 氨基酸

一般认为构成动物机体蛋白质的氨基酸只有20种。

2. 必需氨基酸

必需氨基酸是指动物体内不能合成或合成速度和数量不能满足动物正常生理及生产需要，必须由饲料供给才可满足动物正常生理活动及生产需要的氨基酸。

对雏鸡而言，必需氨基酸一般有13种：赖氨酸，蛋氨酸，苏氨酸，亮氨酸，异亮氨酸，苯丙氨酸，缬氨酸，色氨酸，组氨酸，精氨酸，甘氨酸，胱氨酸和酪氨酸；鸡成年后，体内甘氨酸、胱氨酸和酪氨酸的合成能力逐渐增强，其需要量相对下降，所以成年鸡的必需氨基酸仅为10种。

3. 非必需氨基酸

非必需氨基酸是指动物能自身合成或无需添加就可从饲料中获得足够需要的氨基酸。饲料中的氨基酸被分为必需和非必需，但对于动物生长过程两者都是必需的。非必需氨基酸一般占动物总氨基酸需要量的50%左右，如果非必需氨基酸不能满足需要，机体将利用必需氨基酸合成，结果引起必需氨基酸缺乏。考虑到必需氨基酸成本较高，生产上一般要首先满足非必需氨基酸的需要。从营养上讲，非必需氨基酸也是动物营养需要的重要养分，只不过动物自身能足量合成它们，饲料中缺乏时不致患病。

4. 氨基酸平衡

当饲料或饲粮中所含的各种氨基酸之间的比例与动物氨基酸需要量的比例一致或很接近时，氨基酸的利用效率最高。这种氨基酸组分之间的恰当比例，就叫氨基酸平衡。

氨基酸平衡不仅在必需氨基酸之间，而且在必需氨基酸与非必需氨基酸之间，同样有重要意义。尤其当必需氨基酸供给量不足时，其重要性更明显。所以在设计饲料配方时，一定要注意各种氨基酸占粗蛋白质的百分比，即营养平衡。

5. 限制性氨基酸

有些氨基酸在常规饲料或饲粮中不能满足动物营养需要，且这些不足的氨基酸又影响到其他氨基酸利用和蛋白质生物学价值，这些氨基酸被称为“限制性氨基酸”。由于非必需氨基酸可在动物体内足量合成，所以限制性氨基酸都是必需氨基酸。在必需氨基酸中根据其易缺程度可分为第一、第二、第三、……限制性氨基酸。常见的限制性氨基酸是蛋氨酸、赖氨酸和色氨酸。

不同生产目的时限制性氨基酸的排列顺序不同。例如鸡第一限制性氨基酸是蛋氨酸，第二限制性氨基酸是赖氨酸，而猪第一限制性氨基酸是赖氨酸，仔猪第二限制性氨基酸是苏氨酸。

6. 氨基酸的构型

除甘氨酸外，按碳原子构型可把氨基酸分为*L*-型和*D*-型。动植物体蛋白质水解后产生的氨基酸都是*L*-型的，合成和发酵法产生的氨基酸有*L*-型氨基酸、*D*-型氨基酸及*L*-型和*D*-型混合的*DL*-型氨基酸。动物只能直接利用*L*-型氨基酸。除蛋氨酸外，*D*-型和*DL*-型氨基酸利用率很低，甚至完全不能被利用。

7. 氨基酸的消化率

不同动物对不同饲料的氨基酸消化率不同，设计饲料配方时最好按可消化氨基酸设计。在为特定动物设计饲料配方时，影响氨基酸消化率的主要因素只有3个，即饲料原料品种（例如鱼粉中的赖氨酸比棉粕中的消化率高）、加工方法（例如熟豆粕中的赖氨酸比生豆粕中的消化率高）和饲料配方的营养平衡程度或原料搭配比例（养分越平衡的饲料其养分消化率越高，包括氨基酸的消化率）。所以在设计饲料配方时，要选择合适的饲料原料，并进行适度初加工，合理搭配各种原料，使各种常量和微量养分达到最佳平衡状态，这是设计饲料配方的最低要求。

（五）理想蛋白质

理想蛋白质是指各种必需氨基酸以及供给合成非必需氨基酸的氮源之间有最佳平衡比例的日粮蛋白质。一般地说，必需氨基酸总量与非必需氨基酸总量之间的比例为1：1～45：55。通常以日粮赖氨酸为基准,以赖氨酸的量为100%,以其他氨基酸占赖氨酸的百分比表示理想蛋白质的氨基酸模式。

动物对饲料蛋白质的利用,是将蛋白质消化降解为氨基酸,然后以氨基酸(少部分以短肽)的形式吸收、参与机体代谢,合成各种动物组织蛋白,生产产品。各种蛋白质不仅消化率不同,所含氨基酸组成比例也不同。当动物合成某一组织蛋白(或生产某一特定产品,如鸡蛋)时,动物只是按所要合成蛋白质中氨基酸组成比例利用饲料蛋白质中的氨基酸。如果其中一种或几种必需氨基酸比例低于所要合成蛋白质中相应氨基酸的比例,则会限制其他氨基酸的利用,降低饲料蛋白质的生物学价值。只有供给的蛋白质中所含氨基酸比例与要合成蛋白质一致时,蛋白质才能最有效地被利用,各种氨基酸的效价也最高。可见,饲料蛋白质的质量不仅取决于所含氨基酸的总量和消化率,而且还取决于氨基酸组成的比例。一般说来,动物性蛋白质所含必需氨基酸量和比例都与动物需要量接近,因而生物学效价高,品质好。多数谷物及其他植物性蛋白质含必需氨基酸总量少,比例不符合动物需要,生物学价值低,品质差。目前营养学家们视与某特定动物群体特定生长阶段的体组织蛋白质(或某产品蛋白质)中氨基酸比例一致的蛋白质为此群体、此阶段的"理想蛋白质"。

(六)蛋鸡的理想蛋白质模式

国内外有不少关于家禽的氨基酸模式,差异很大。理想蛋白质氨基酸模式是以日粮赖氨酸为基准的。产蛋鸡对特定数量单体氨基酸的生理需要主要是用于生产鸡蛋蛋白和体组织蛋白。尹清强等(1995)推荐罗曼蛋鸡产蛋前期氨基酸模式见表1-3。

氨基酸需要量的最好表达方式是以每天氨基酸的摄入量(一般为mg/d)直接表示而不是占饲粮的百分比。美国NRC(1994)根据体重及日采食量对产蛋鸡每日氨基酸需要量进行了计算。见附录。

表 1-3 罗曼蛋鸡产蛋前期的各种氨基酸模式

氨基酸	A	B	C	氨基酸	A	B	C
赖氨酸	100	100	100	缬氨酸	106	98	97
苏氨酸	78	72	72	异亮氨酸	76	69	73
蛋氨酸	43	42	44	亮氨酸	205	189	196
胱氨酸	27	25	24	酪氨酸	69	63	64
色氨酸	16	15	15	苯丙氨酸	110	101	101
组氨酸	57	53	53	精氨酸	124	119	119

注:数据引自《中国兽医学报》,1995,15(4);A 为饲养试验的最佳氨基酸模式;B 为回归分析优选氨基酸模式;C 为回归分析优选可消化氨基酸模式。

(七)肉仔鸡的理想氨基酸模式

肉仔鸡的氨基酸需要量受日龄、性别、温度、品种和氨基酸平衡的影响。表1-4 列举了一些研究机构所建议的氨基酸需要量。美国 NRC(1994)将肉仔鸡的氨基酸需要量按三个生长阶段进行划分;ARC(1981)和 SCA(1987)则按两个生长阶段进行划分。美国 NRC(1994)的估测值看起来比较合理,因为生长动物的营养物质需要量,尤其是蛋白质和氨基酸的需要量随生长阶段而急剧变化。

表 1-4 肉仔鸡氨基酸需要量 %

养分	NRC(1994)			ARC(1981)		SCA(1987)	
	0～3周龄	4～6周龄	7～8周龄	0～4周龄	5～8周龄	0～4周龄	5～8周龄
消化能(MJ/kg)	13.38	13.38	13.38	13.0	13.0	12.54	13.38
粗蛋白质	23.0	20.0	18.0	18.8	15.6	—	—
精氨酸	1.44	1.20	1.00	1.03	0.76	1.02	0.94
甘氨酸+丝氨酸	1.50	1.00	0.70	1.40	1.02	—	—
组氨酸	0.35	0.30	0.26	0.48	0.36	0.40	0.35
异亮氨酸	0.80	0.70	0.60	0.85	0.64	0.57～0.8	0.51
亮氨酸	1.35	1.18	1.00	1.47	1.07	0.16～1.94	1.22
赖氨酸	1.20	1.00	0.85	1.10	0.80	1.13	0.90
蛋氨酸+胱氨酸	0.93	0.72	0.60	0.92	0.67	0.85	0.59
蛋氨酸	0.50	0.38	0.32	0.48	0.36	0.45	0.35

续表1-4

养分	NRC(1994)			ARC(1981)		SCA(1987)	
	0～3周龄	4～6周龄	7～8周龄	0～4周龄	5～8周龄	0～4周龄	5～8周龄
苯丙氨酸＋酪氨酸	1.34	1.17	1.00	1.58	1.16	1.36	1.13
苯丙氨酸	0.72	0.63	0.54	0.85	0.64	0.79	0.63
苏氨酸	0.80	0.74	0.68	0.74	0.53	0.68	0.54
色氨酸	0.23	0.18	0.17	0.21	0.15	0.21	0.17
缬氨酸	0.82	0.72	0.62	0.98	0.71	0.77～1.06	0.73

(八)理想蛋白质氨基酸模式的应用

1. 配制低蛋白质日粮

在设计饲料配方时，添加限制性氨基酸使日粮氨基酸水平与需要量处于平衡，可降低饲养标准中粗蛋白质1～2个百分点，最大限度地提高饲料利用率。在利用理想蛋白体系配制低蛋白氨基酸平衡日粮时必须注意，以可利用氨基酸为基础配制日粮和采用自由采食方式效果才较好。

2. 有效利用非常规蛋白饲料

缓解蛋白质资源缺乏的另一个重要方法是充分利用非常规蛋白质饲料，如菜子粕、棉子粕、肉骨粉、羽毛粉等。棉子饼和菜子饼中含有毒物质。一般以化学去毒剂和限制在日粮中的使用比例来减少其毒性和对适口性的影响；而对其营养不平衡性，改善途径是以可消化氨基酸为基础按理想蛋白氨基酸模式配制日粮。

3. 有利于环境保护

利用理想氨基酸模式，使家禽对日粮蛋白质的利用率提高，从而减少由排泄物导致的环境污染。此外，因为过多的氮以尿素或尿酸形式排出，而合成这些物质需耗用能量，所以理想氨基酸平衡可缓解家禽应激，这对笼养鸡特别重要。

(九)理想蛋白质氨基酸模式目前存在的问题

现有理想氨基酸模式在理论和实践上存在一些问题：①动物

体内存在蛋白质周转，已降解的体蛋白并不完全随排泄物或分泌物排出，而是大部分被动物重新利用合成体蛋白。这部分氨基酸如何与日粮氨基酸相平衡，有待深入研究。②饲料中蛋白质结合态氨基酸与合成氨基酸间存在差异，研究理想蛋白质是利用基础日粮中添加合成氨基酸的方式进行的，而结合态氨基酸与合成氨基酸的吸收速度和利用率不同。③氨基酸吸收受体内离子平衡状况和代谢调节的影响。目前尚不清楚氨基酸以小肽形式吸收和转运的营养作用对理想氨基酸模式的影响。胃肠激素及许多中枢神经递质（多巴胺、儿茶酚氨、5-羟色胺）都与饲粮中相应氨基酸水平有密切联系，但理想氨基酸模式与它们的关系仍有待澄清。

第三节　能量与脂肪

任何生命活动都是在能量支持下进行的。一般认为，每天每只动物采食的能量一般相对稳定。饲粮中的能量浓度低时采食量增加，能量浓度高时采食量减少，这就是动物“为能而食”的理论。不过动物调节每天能量采食量的能力并不很精确。例如蛋鸡，饲料能量浓度高时会采食较多能量，导致体脂肪增加，影响产蛋性能。更重要的是，动物调节每天能量采食量的能力有限。当饲料中能量浓度过低时，虽然动物会尽量增加采食量以企图摄取足够能量，但由于消化道容积有限，动物消化能力也有限，所以仍有可能得不到足够能量。这就会导致动物分解体组织以满足生存或生产需要，久之会降低生产性能和机体健康水平。

所以一般认为，饲料中能量浓度只能在一定范围内变化，否则会影响动物生产性能和健康水平。例如蛋鸡配合饲料中，代谢能含量在11.08～12.13 MJ/kg 范围内变化时，每日能量采食量大致不变；10.8 MJ/kg 时已略显影响；低于10.8 MJ/kg 时就显著降低每天的代谢能采食量。

(一)能量的度量单位

在动物营养学范畴,1984 年前用“卡(cal)”为单位表示能量,以后按我国国家标准规定,统一改用“焦(J)”(或焦耳)为单位表示。焦与卡的换算关系为:

1 cal＝4.184 J;1 kcal＝4.184 kJ;1 Mcal＝4.184 MJ

1 J＝0.238 8 cal;1 kJ＝1 000 J;1 MJ＝1 000 kJ

卡(cal)是指在101.325 千帕(kPa)的恒定压力下,将1 g 无空气的水从14.5℃加热到15.5℃所需的热量。准确的全称应为克卡。各种能的形式都可转变成热能,所以过去营养学者都习惯用热单位来表示能的量。1 000 cal 称为1 kcal,1 000 kcal 称为1 Mcal。

焦耳是指1 kg 质量的物体在力的方向上移动1 m所做的功。换言之即用1“牛顿”的力把1 kg 质量的物体在力的方向上移动1 m 所需能量,简称为“焦”。1 牛顿(N)是加在质量为1 kg 的物体上使之产生1 m/s^2 加速度的力。

(二)总能

1. 概念

总能是指饲料在完全燃烧时所释放的总热量。

2. 能量的估计

总能＝[粗蛋白质含量×23.85＋粗脂肪含量×39.33＋(干物质含量－粗蛋白质含量－粗脂肪含量－粗灰分含量)×17.57]/1 000

饲料中含有的能量并非都能被动物利用。有些能量随粪便、尿液、呼吸和体表散热过程而损失。

(三)消化能

粪中所含的能量叫粪能。消化能是指从动物食入饲料的总发热量中减去从粪中排出的总发热量的差值,是一种评价有效能值的初级指标,又称粗能。

消化能＝总能－粪能

用常规消化试验所测得的粪能中既包含饲料中未消化物的能量，同时也包括消化道脱落物、肠道内分泌物和肠液微生物等所含能量。因而所测得的消化能又称为表观消化能，比真消化能值低。家禽的粪尿通过泄殖腔同时排出，很难把粪单独分离出来测定，所以在设计家禽饲料配方时一般不使用消化能。

（四）代谢能

1. 概念

饲料中的总能减去粪能和尿能（反刍动物和马等还要减去甲烷能）后的能值叫代谢能。通常对甲烷能、代谢性粪能、内源性尿能忽略不计，所以又称为表观消化能，表观代谢能加代谢性粪能及内源性尿能则成为真代谢能，有种种测定方案，可更进一步地反映饲料的生理能值。通常如没加注解的代谢能值即为表观代谢能。用常规方法测定猪饲料中的表观代谢能值时须粪、尿严格分离，分别测定，但对禽类则一般不作分别测定。

2. 代谢能的估计

不同动物对饲料的消化利用能力不同，所以同一饲料用于不同动物时的代谢能不同。实践中可据下列回归公式估计有关饲料的代谢能（山西配合饲料资源成分及营养价值表，山西人民出版社，2002）：

能量饲料 $ME=4.184\times(-0.036\ 337\ X_1+0.091\ 893\ X_2-0.062\ 025\ X_3+0.047\ 236\ X_4-0.085\ 197)$　$(R^2=0.81)$

动物性饲料 $ME=4.184\times(0.029\ 266\ X_1+0.085\ 202\ X_2+0.096\ 512)$　$(R^2=0.91)$

植物性蛋白饲料 $ME=4.184\times(0.042\ 431\ X_1+0.080\ 297\ X_2-0.038\ 323\ X_3+0.041\ 593 X_4-0.671\ 555)$　$(R^2=0.66)$

青绿饲料 $ME=4.184\times(0.016\ 889\ X_1+0.024\ 867\ X_2-$

0. 004 568 X_3 + 0. 018 602 X_4 + 0. 009 494)　　　　　(R^2 = 0. 95)

上述公式中，*ME* 是代谢能(MJ/kg) X_1，X_2，X_3 和 X_4 分别代表粗蛋白质、粗脂肪，粗纤维和无氮浸出物的百分含量。

(五)净能

净能是饲料的代谢能减去热增耗(反刍动物还要减去发酵热)后的能值。热增耗主要由消化道微生物发酵热耗和营养素新陈代谢所需热增耗两大部分组成，是动物机体内食入饲料后不可避免的损耗。净能一般根据消化能或代谢能计算。用于奶牛者为产奶净能，用于肉牛者为增重净能，用于维持者为维持净能。

为使读者了解各种能量间的数量关系，这里给出产蛋鸡摄入 1 kg 饲料中的能量在不同阶段消耗的量。在1 kg 含有16. 74 MJ 能量的饲料中，有 12. 13 MJ 可被母鸡用于代谢，约 9. 62 MJ 能量用于维持、产蛋和组织生长(后二者是净能)。这个数量关系可用表 1-5 表示。

表 1-5　产蛋鸡摄入 1 kg 饲料中的能量在不同阶段消耗的量

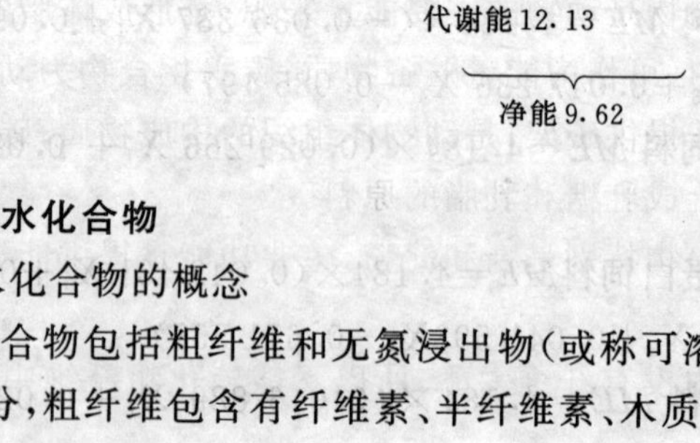

(六)碳水化合物

1. 碳水化合物的概念

碳水化合物包括粗纤维和无氮浸出物(或称可溶性碳水化合物)两种组分，粗纤维包含有纤维素、半纤维素、木质素、果胶以及动物性的甲壳素等。木质素并非碳水化合物，只因它与纤维素和半纤维素共同作为植物细胞壁的结构物质，才把它列为碳水化合物。无氮浸出物包含有单糖、双糖和多糖类（淀粉）物质。

无氮浸出物不是单一的化学物质。其中还包括有单糖、双糖、无碳糖、淀粉及部分可溶性木质素、半纤维素等。溶于水和稀酸，易消化。主要成分是单糖（葡萄糖）、双糖（乳糖、蔗芽糖）及多糖（淀粉、糊精）。

在植物干物质中约50%是纤维素。粗纤维是饲料中较难被家畜消化的组分，在动物性饲料中一般不含粗纤维。有时在动物性饲料中出现的粗纤维多系混杂物。

2. 碳水化合物的来源

碳水化合物是来源最广、在植物饲料中含量最多的营养物质，是动物饲料的主要组成部分。淀粉主要存在于禾本科植物子实、块根和块茎类饲料原料中，占碳水化合物总量的60%～70%；纤维素通常与半纤维素和木质素等结合在一起，构成植物细胞壁，主要存在于植物子实饲料的皮壳和茎、叶等秸秆类粗饲料中。植物在生长初期幼嫩阶段由纤维素组成，随着植物逐渐成熟细胞壁逐渐木质化，木质素含量逐渐增多。纤维素和半纤维素都是比较复杂的多糖类化合物，可被动物体内的微生物酵解而消化利用。木质素是一种芳香族化合物，不能被畜禽消化。

3. 碳水化合物的营养功能

碳水化合物是动物的主要能量来源；是形成体脂的重要原料，脂肪贮于体内，可作为能量贮备物质；碳水化合物为动物体内合成非必须氨基酸提供碳架；是动物体组织的构成物质；碳水化合物还是泌乳家畜合成乳糖和乳脂的原料。

无氮浸出物特别是糖和淀粉，主要功能是提供能源，多余部分转化为脂肪。

鸡肠道内没有纤维素酶，所以不能消化粗纤维中的纤维素和半纤维素。由于粗纤维吸水性强，进入消化道吸水后体积膨大，使家畜有饱感。在单胃动物，粗纤维本身不易被消化，其主要功能是填充胃肠，促进肠道蠕动和粪便排泄。粗纤维增加能量消耗，使饲料营养价值降低。日粮中粗纤维含量(X)与日粮消化率(Y)有如下关系(相关系数为0.91)：

$$Y=86.90-3.622X$$

粗纤维中的木质素难于消化，没营养价值。它常与纤维素和半纤维素结合在一起，阻止酶与其他营养物质接触，从而降低其他养分的消化率。同时木质素还具有便结性，过多时会引起便秘。所以即使是反刍动物，日粮中的粗纤维也应控制在一定范围内，尤其是高产动物和幼年动物。

(七)粗脂肪

1. 粗脂肪的概念

在饲料成分分析中，凡是能够用乙醚浸出的物质，包括脂肪、油和类脂化合物，总称为粗脂肪。粗脂肪中除包括脂肪外，还含有部分有机酸、蜡质、色素和类脂质。因为测定的醚浸提物中，除真脂肪外，还含有其他溶于乙醚的有机物质，例如叶绿素、胡萝卜素、脂溶性维生素和有机酸等，所以称之为粗脂肪或醚浸出物。

2. 粗脂肪的营养功能

(1)脂肪是构成动物体组织的重要组成部分，动物体的各种器官和组织，如神经、血液、肌肉、骨骼和皮肤等都含有脂肪。

(2)脂肪对动物体有保护作用。皮下脂肪不仅能隔热保体温，而且使皮肤有一定弹性；体内器官周围的脂肪因具有弹性所以对器官有保护作用；肠壁周围的脂肪还有润滑作用。

(3)脂肪是供给动物能量和动物贮藏能量的最好形式。因为脂肪在动物体内占体积小而含热能高，脂肪在动物体内代谢所产生的热量是同一重量的碳水化合物所产热能的2.25倍；动物采食脂肪后体增热小，所以夏季炎热时在饲料中添加适量脂肪可降低食后体增热，减少应激。

(4)脂肪是重要营养物质。油脂是供给动物必须脂肪酸的基本原料；植物油、鱼油等富含动物所需的必需脂肪酸，是动物必需脂肪酸的最好来源；动物体组织的生长和修复，尤其是幼年动物生长，都需要从饲料中摄取脂肪；粗脂肪是形成激素的原料。鸡体中的胆固醇通过紫外线作用能形成维生素D，雌素酮、雄素酮等性激素也是由胆固醇合成的。产蛋母鸡日粮中，应含2%左右的亚油酸。如果必需脂肪酸供应不足，会降低公鸡授精能力及母鸡的产蛋率和孵化率。

(5)饲料中脂溶性维生素A、维生素D、维生素E、维生素K及胡萝卜素等被动物采食后，必须先溶解于脂肪才能被吸收、运输和利用，饲料中缺少脂肪会导致脂溶性维生素代谢障碍。

(6)脂肪是畜产品的重要组成部分。对于家禽，日粮脂肪酸组成能影响其体脂肪和产品中脂肪的组成。这是因为植物性(或动物性的)饲料中的脂肪在动物体小肠内消化吸收后，直接沉积于动物体脂肪组织中。例如蛋黄中脂肪酸的组成模式与饲料中脂肪酸的组成模式相似。单胃动物如肉鸡、猪、马等对脂肪酸不能进行氢化作用，体脂品质受日粮中脂肪性质的影响，日粮中不饱和脂肪酸多时，体脂会变软。粗脂肪占鸡蛋重量的10%，占蛋内成分1.2%，粗脂肪是形成蛋的原料。

(7)脂肪的额外能量效应。添加高水平脂肪时，日粮有效能值大于各原料单项有效能值的和，这种现象称为脂肪的额外热能效应。这是因为添加高水平脂肪时，日粮在肠道的停留时间明显增加，有利于饲料完全消化和各种养分的充分吸收。

3. 在设计饲料配方时考虑粗脂肪

饲料中不饱和脂肪酸多时易氧化发霉，不过有时必须在饲料中额外添加脂肪才能达到饲养标准规定的能值，例如肉鸡等配合饲料。脂肪酸可直接在体内沉积,减少了通过日粮粗蛋白和碳水化合物沉积脂肪酸的能量消耗。所以在饲料中额外添加脂肪后肝脏内脂肪酸合成减少,蛋黄和蛋重增加,这在高温环境下特别有用,当采食量降低时,在饲料中额外添加脂肪可维持蛋的形成,减少食后体增热。

(八)必需脂肪酸

过去认为亚油酸、亚麻酸和花生四烯酸是动物不可缺少的养分,而又不能在体内合成,所以必须从饲料供给。因此这3种不饱和脂肪酸是必需脂肪酸。不过近年研究表明,亚麻酸及花生油酸在动物体内均可经亚油酸合成,所以,亚油酸是一种最主要的必需脂肪酸,甚至可能是惟一的必需脂肪酸。

必需脂肪酸除具备粗脂肪一般营养作用外,还有以下功能。

(1)参与磷脂合成,并以磷脂形式出现于线粒体和细胞膜中。当动物缺乏必需脂肪酸时,皮肤细胞对水的通透性增加,毛细血管的脆性和通透性增高,从而导致因水代谢紊乱引起的水肿和皮肤病变。

(2)必需脂肪酸与类脂代谢有密切关系,并对胆固醇的代谢很重要。胆固醇必需与必需脂肪酸结合,才能在体内转运,进行正常代谢。如果缺乏必需脂肪酸,胆固醇将与一些饱和脂肪酸结合,不能在体内正常转运,从而影响正常代谢。

(3)必需脂肪酸可作为体内合成前列腺素的原料。前列腺素可控制脂肪组织中甘油三酯的水解过程。

(4)必需脂肪酸影响动物精子形成。日粮中长期缺乏必需脂肪酸时,可降低动物繁殖力,引起雄性动物不孕或母畜授乳障碍。在鸟类如鸡、鸽、孔雀、鸵鸟、环颈雉等,必需脂肪酸更重要。

(九)蛋白能量比

1. 蛋白能量比的概念

蛋白能量比是动物营养研究和饲养实践中为衡量动物配合饲

料营养平衡水平而定义的一个重要参数，是单位重量的配合饲料中蛋白质克数与代谢能的兆焦数之比，即：

蛋白能量比＝粗蛋白质（*CP*，g/kg）/代谢能（*ME*，或其他形态的能，MJ/kg）

蛋白能量比就是配合饲料中每兆焦有效能所对应的粗蛋白克数。蛋白能量比值越大，表明饲料中蛋白质浓度越高。

2. 蛋白能量比的意义

日粮蛋白与能量水平有一定组合效应。只要日粮蛋白能量比保持在一定范围内，动物就可通过调节采食量而保持其生产性能。要保持蛋白质和能量的营养平衡，动物才能正常生活和生产。

肉用动物的胴体品质受蛋白能量比影响。蛋白能量比过低时，动物肥胖，胴体脂肪含量升高。肉鸡胴体脂肪含量和腹脂肪随蛋白质的升高而降低，随能量的升高而升高。

3. 最佳蛋白能量比

不同动物的最佳蛋白能量比不同。在设计饲料配方时应考虑动物物种、品种、生长阶段、生理状况、饲养管理条件和生产目的等。

（1）生长阶段。一般认为，幼年鸡的蛋白能量比高，随日龄增加，所需的蛋白能量比逐渐降低。

（2）生理状况。不同生理状况的鸡所需的最佳蛋白能量比也不同。例如种公鸡，配种期与休闲期的需要不同。

（3）物种。陈晖等（2000）报道闽农白羽半番鸭1～3周龄和4～8周龄两阶段日粮适宜的蛋能比水平，以阶段总增重、总耗料、料重比和10周龄的屠宰率、胴体瘦肉率和脂肪率为指标，1～3周龄日粮适宜蛋能比为15.65 g/MJ；4～8周龄日粮适宜蛋能比为12.59 g/MJ。而蛋鸡的最佳蛋白能量比范围是13.86～14.82 g/MJ。

(4)环境温度。一般认为在炎热或寒冷季节可适当增加或降低蛋白能量比5%～10%。例如肉仔鸡,在温暖季节(环境温度23～26℃)蛋白能量比应适当增加。在凉爽季节(环境温度13～19℃)蛋白能量比应降低5%～10%。

4. 饲料配方设计中蛋白能量比的选择

根据以上的讨论,蛋白能量比的选择首先是确定饲养对象所属的品种;其次是确定饲喂对象的生长阶段、体重以及生理阶段;第三是确定饲喂动物的生产目的,是产蛋、肉鸡还是种鸡;第四是确定动物所处的环境条件;第五是结合现有饲料原料和经济效益,确定在此时所需的最适宜的蛋白能量比。

生产实践中因受生产成本影响,执行标准中的能量常与饲养标准有一定差异,一般就以蛋白能量比及氨基酸能量比进行折算,例如肉鸡后期的蛋白能量比要求14.5,则设定能值为13.40 MJ/kg时,蛋白质水平为19.41%。而当能值为12.70 MJ/kg时,饲料蛋白质则应为18.38%。氨基酸的数值可同样折算。利用"蛋白能量比"、"氨基酸能量比"等参数,在降低日粮能量水平时相应降低蛋白质和氨基酸等养分的水平,动物可通过增加采食量而不降低生产性能,但饲料效率降低。

第四节 矿 物 质

(一)矿物质的概念

矿物质饲料有人工合成的、天然单一的、多种混合的矿物质饲料,以及加了载体或赋形剂的常量、微量和痕量元素的饲料。矿物质在动物体内含量占3%～4%。根据矿物质元素在动物体内的含量多少,可分为常量元素和微量元素两大类。常量元素指占动物体重0.1%以上的元素。除碳、氢、氧、氮以外,还包括钙、硫、钾、钠、磷、镁、氯等7种元素。在体内含量在0.01%以下的称为微量元素或痕量元素，主要有铁、锌、铜、锰、碘、钴、硒等，这 7 种已被列入各国动物饲养标准或动物营养需要量表中。

随检验手段不断进步，已发现自然界存在的 90 多种元素中，家畜体组织和饲料中含有大约45 种无机元素。现已知其中26 种为机体所必需，除上述 18 种外，还有铬、砷、钼、氟、镍、锡、硅、矾等 8 种微量元素(或痕量元素)，此外锶、钡、溴、硼和其他一些元素也可能是必需微量元素。它们一般是以化合物形式存在于自然界。由于这些微量元素在动物组织中含量较低，具体需要量还没明确。饲料原料中矿物质元素的含量受许多因素影响。其中植物种属、土壤和施肥情况、季节和生长阶段是最重要的影响因素。

粗灰分是指样品在 550～600℃下灼烧至恒重后的残余物。其中除了饲料自身所含各种常量元素、微量的氧化物外，还残留有少量氯化物及碳酸盐。此外在饲料中的无机物并非全部来自饲料自身，它混杂的砂石、尘灰也都包括在内。因此"粗灰分"不能反映饲料中矿物质或微量元素的含量与质量，通常作为限制性指标加以控制。

W(粗灰分)＝100×灰分重(g)/饲料样本重(g)

(二)矿物质的营养功能

1. 矿物质是所有生命活动必需的营养物质

矿物质是家畜体组织和体细胞，尤其骨骼的重要组成部分。动物体约含矿物质 4%，其中约 5/6 存在于骨骼和牙齿；骨骼干物质中有 45%～70%是钙、磷和镁等，是骨骼的重要结构物质；矿物质能调节体液(例如血液和淋巴液)渗透压的恒定，保证细胞的正常生理环境；矿物质能维持血液酸碱平衡，无机盐类(重碳酸盐和磷酸盐)是血液中重要的缓冲物质，可维持血液中氢离子浓度的平衡与稳定；矿物质能影响其他物质的溶解度，例如体内保持一定浓度的盐类有助于饲料中蛋白质的溶解；许多矿物质元素是酶的重要结构成分，或对酶有催化作用，是维持酶类活性不可缺少的物质。但日粮矿物质元素过量能引起动物中毒。

2. 矿物质元素在动物体内不能相互转化或代替

在动物日粮中矿物质元素不足或缺乏时，即使其他养分充足，也会影响动物正常生活和生产。饲料中的矿物质元素参与代谢后并不完全被消耗，有一部分能被重新吸收利用。例如铜、铁、钴被称为造血元素，任何一种元素缺乏都会造成贫血，例如缺铜会影响铁的利用，即使铁含量很丰富，也会发生贫血；所以常认为三者有协同作用。

3. 不同家畜对各种矿物元素的需要量不同

矿物质元素间的关系很复杂。例如铜和锌有拮抗作用，雏鸡日粮中铜为30 mg/kg、锌为200 mg/kg时雏鸡血红蛋白减少、体重下降、死亡率增加，但把铜含量降低到10 mg/kg，锌仍为200 mg/kg时，血红蛋白上升，死亡率下降。所以一种必需元素的吸收和利用程度受另一种元素供给状况的影响。

动物饲养方式也影响对各种养分的需要量。例如散养、放牧和加垫草的动物，由于能从外界采食到某些养分，饲料需要量相应降低，而对集约化养殖动物时，饲料需要量则相应较高。

尤其重要的是，特定动物所需的各种养分，不仅包括能量、蛋白质、氨基酸，而且还包括矿物质元素、维生素等，都需要有一个合适的比例，在这个比例下动物达到最佳生产性能，这时的养分才是真正的“营养平衡”。遗憾的是，仅仅微量元素一项，我们目前还不可以说已掌握了它们的“平衡”关系。

4. 影响日粮中矿物质元素消化吸收的因素

(1)最重要的影响因素有各种矿物质元素在饲料中所处的形式、各种矿物质元素间及各种矿物质元素与其他营养物质间的相互影响、饲料配方中各种矿物质元素的含量水平、饲料调制加工、动物种类、年龄、生理状态、消化道环境等。

(2)各种矿物质元素间存在互作和拮抗作用。例如,已知钼与铜可形成不溶性化合物,所以它们相互拮抗,相互影响对方的吸收和利用,并且这种拮抗作用随日粮中各种硫化物的增多而加强。又如维生素C不足时影响钙吸收,进而影响磷吸收。

(3)矿物质元素颗粒大小直接影响其消化率。例如在正常的钙水平时,颗粒细度在40目左右,吸收利用率最高。

(4)来源不同影响矿物元素的消化吸收率。例如以磷酸氢钙的效价指数为100时,骨粉、磷酸二氢钙、脱氟磷酸三钙的效价指数分别为87,102,84,因此在日粮中的添加量应有差异。

(三)必需微量元素

(1)铁在许多生化反应中发挥重要作用,它存在于许多转运电子的酶中,对氧的激活和运输至关重要,铁是体内血红蛋白、肌红蛋白以及许多氧化酶的成分,对体内细胞、机体的能量代谢、蛋白质代谢以及维持健康,防止贫血十分重要。

(2)铜为细胞呼吸、心脏功能、骨骼形成、结缔组织发育、组织角质化及色素沉积所必需,铜在血红蛋白合成过程中起催化作用,能促进铁的吸收利用及血的生成;缺铜时也会引起贫血,红细胞寿命缩短。缺铜时常会发现骨质发育不良,易发生骨折。

(3)锌是动物生长发育必需的元素之一。锌是许多酶系和激素的成分,还参与角质蛋白的生成及皮肤中核酸与胶原蛋白合成,参与碳水化合物和脂肪代谢,对维持免疫系统的完整性、阴阳离子交换等至关重要。饲料中缺锌,会导致体内代谢紊乱、食欲减退、生长停滞等症状。缺锌时雏鸡表现食欲不振、生长迟缓、羽毛生长不良、腿软无力、行走困难、关节肿大,产蛋鸡性成熟较迟,所产的蛋蛋壳较薄甚至生软壳蛋。种鸡蛋死胎较多,胚胎的躯体和四肢变形,破壳困难。初生雏身体较弱,站立困难,多数在几天内死亡。

(4)锰是参与碳水化合物、脂类和蛋白质代谢的一些酶类的组成成分,能促进钙、磷代谢和骨骼的形成,缺锰可导致骨骼畸形生长，脂肪沉积增加。锰与磷钙代谢、生长发育、胚胎发育、繁殖、健康有关。日粮中缺锰，雏鸡骨骼发育不良，患曲腱症，运动失调、生长受阻、体重下降；成年鸡体重减轻、蛋壳变薄、孵化率降低。所以，锰是鸡营养中不可缺少的微量元素之一，在配合日粮时，应考虑供给适量的锰。锰对动物的发育和繁殖影响很大，家禽的脱腱症就是缺乏锰造成的。饲料中钙磷含量高时会抑制锰吸收引起锰缺乏，生产上一般都补充锰。

(5)硒也是动物正常生长发育和生产必需的，在缺硒地区有必要在饲料中添加；不过在不缺硒地区，就不需在日粮中添加。硒是保护体细胞膜的酶不可缺少的组成成分，也是日粮蛋白质、碳水化合物和脂肪有效利用的必需物。硒可使家禽体内的蛋氨酸转化为胱氨酸。日粮缺硒，可使胱氨酸缺乏加剧，缺硒会造成产蛋量下降、蛋重减轻。硒还与脂肪肝综合症有关。日粮中添加硒可减少因脂肪肝引起的肝出血。硒与维生素E共同作用保持机体对疾病和应激的抵抗力。硒和维生素E都有抗氧化作用。在缺硒时，鸡会发生白肌病、渗出性素质病、胰脏退化、生长缓慢等情况。羽毛形成不良一直是笼养肉鸡中存在的问题，日粮添加足够的硒和锌是重要技术之一。

(6)碘是甲状腺形成甲状腺素所必需的。甲状腺素是一种含碘的氨基酸，它具有调节代谢机能和全身氧化过程的作用。日粮缺碘易引起鸡碘缺乏症，主要表现为甲状腺肿胀，比正常的甲状腺大几倍，代谢机能降低，生长发育受阻嗜眠，丧失生殖力，重症会死鸡。不过只有在缺碘地区才需要在饲料中补充。

(7)钴是维生素B_{12}的组成部分，所以任何动物都需要钴源，即使是反刍动物也必须有钴源才能自己合成维生素B_{12}。不过有些地区不缺钴，只有在缺钴地区才需要在饲料中补充。

第五节 日粮电解质平衡

(一)日粮电解质平衡的意义

在动物营养学上,电解质是指那些在代谢过程中稳定不变的阴阳离子。生理体液中电解质的重要作用之一是参与维持动物体液渗透压、调节酸碱平衡和控制水代谢,所以生理体液中的电解质平衡对动物正常生理活动十分重要。由于生理体液中的电解质平衡直接受日粮电解质平衡的影响,适宜的饲粮电解质水平有利于维持体液渗透压、调节酸碱平衡、控制水代谢、保证养分的适宜代谢环境,所以动物体内电解质平衡是生物化学、生理学和营养学研究的重要课题,目前在猪、鸡、牛中研究较多。

配合饲料的电解质平衡值可影响日粮中营养物质的消化吸收。饲料氮的沉积率也受饲料电解质平衡值影响,鸡的氮沉积效率受饲料电解质平衡值的影响较大。

配方师通过改变日粮电解质平衡就可改变畜禽体内的酸碱状态,从而影响动物机体内的营养代谢过程,乃至生产性能;动物最佳生理状况和最佳生产性能需要适宜的饲粮电解质平衡。

(二)饲料电解质平衡值的计算方法

常用饲料原料的电解质平衡值(*dEB*,mEq/kg)可根据该原料中Na,K,Cl 含量换算出来,换算公式如下:

某饲料原料的电解质平衡值(mEq/kg)=435×该饲料原料的钠离子含量(%)+256×该饲料原料的钾离子含量(%)-282×该饲料原料的氯离子含量(%)

例1-1 一个肉用仔鸡的配合饲料中含Na 0.18%,K 0.65%,Cl 0.20%,计算其*dEB*值(mEq/kg)。计算步骤如下:

第一步:把配合饲料中Na,K,Cl 的百分含量分别乘以10^6,以转化为每千克配合饲料中的毫克数，然后分别除以各自的原子量，再分别乘以各自的化合价，得：

Na^+：$0.18\% \times 10^6/23.0 \times 1 = 0.18 \times 435 = 78.3$(mEq/kg)

K^+：$0.65\% \times 10^6/39.1 \times 1 = 0.65 \times 256 = 166.4$(mEq/kg)

Cl^-：$0.20\% \times 10^6/35.5 \times 1 = 0.20 \times 282 = 56.4$(mEq/kg)

第二步：按公式计算该配合饲料的 *dEB*：

$$dEB = Na^+ + K^+ - Cl^-$$
$$= 78.3 + 166.4 - 56.4$$
$$= 188.3 \text{(mEq /kg)}$$

（三）鸡配合饲料的最佳 *dEB* 值

动物体内过酸或过碱时，大多数代谢过程不再用于生产产品，而是用于调节酸碱平衡。所以除了调整酸化剂外，为使动物获得正常生长发育和最佳生产性能，必须保证日粮电解质平衡。鸡最佳 *dEB* 值为250。

目前电解质营养研究主要以钠、钾、氯三者为代表，虽简便实用，但不够精确。今后日粮电解质平衡研究必须同时考虑钠、钾、氯、钙、磷、硫、镁等元素或离子，并分析测定日粮电解质的含量和吸收率，研究电解质元素在动物体内的代谢规律，这样才能全面揭示日粮电解质平衡与动物营养之间的关系。

（四）饲料的酸结合力

通常将饲料对胃酸的影响定义为饲料的酸结合力，即100 g饲料水溶液中，用1 mmol HCl 滴定，当pH 下降到4 时所消耗的盐酸量，也称为该饲料的系酸力。几种原料的酸结合力为：脱脂奶粉3.07；小麦8.99；酵母30.1 0；豆粕50.6 8；鱼粉60.3 8；全脂奶粉66.37；矿物质预混料1 260.5 0。

不同原料其系酸力水平不同，如乳清粉、脱脂奶粉等系酸力较低，日粮乳清粉含量高时，需添加酸化剂的量较小，甚至不添加也不影响饲料消化率；而豆粕、鱼粉等系酸力系数较大，食入后使胃内pH值迅速上升，只有在饲料中添加大量酸化剂才能维持胃内适宜酸度。

第六节 维 生 素

(一)维生素的概念

维生素(vitamin)是一组具有维持动物(和植物)机体正常生理功能和调控动物代谢作用的高分子有机化合物的总称。维持动物正常生长和繁殖所需要的维生素有14种。根据溶解性，可把这些维生素分为脂溶性维生素和水溶性维生素两大类。脂溶性维生素包括维生素A(视黄醇、胡萝卜素)、维生素D(骨化醇)、维生素E(生育酚)和维生素K(抗出血维生素)等4种；水溶性维生素常用的有10种，它们在水中的溶解度不同，包括有维生素B_1(硫胺素，抗神经炎素)、维生素B_2(核黄素)、维生素B_3(泛酸、抗皮炎维生素)、维生素B_4(胆碱)、维生素B_5(维生素PP、尼克酸、烟酸、烟酰胺、尼克酰胺)、维生素B_6(吡多醇)、维生素B_7(维生素H、生物素、生长素)、维生素B_{11}(叶酸、维生素M)、维生素B_{12}(钴胺素、氰钴胺素)、维生素C(抗坏血酸)以及肌醇等。

由于一般情况下家畜易缺乏的维生素只有14种，所以目前市场上出售的复合维生素添加剂中一般含不到14种维生素。复合维生素添加剂也叫维生素预混料，是指一种或多种维生素与载体或稀释剂按一定比例配制的均匀混合物。

(二)维生素的营养

维生素是生命必需的活性物质，因此它是鸡日粮中的必需成分。维生素缺乏，会影响辅酶合成，导致代谢紊乱，动物出现各种病症，影响动物健康和产品生产。对单胃动物来说，除个别维生素外，大多数维生素不能或不完全能由体内合成以满足需要，必须从食物或饲料补充。反刍动物瘤胃微生物可合成B族维生素和维生素K_2。

与常量营养素如蛋白质、碳水化合物和脂类不同，维生素是微量营养素，以不变的形式从肠道吸收。脂溶性维生素需要脂肪帮助吸收，并通过淋巴系统进入血液循环。鸡淋巴系统发育不全，因此脂溶性维生素通过血液循环也能到达肝脏。水溶性维生素从肠道吸收直接进入血流，可主动吸收也可被动吸收。脂溶性维生素贮存在遍及整个机体的脂肪组织中，而水溶性维生素则在所有机体组织中出现，但不在体内储存。

维生素在机体内是通过参与酶的化学反应，以及作为消化道营养素代谢的催化剂，在蛋白质、脂肪和碳水化合物的吸收过程中发挥作用。没有维生素，代谢过程就不能进行。营养素中能量的释放需要分3个阶段进行，如果没有B族维生素第二和第三阶段就不能完成。

（三）影响动物维生素需要量的因素

各种动物对维生素的需要量除了受饲养方式、管理水平、生产性能影响外，还与饲养环境等因素有关。

1. 动物的总需要量与体内合成量间的关系

例如在正常情况下动物体内合成维生素C的速度可满足自身正常生长发育需要。

2. 不同养分间相互作用

例如色氨酸对尼克酸有转化补充作用。日粮中色氨酸含量超过需要时，每50 mg色氨酸可产生1 mg维生素B_5；日粮中蛋氨酸含量超过需要时，每4.3 mg蛋氨酸提供甲基的能力与1 mg胆碱相同；日粮中添加脂肪或糖类时，对维生素B_2的需要量也会增加。有实验证明，鸡日粮中每增加1 g不饱和脂肪酸，则需要3.5 mg的维生素E，所以在鸡饲料中不饱和脂肪酸含量高时应增加维生素E用量；日粮中含有丰富的维生素B_{12}，但不足以保证正常需要，同时还取决于日粮中钴元素含量。抗生素或磺胺类药物可抑制微生物合成维生素B_{12}，导致生长迟缓，种蛋孵化率下降。

3. 环境条件影响

例如光照可减少维生素D需要量，寒冷或酷热环境增加对核黄素的需要量。

热应激：夏季高温季节常造成很强的热应激，在应激状态下动物体内血浆中的钠、蛋白质和皮质酮都有不同程度的下降。饲料中补充维生素，能使血浆中的生理生化指标得到改善和提高，对缓解热应激有很好效果。

免疫机能：在免疫期间的日粮中添加超过鸡本身需要量的维生素，能起到强化机体免疫调节反应和增强机体对细菌的抗感染能力，预防继发感染的作用。

新陈代谢：在鸡饲料中添加维生素能促进其生长发育，提高饲料转换效率。维生素在体内起催化作用，促进主要营养物质的合成和降解。如果饲料中缺少维生素或数量不足，就会使某些代谢过程受损，导致生产障碍和疾病。如维生素B_2作为黄素酶的组成部分，参与碳水化合物，氨基酸和脂肪酸代谢，在生产中维生素B_2缺乏而导致饲料利用率降低是特别重要的问题。

4. 动物的生理状况

正常情况下动物体内能合成某些维生素，有些维生素的合成速度可满足正常生理需要。例如动物体内合成的维生素C能满足自身正常生长发育需要；但在应激状态下会降低机体内的合成速度并增加肌体对维生素C的需要量，这时增加维生素C供给量可减轻应激带来的不利影响。某些疾病或长期高烧会增加机体对维生素的需要量。例如当脂类消化不良或长期服用广谱抗菌素时，肠道微生物活动减弱，导致有关维生素合成不足，这时需要增加有关维生素用量，例如维生素K、生物素、叶酸等。

5. 动物物种

对于反刍动物，如果能保证饲料多样搭配，品质新鲜，加工合理，就可借助肠道微生物的合成作用，满足机体对维生素的需要。但是肉食动物如水貂、紫貂等和某些禽类，几乎没有合成维生素的能力，必须由饲料提供。

6. 日粮的养分组成

有些维生素在天然饲料原料中的含量很高，能够满足动物需要，例如猪日粮中很少缺乏维生素 B_6。

7. 饲料加工工艺

许多维生素在饲料加工（例如粉碎、制粒）或贮藏等过程中会被破坏，例如维生素 E 等，因此应当根据具体加工、贮藏情况适当增加有关维生素用量。

第二章　饲料原料及其使用

饲料是各种营养物质的载体，单一饲料原料所含养分的数量及比例都不符合鸡的营养需要。配方师要掌握各种饲料原料的营养特点，在设计饲料配方时，根据这些特点，合理利用饲料资源。饲料原料又称单一饲料，是指以一种动物、植物、微生物或矿物质为来源的饲料。按饲料原料中营养物质的含量可把饲料原料分为：能量饲料、蛋白质饲料、矿物质饲料、维生素饲料、粗饲料、青绿饲料、青贮饲料和添加剂等8大类。集约化养鸡一般不使用粗饲料、青绿饲料、青贮饲料。

第一节　能量饲料原料

（一）能量饲料原料概述

能量饲料是指干物质中粗纤维含量小于18%，粗蛋白质含量小于20%的饲料原料。一般每千克饲料干物质含消化能在10.46 MJ以上，或代谢能在10.46 MJ/kg以上，或净能在5.02 MJ/kg以上的均属能量饲料；每千克饲料干物质含消化能在12.54 MJ以上的称为高能量饲料。

鸡常用能量饲料可分为谷实类、糠麸类、块根块茎类和糟渣类4大类，一般作为热能的来源。能量饲料在日粮中占的比例最大，为50%～70%。动植物油脂和糖蜜也属于能量饲料范畴。

（二）玉米

玉米有普通玉米、高赖氨酸玉米、甜玉米、高油玉米、糯玉米、青饲青贮玉米和爆裂玉米。我国大部分作饲料原料的普通玉米有黄玉米和白玉米。黄玉米含有少量胡萝卜素，有助于蛋黄和皮肤的着色。

玉米是广泛利用的最经济的能量饲料。其主要成分是淀粉、脂肪，是必需脂肪酸中的重要供给源，必需氨基酸中的赖氨酸、蛋氨酸、色氨酸含量较少。由于玉米中脂肪含量高于其他谷物子实，其中不饱和脂肪酸含量很高，所以玉米粉碎后易酸败变质，不利于长期保存；黄玉米中富含胡萝卜素和叶黄素，有利于禽类产品的颜色；玉米中含维生素E较多，但是B族维生素除维生素B_1外其他含量都较少，尤其是不含维生素B_{12}和维生素D；高赖氨酸玉米品种的蛋白质中赖氨酸含量比普通玉米品种高70%～100%，色氨酸高40%～100%，但密度小，容重小，产量低。

在猪、鸡等家畜中玉米的用量可以不加约束，根据配方需要任意使用，一般用量在50%～75%之间；玉米作猪、鸡饲料原料时必须粉碎；粉碎粒度蛋鸡料宜为颗粒状，小鸡粒度细些，大鸡粒度粗些，不宜粉碎成细面；肉鸡料做成颗粒饲料时粉碎宜细，便于混合均匀，并且使颗粒压得更紧密。

（三）小麦

小麦按种植时间分为冬小麦、春小麦；按皮色分为红小麦、白皮麦、花麦；按麦粒质地分为硬小麦和软质麦。小麦代谢能是玉米的90%，含蛋白质高于玉米，氨基酸的配合比较完善，B族维生素含量也相当丰富，与玉米配合使用效果更好。小麦的营养成分较易消化，可做鸡的主要能量饲料。

小麦面粉遇水易变黏稠，是天然黏结剂，有利于制粒。小麦淀粉的糊化温度是子实中最低者，为53～64℃，而玉米为61～72℃。小麦的能量和亚油酸含量比玉米低，小麦中亚油酸仅0.8%，玉米中有2.0%。日粮中用50%的玉米就能满足鸡必需脂肪酸的需要，而小麦不能。小麦不含叶黄素，可添加混合脂肪以调节能量和亚油酸含量，通过添加玉米蛋白粉（粗蛋白质为60%的玉米蛋白粉含叶黄素253 mg/kg)补充叶黄素。小麦中生物素含量比玉米高,但利用率低。如果家禽日粮主要成分是小麦(次粉)应添加生物素,一般每吨配合饲料应添加50 mg。种鸡日粮应加生物素,如果日粮主要成分是小麦(次粉),则每吨配合饲料应添加200 mg。

粉碎的小麦配制饲料要制成颗粒料,或压扁、粗粉碎饲用,如果粉碎太细,以粉料状态饲喂会不利于鸡的采食。

(四)大麦

大麦有皮大麦与裸大麦,用作饲料的为皮大麦。由于皮大麦外包颖壳,所以粗纤维含量比玉米高1倍以上,代谢能较低,约11.3 MJ/kg,粗蛋白质比玉米高,约11%,大麦中粗脂肪含量低,约1.7%。由于皮大麦表面尖硬,适口性较差,如能脱壳喂最好。

小麦、大麦含粗蛋白质和可消化赖氨酸总量都比玉米高,脂肪含量低,在饲粮中适当搭配使用,可提高胴体品质,瘦肉率高、脂肪硬实、洁白,大麦因不含色素,对肉鸡肤色、蛋黄无着色功能。

小麦和裸大麦粉碎如果过细,一则因黏嘴会降低采食量,二则会引起食道和胃黏膜炎症甚至溃疡。因此,宜使用孔径4 mm筛底,使粉碎粒度粗一些,如能轧片更好。早稻谷和皮大麦宜细粉。糙米宜粗粉。

(五)次粉

次粉是小麦加工成面粉时的副产品,为胚芽、部分碎麸和粗粉的混合物。影响次粉质量的因素为杂质及水含量,发霉、结块的次粉不能用。

次粉不用粉碎,方便。次粉不耐贮藏,要现买现用。次粉是饲料黏合剂,也是较好的能量饲料。但在鸡粉状饲料中使用过多因其黏合而影响鸡采食,从而影响生产,所以一般在粉状配合饲料中用量不超过10%。

(六)高黏度谷物作能量饲料可添加专用酶制剂

小麦、大麦、稻谷为高黏度谷物,其种皮、护颖和皮壳的细胞壁中含有较多的非淀粉多糖(NSP),其中尤其是以阿拉伯木聚糖和β-葡聚糖为主要成分的水溶性非淀粉多糖(SNSP),能吸收大量水分,使食糜黏度提高,严重影响养分消化吸收,降低生产效率。因此,以小麦、大麦、稻谷代替玉米作能量饲料,需添加以本聚糖酶和β-葡聚糖酶为主体的复合酶制剂(如溢多酶838A,添加量0.7～1.0 kg/t),以降低食糜黏度,改善消化,提高生长与饲料转化效率。以高黏度谷物作能量饲料,必须添加酶制剂,才能取得好效果。但是有实验表明,只要高黏度谷物用量不太大,完全可不加酶而使用。目前市售商品复合酶种类繁多,可选用溢多酶838A和罗氏小麦酶。

(七)高粱

高粱主要成分是淀粉,代谢能含量低于玉米;粗蛋白质含量与玉米相近,但质量较差;脂肪含量比玉米低;含钙少,含磷多,多为植酸磷;胡萝卜素及维生素D的含量较少,B族维生素含量与玉米相似,烟酸含量高。高粱的营养价值约为玉米的95%,所以在高粱价格低于玉米5%时就可使用高粱。

高粱的种皮部分含有单宁,具有苦涩味,适口性差。单宁的含量因品种而异(0.2%～2%),颜色浅的单宁含量少,颜色深的含量高。高粱中含有较多的鞣酸,可使含铁制剂变性,注意增加铁的用量。在日粮中使用高粱过多时易引起便秘,所以一般雏鸡料中不使用,育成鸡和产蛋鸡日粮控制在20%以下。

作为能量的供给源,高粱可代替部分玉米,若使用高单宁酸高粱时,可添加蛋氨酸、赖氨酸及胆碱等。以缓和单宁酸的不良影响。鸡饲料中高粱用量多时应注意维生素A的补充及氨基酸、热能的平衡,并考虑色素来源及必须脂肪酸是否足够。

(八)糠麸类饲料

1. 麦麸

麦麸由小麦的小部分胚乳、种皮、胚等组成的。麸皮粗纤维含量较高，为8%～9%，所以能量价值较低；B族维生素含量高；但缺乏维生素A、维生素D等；维生素以硫胺素、烟酸和胆碱的含量最丰；麸皮含磷量多，约为1.09%。小麦麸含镁盐较多，有致泻作用。麦麸是良好的能量饲料原料。用麦麸的适宜量：雏鸡不超过日粮的5%，产蛋鸡不超过日粮的10%。

使用麸皮应注意：①麸皮变质严重影响鸡消化机能，造成拉稀等。②因麦麸吸水性强，饲料中太多麸皮可限制鸡采食量。③麸皮为高磷低钙饲料，在治疗因缺钙引起的软骨病或佝偻病时，应提高钙用量。另外，磷过多影响铁吸收，治疗缺铁性贫血时应注意加大铁的补充量。

2. 米糠

米糠是糙米加工成白米时的副产品，是种皮、糊粉层和胚3种物质的混合物。

全脂米糠含有丰富的B族维生素及维生素E，但维生素A、维生素D、维生素C较少，含磷量高，多属植酸磷。其他矿物质中以锰、钾、镁、硒居多。全脂米糠中含有胰蛋白酶抑制因子，加热可去除，否则采食过多易造成蛋白质消化不良。全脂米糠含油量可达16.5%，贮存不当时脂肪易氧化而发热霉变，因此必须用新鲜米糠配料。雏鸡料中一般不用米糠，因为雏鸡采食过多米糠会引起肝脏肥大。肉鸡料中也不宜使用。成鸡料中米糠用量一般限制在25%以内，颗粒料中可加到35%。用量超过30%时，则饲用价值降低，并会产生软肉脂；喂米糠过多还会引起拉稀。

脱脂米糠去除了全脂米糠中脂肪酸脂溶性物质。破坏了造成脂肪酸败的脂解酶，胰蛋白酶抑制因子也减少很多，而其他营养物质与全脂米糠类似。脱脂米糠的热能含量不高不适用于肉鸡，种鸡则可加以利用，而不用担心变质及生长抑制问题。惟一注意的是，用量太高时，因米糠含植酸多，会造成钙、镁、铁、锌、磷等矿物质利用率降低，须补足之。

统糠由稻壳粉和少量米糠混合而成，不宜喂鸡。

（九）油脂

添加油脂能改善饲料适口性和外部感官，提高采食量和日增重、改善饲料转化率，提高生产性能；可提高鸡的抗热应激能力。因为油脂的热增耗比蛋白质和碳水化合物低，可减少不必要的散热负担；降低饲料的再分级保证其混合均匀度和质量，避免饲料产生粉尘和饲养过程中的浪费，改善饲料颗粒表面光泽，提高颗粒饲料在水中的稳定性；加工饲料时减少粉尘和饲料浪费、减少机械磨损延长模的寿命、防止饲料组分分级、提高颗粒饲料质量，降低电耗；在饲料中添加油脂又可加强对低质植物油和肉类加工副产品的综合利用。

在蛋鸡饲粮中添加油脂2%～5%，尤其是加富含不饱和性脂肪酸油脂，可增加蛋重。在炎热夏季效果尤为明显。肉鸡日粮添加油脂，可提高干物质和粗蛋白质的表现消化率。鸡采食含5%～10%脂肪的日粮与低脂肪的相同日粮比，屠体中多沉积10%～15%的能量，哪怕采食相同量的代谢能。

第二节　动物性蛋白质饲料原料

主要用于供给蛋白质的饲料称为蛋白质饲料。从饲料分类上说，蛋白质饲料是指干物质中粗纤维含量小于18%，粗蛋白质含量大于20%的饲料。

蛋白质饲料能用来补充缺蛋白质的能量饲料以组成平衡日粮，包括植物性蛋白质饲料如各种豆类子实、油饼类和玉米蛋白粉等工业生产的副产品；动物性蛋白质饲料如鱼粉、血粉、肉粉、蚕蛹、肉骨粉、羽毛粉和皮革粉等；单细胞蛋白质饲料如各种酵母饲料、甲醇蛋白、蓝藻类等；反刍动物常用的非蛋白氮饲料如尿素、双缩脲、铵盐等。

(一)鱼粉

鱼粉由整条鱼或除去可食部分的剩余物经蒸煮、压榨、干燥和粉碎而制成,蛋白含量高,品质好,钙磷的含量也比较高。

鱼粉是最佳动物性蛋白质饲料之一。由于鱼粉价格较贵,因此向鱼粉内掺假较多,掺杂物种类繁多,有尿素、麸糠、饼粕、血粉、羽毛粉、食盐、沙砾等。国产鱼粉中常常食盐含量过高,会引致鸡的食盐中毒。

质量好的鱼粉是高能量饲料,代谢能可达11.72～12.55 MJ/kg,蛋白质含量高可达63%～70%,消化率达90%以上。氨基酸组成平衡,赖氨酸、蛋氨酸、胱氨酸、色氨酸等含量丰富。鱼粉的钙、磷含量丰富,且所有的磷都是可利用磷。B族维生素及微量元素硒的含量均较高。

鱼粉使用不当会引起鸡的肌胃糜烂症,其症状为嗉囊肿大,肌胃糜烂、溃疡及穿孔,腹膜炎等,严重者吐血而死。这主要与鱼粉中的组织胺及鱼粉的生产工艺有关。

(二)肉粉、肉骨粉和肉松粉

肉粉系指经卫生检验不适合人食用的肉品或肉品加工副产品。经高温高压或煮沸处理,并经脱脂处理,脱水干燥制成的粉状物。也有屠宰场、罐头厂及其他肉品加工厂收集的碎肉及连骨肉片加工、处理成为肉粉。如含骨多称为肉骨粉,美国规定含磷量在4.4%以下的为肉粉,4.4%以上的为肉骨粉。肉粉的蛋白质含量变化幅度较大,一般为50%～60%。

肉骨粉则因肉骨比例不同,其蛋白质含量有差异,一般在45%～50%。蛋白质中含有赖氨酸较多,蛋氨酸含量不如鱼粉。色氨酸含量不如饼类,肉骨粉不仅钙、磷含量丰富,而且比例适合,B族维生素含量丰富,尤其是尼克酸和维生素 B_{12} 含量多,维生素A、维生素D的含量少。肉骨粉可做鸡饲料的蛋白质及钙、磷来源,但饲料价值比不上鱼粉和豆粕,同时产品质量的稳定性差,用量宜加限制，以使用6％以下为宜，并补充所缺乏的氨基酸及注意钙、磷平衡问题，质量明显低劣者勿用为宜。

纯肉粉浅黄褐色；消化率86％以上。不含沙门氏菌和大肠杆菌。肉松状。肉粉和肉骨粉的饲用价值仅次于鱼粉，喂量可占日粮的3％(雏鸡)～6％(成鸡)。

肉松粉是采用猪大油渣为天然原料，经二次脱脂加工而成。因其形似肉松，故命名为肉松粉。肉松粉油香味浓，适口性好，消化率高，富含磷、钙及多种微量元素及其他未知因子。

肉松粉与肉粉或肉骨粉完全不同。肉松粉在鸡配合饲料用量应限制在3％以内，以防造成拉稀。

(三)血粉与发酵血粉

屠宰场畜、禽血液干燥后制成的粉末即成血粉，由于加工方式不同，质量差异很大。血粉蛋白质含量高达80％以上，赖氨酸、组氨酸的含量很高，精氨酸的含量很低，故与花生饼、棉仁饼配伍饲养效果较好。血粉的最大缺点是异亮氨酸含量很少，在配料时应特别注意。血粉适口性差，因此饲料中用量不超过3％～4％。

血粉采用全血凝结并喷雾干燥时，鸡对血粉蛋白质的吸收率不高，各种氨基酸的表观消化率平均为53.6％。真消化率范围在36.5％～93.2％，平均为67.4％。不过血粉中的蛋白用于猪配合饲料后有高度可消化特性，尤其是可用赖氨酸成分极高。单独使用可在猪鸡日量中占2％(幼雏鸡)～4％(成鸡)。

发酵血粉是以机制血粉经高温灭菌后为主要原料，以丝状真菌为生产菌种，采用深层通风工艺和低温干燥技术生产的新产品。由于发酵过程能减少血粉中的腥臭等异味，增加了生物活性因子，因此增加了血粉适口性和营养性。血粉发酵后各种氨基酸的表观消化率提高，范围为44.2％～79.5％，平均73.4％。真消化率范围在71.6％～91.4％，平均为83.8％。

（四）羽毛粉

羽毛粉是家禽屠宰后的羽毛经清洗、高压水解、粉碎后的产品。羽毛粉的主要成分蛋白质含量达80%以上，但是氨基酸不平衡。

羽毛粉对于家禽的强制换羽，防止啄癖具有很重要的作用。在蛋鸡日粮中以2%（雏鸡）～3%（成鸡）的羽毛粉代替血粉，不影响采食量、增重、产蛋率以及蛋重等，并能防止啄癖，减少死亡，降低饲料成本。

在肉鸡日粮中，水解羽毛粉占日粮3%～5%，在保持氨基酸平衡时对肉鸡增重和饲料饲料/增重比有较好影响。

使用中应注意氨基酸平衡和蛋白质消化率。羽毛粉含蛋白质86%，但仅有25%可消化。

第三节　植物性蛋白质饲料原料

（一）大豆饼（粕）

豆饼是大豆经传统工艺压榨取油后的副产品。豆粕是大豆经提取豆油后得到的一种副产品，根据提取方法不同分为一浸豆粕和二浸豆粕，其中用浸提法提取豆油后得到的副产品为一浸豆粕；先以压榨取油，再经过浸提取油后得的副产品称为二浸豆粕。一浸豆粕的生产工艺较为先进，蛋白质含量高，是目前国内外现货市场上流通的主要品种。

植物性蛋白质饲料中大豆饼（粕）品质最好，赖氨酸、色氨酸含量较高，必需氨基酸组成比例也较好；豆粕缺少维生素A、维生素D，而B族维生素较谷实类丰富。豆饼（粕）适口性好。

豆类饲料中含胰蛋白酶抑制因子，大豆饼（粕）生喂时适口性差，消化率低，饲后有腹泻现象，胰蛋白酶抑制因子在110℃下加热3 min即可去除。豆饼（粕）质量受加工的影响。加热不足造成豆饼

(粕)偏生，抗胰蛋白酶活性较强；加热过度，造成豆饼(粕)过熟。这都会影响氨基酸利用率和代谢能值。

应注意豆粕是否掺假，水分、杂质是否过多，颜色是否正常，是否有霉变等等。

(二)棉子饼(粕)

棉花子实脱油后的饼(粕)，包括棉子饼(粕)和棉仁饼(粕)。棉子饼(粕)是棉子未经脱壳直接提油后的产物。棉子饼(粕)的适口性对反刍家畜很好，但猪和禽不喜采食。棉子饼(粕)的蛋白质含量仅22%左右，代谢能水平(鸡用)可达6.3 MJ/kg。

完全脱壳的棉仁所制成的饼(粕)叫棉仁饼。蛋白质含量可达41%以上，甚至可达44%，代谢能水平可达10.0 MJ/kg，与大豆饼(粕)不相上下。棉仁饼(粕)氨基酸组成中，赖氨酸不足，精氨酸过高。赖氨酸含量为1.3%～1.5%，精氨酸含量为3.6%～3.8%。赖氨酸与精氨酸之比高达100∶270以上，远远超出了100∶120的理想值。因而，在使用棉仁饼(粕)时不仅要考虑添加赖氨酸，而且还要考虑与精氨酸含量较低的饲料搭配，如与菜子饼(粕)搭配就有一定的优越性。

棉子饼(粕)为淡褐色、深褐色或微黑色，棉絮越多，蛋白含量越低。棉仁饼(粕)含有棉酚，对家畜，尤其是对单胃家畜有毒，会影响种鸡的生殖能力，尤其是危害精子的生成。此外，棉酚还能使蛋黄变绿，降低鸡蛋质量。游离棉酚中毒是累积性的。所以棉仁饼(粕)在猪、禽日粮中用量不应过多。建议游离棉酚含量不超过日粮的0.01%，或者棉仁饼(粕)在猪日粮中不超过10%，鸡日粮中不超过5%。目前一般在蛋鸡配合饲料中不超过8%，雏鸡配合饲料中不超过3%，种鸡配合饲料中最好不用。如果使用脱毒以后的棉仁饼(粕)，用量可稍大。

脱毒方法：按游离棉酚与硫酸亚铁1∶1的比例加入硫酸亚铁即可脱毒。生产上硫酸亚铁用量一般可占棉粕的0.2%～0.4%，而土榨棉子饼则应加1%～2%。日粮中游离棉酚高时动物易缺铁，所以即使不为棉酚脱毒，也需加硫酸亚铁。不过铁易与赖氨酸结合，所以除非特殊需要，添加铁量一般不超过400 mg/kg。

（三）菜子饼（粕）

菜子饼是油菜子经机械压榨提取油后的副产品。菜子饼代谢能较低，仅为8.37 MJ/kg，粗蛋白含量36%左右。其氨基酸组成的特点是蛋氨酸、赖氨酸含量较高，精氨酸含量低。菜子饼也含有几种有害物质，如芥酸、硫配糖体与芥子酵素以及单宁。过量采食，会造成甲状腺肿大，生长受阻，破蛋、软蛋增加，蛋中三甲胺含量上升，蛋有腥味。所以在配制鸡日粮时应限制用量。通常幼雏应避免使用菜子饼。一般生长鸡可占精料量的10%～15%；产蛋鸡占精料量的5%～10%。没脱毒的菜子粕在蛋鸡或育肥猪饲粮中不宜超过5%～6%，种鸡或种猪2%～3%。实际用量应根据油菜品种、榨油工艺和土壤含硫量而增减。

低芥酸、低硫苷的双低品种，保留了油菜饼（粕）的高蛋白，有毒成分含量大大降低，而且壳薄、粗纤维含量低。双低菜粕与豆粕合用可起到平衡和互补作用，优于单独使用任何一种饼（粕）。

（四）花生饼（粕）

花生（仁）饼（粕）是一种良好的植物性蛋白质饲料，代谢能含量是饼粕类饲料中可利用能量水平最高者，但限制性氨基酸含量不足。含壳量少的花生饼，蛋白质含量相对比较高，营养价值也好。花生饼适口性好，有香味，但饲喂量过多，可引起下泻。

花生仁饼（粕）易生黄曲霉菌，当含水量在9%以上、温度30℃左右、相对湿度为80%时，黄曲霉即可繁殖。鸡采食有大量黄曲霉的花生饼（粕）就可中毒。肉鸡不仅本身会中毒，转移到肉中还危及人的健康。因此使用花生仁饼（粕）时要注意检查是否发霉。感染黄曲霉的花生饼（粕）可用氨处理法进行脱毒处理后再用。

一般，雏鸡及肉鸡前期不用花生饼，育成鸡用量在6%以下，产蛋鸡的用量可至9%。

（五）亚麻子饼（粕）

亚麻又叫胡麻，其种子榨油的副产品亚麻子饼或亚麻子粕适口性不好，代谢能很低，粗蛋白含量与棉仁饼、菜子饼相近，赖氨酸含量不足，精氨酸含量高。亚麻子饼（粕）有促进胃、肠蠕动和改善被毛的功能；含有对动物有害的氢氰酸，亚麻子胶和维生素 B_6 抑制因子，鸡日粮中过多会造成生长停滞，羽毛脱落，产蛋量下降，甚至死亡。所以6周龄前雏鸡日粮内不用亚麻饼，生长鸡和母鸡日粮内可用5%，同时将维生素 B_6 的用量加倍。

（六）芝麻饼

芝麻饼是芝麻提油后的副产品。芝麻饼的赖氨酸相当缺乏，蛋氨酸与色氨酸含量丰富，维生素A、维生素D、维生素E少，维生素 B_2、烟酸多。矿物质中钙、磷均高，但因植酸含量多，严重抑制钙、磷、锌的吸收。优质芝麻饼与豆粕有明显的氨基酸互补作用，可在肉鸡日粮中提供蛋白质的25%以下，蛋鸡日粮中提供粗蛋白质的20%以下。但是芝麻饼用量太高时，有引起生长抑制和发生腿病的可能，故鸡饲料中用量宜低，幼雏不用。

第四节　矿物质饲料原料

动物必须从饲料中摄取钙、磷、钠、氯、硫、铁、铜、碘、锰、锌、硒等多种矿物质元素。天然饲料中含有这些元素但成分不全、含量不一，因此鸡要适当补充这些矿物质。

（一）钙源

补充饲料内钙需要量的常用原料有：碳酸钙（$CaCO_3$）、贝壳粉、蛋壳粉及磷酸钙。

石粉为石灰岩、大理石矿综合开采的产品，基本成分是碳酸钙，含钙量34%～38%。石粉为半透明白色。颜色发黑的石粉含镁高。在鸡饲料中添加石粉不仅补钙，还可以提高鸡肌胃磨碎饲料的能力；减缓食物在鸡胃肠中的通过速度；使消化液更容易进入食糜，促进营养物质吸收。所以能提高肉鸡增重和蛋鸡产蛋。因此，用于喂蛋鸡的石粉要含有一定量(1/3)的颗粒，颗粒大小为2～5 mm。雏鸡颗粒要小些。

贝壳是海水和淡水软体动物的外壳。贝壳主要成分也是碳酸钙，含钙量与石粉相似。新鲜贝壳须经加热、粉碎，以免传播疾病。而死贝的壳有机质已分解，比较安全。买贝壳回来自己粉碎可避免掺假。

(二)磷源

我国是一个缺乏磷矿资源的国家，磷源饲料的解决十分重要。实际上1 g磷的价格远比1 g蛋白质昂贵。常用的磷源饲料有：蒸骨粉、脱胶骨粉、磷酸二氢钙(磷酸一钙，$Ca(H_2PO_4)_2$)、磷酸氢钙(磷酸二钙，$CaHPO_4$)及磷酸钙(磷酸三钙，$Ca_3(PO_4)_2$)。

1. 骨粉

动物杂骨经热压、脱脂、脱胶后干燥粉碎制成的骨粉叫做脱胶骨粉，基本成分为磷酸钙，是钙、磷较平衡的矿物质饲料，呈白色粉末状，没臭味，质量较好。使用时要注意骨粉气味，如有一些臭骨粉，很难闻，不宜用。骨粉含磷量应大于11%。我国颁布的饲用骨粉分为三级，根据国家标准规定的指标进行化验后即可确定骨粉等级。一般骨粉中钙含量应为磷的2倍左右，灰分含量应为磷的6.5倍以下。

目前市售骨粉主要有脱胶骨粉、蒸骨粉和生骨粉等3种。脱胶骨粉经高温处理，已除去了骨髓和脂肪，产品质量好，保存期长不易变质；蒸骨粉和生骨粉因未脱胶，质量差保存期短并易变质。尤其是生骨粉，因未经过高温灭菌，并含有致病微生物，不宜饲喂畜禽。

市售骨粉如磷含量偏低钙含量偏高，说明骨粉中可能掺有石粉。有些骨粉色白,比重较大,也可能掺了石粉;有的骨粉含沙较多;有些是从废品收购站买来的杂骨作为原料,在加工前已霉变,骨中脂肪发黄,在加工过程中又未能很好脱脂、脱胶,因此加工出来的骨粉质量差,不宜使用。还有些骨粉水分含量大,易霉变,不宜用,同时这也是钙磷含量普遍偏低的一个重要原因。

2. 磷酸氢钙

磷酸氢钙使用最广。磷酸氢钙白色粉末,颜色发黑发红的含氟高,但磷偏低,不易使用。无结晶水的磷酸氢钙含钙29.46%、磷22.77%,饲料级磷酸氢钙一般含2个结晶水和少量杂质,含钙21%~23.29%、磷16%~18%。磷酸氢钙中的钙、磷容易被动物吸收,磷酸钙、过磷酸钙也是含钙、磷丰富的饲料,但吸收率不及磷酸氢钙。我国饲料用磷酸氢钙质量标准如下:磷含量≥16%,钙含量≥21%,砷含量≤30 mg/kg,重金属(以铅计)≤20 mg/kg,氟含量≤1 800 mg/kg。

(三)食盐

食盐又称氯化钠,是氯和钠两种元素的化合物,商品食盐中含钠38%、氯58%。鸡日粮中食盐含量以0.37%~0.5%为宜。

食盐需要量受以下因素影响:①粗纤维含量增加时,食盐需要量应提高。②日粮中钙、磷缺乏时,食盐配比量应降低。③磷含量增加时,可减少食盐。④钙含量过高时,对食盐有拮抗作用。⑤食盐含量多时,增加锰的需要量。计算食盐添加量时,应把其他含食盐多的饲料中的食盐含量计算在内(如鱼粉、酱渣等)。食盐过多的鱼粉不可使用。

食盐有吸湿性,遇杂质时易潮解,故应将食盐密封保存在阴凉干燥处。使用前应将食盐粉碎并与其他饲料拌匀以防鸡中毒。

第三章　饲料添加剂

为满足家禽营养需要，完善日粮全价性，需在饲料中添加原来含量不足或原来就不含的营养性和非营养饲料添加剂，如微量元素、维生素、合成氨基酸、抗菌素、抗氧化剂、防霉剂、驱虫保健剂等，可提高饲料利用率，促进家禽生长，防治某些疾病，减少贮藏期间营养物质损失或改进家禽产品品质。

第一节　营养性添加剂

添加剂主要由化学工业生产，包括营养性添加剂及非营养性添加剂。营养性添加剂补充一般饲料中含量不足的营养素，使配合饲料营养更完善，常用的有微量元素类、维生素类、氨基酸类等。

（一）微量元素添加剂原料

微量元素添加剂俗称生长素。常需补充的微量元素有铁、铜、锰、锌、钴、碘、硒等。微量元素添加量极少，而基础饲料中含微量元素量变化较大，又不易分析，故习惯上均按饲养标准中的需要量添加，而把基础日粮中的含量作为“安全余量”。当基础日粮中某种微量元素含量超过饲养标准中规定量时，在配制添加剂时不应再添加此种微量元素，否则不仅浪费而且会引起中毒。所以有条件时尽可能对饲料中微量元素的含量直接测定，然后再根据饲料中的实际含量来设计添加剂配方。

在饲料内添加微量元素添加剂时，不仅要考虑各元素的需要量及各元素的协同和拮抗作用，还要考察各地区元素分布特点和所用饲料中各元素的含量。

最好使用硫酸盐作微量元素添加剂原料，因为硫酸盐可使蛋氨酸增效10％左右，而蛋氨酸价钱贵。微量元素添加剂的载体应选择不能和矿物质元素起化学作用，并且性质较稳定、不易变质的物质，如石粉（或碳酸钙）、白陶土等。

1. 铁添加剂原料

可用于饲料添加剂的含铁原料很多，一般认为硫酸亚铁利用率高而成本低。有机铁能很好地被动物利用，且毒性低，加工性能优于硫酸亚铁，但价格贵，若能降低产品价格将很有前途。氧化铁几乎不能吸收利用，但在某些预混合饲料产品中用作饲料着色剂。

硫酸亚铁产品主要有含1个结晶水（$FeSO_4 \cdot H_2O$）和7个结晶水的（$FeSO_4 \cdot 7H_2O$）硫酸亚铁两种。

七水硫酸亚铁为淡绿色结晶或结晶性粉末，不稳定，在加工和贮藏过程中易氧化为不易被动物利用的3价铁，黄、褐色都是3价铁的颜色引起的，3价铁含量越高色越强。游离硫酸含量太高时易与其他养分起化学反应使后者失效。七水硫酸亚铁易潮解结块，高温、高湿时更严重，不易粉碎，使用不便，与其他微量元素混合后的预混料也有结块性，加工前必须进行干燥处理，所以一般都限制七水硫酸亚铁在预混料中的用量，使用一水硫酸亚铁可减轻结块但不能完全消除；不过结块并不失效；在预混料中含氧化锰时，不能使用七水硫酸亚铁。硫酸亚铁生物利用率高，是主要铁源饲料原料。

一水硫酸亚铁为灰白色粉末，由7个结晶水硫酸亚铁加热脱水而得，不易吸潮起变化，加工性和与其他成分的配伍性都较好。我国主要是七水硫酸亚铁。目前已研制出包被七水硫酸亚铁制剂，其有效性、稳定性好，但价格较高。

2. 铜添加剂原料

可作饲料添加剂的含铜化合物有碳酸铜、氯化铜、氧化铜、硫酸铜、磷酸铜、焦磷酸铜、氢氧化铜、碘化亚铜、葡萄糖酸铜等。其中最常用的为硫酸铜，其次是氧化铜和碳酸铜。一般认为硫酸铜、氧化铜对雏鸡增重效果相同。

硫酸铜的生物学效价(BV)最好，来源广，成本低，饲料中应用最广。市售产品有两种：5个结晶水的硫酸铜($CuSO_4 \cdot 5H_2O$)为蓝色、无味结晶或结晶性粉末；0～1个结晶水的硫酸铜[$CuSO_4 \cdot nH_2O$($n=0 \sim 1$)]为青白色、无味粉末，由5个结晶水的硫酸铜脱水所得。五水硫酸铜易吸湿返潮、结块，但结块并不失效；易溶于水，水溶液呈酸性(pH值2.5～4)；对饲料中的有些养分有破坏作用，不易加工，加工前应进行脱水处理，而一水硫酸铜克服了五水硫酸铜的缺点。使用时应注意：①避免与眼睛、皮肤接触及吸入体内；②注意配伍禁忌，铜会促进不稳定脂肪酸的氧化而造成酸败，同时还会破坏维生素。

碱式氯化铜：碱式氯化铜是新铜源添加剂，又名三碱基氯化二铜，商品名佳乐铜，分子式$Cu_2(OH)_3Cl$，相对分子质量213.57，墨绿色球状结晶型粉末，极难溶于水和有机溶剂，易溶于氨水和酸。化学性质中性，难溶于水却能快速在动物消化道内溶解。吸湿性低，化学结构稳定，在饲料中不会分解产生铜离子，不会对饲料中其他养分产生破坏作用，所以避免了硫酸铜吸潮结块的缺点，对饲料加工设备无腐蚀性。促氧化能力低于硫酸铜，所以对饲料中的维生素和脂肪等的破坏作用小于硫酸铜，可延长产品保质期。碱式氯化铜的吸收利用率比硫酸铜高21%～41%，且不影响铁、锌等其他养分的吸收利用。碱式氯化铜球状颗粒的表面光滑，流动性好，易在配合饲料中混匀。据报道，碱式氯化铜也有促进猪生长和提高饲料利用率的作用，饲用150～188 mg/kg的碱式氯化铜时，效果就可达到250 mg/kg硫酸铜的效果。所以可少用铜，公害小。长沙兴嘉生物工程有限公司生产的碱式氯化铜质量标准如下：碱式氯化铜含量高于98%，含铜高于58%，酸不溶物小于0.2%，细度95%通过40目筛。包装：25 kg/袋，保质期2年。配合饲料中用量(g/t)：

肉禽15～100,蛋鸡80。

氧化铜:氧化铜是无臭黑色至褐色粉末,不具吸水性,不易结块,生物利用率好,耐储存;含铜量在75%左右,各种动物饲料中均可使用,但不能在液体饲料中使用;操作时应避免与皮肤、眼睛接触,避免吸入。

3. 锌添加剂原料

可用做饲料添加剂的含锌化合物有:硫酸锌、氧化锌、碳酸锌、氯化锌、醋酸锌、乳酸锌等。其中常用的为硫酸锌、氧化锌和碳酸锌。一般认为,这3种化合物都可很好地被动物利用,生物学效价基本相同。醋酸锌的有效性与7个结晶水的硫酸锌相同。锌与蛋氨酸、色氨酸的络合物具有很高的有效性,价格合适时可用。实践中使用较多的是硫酸锌和氧化锌。

市售硫酸锌有两种产品即7个结晶水硫酸锌($ZnSO_4 \cdot 7H_2O$)和1个结晶水硫酸锌($ZnSO_4 \cdot H_2O$)。七水硫酸锌为无色结晶或白色无味的结晶性粉末,加热、脱水即制成为白色、无味粉末的1个结晶水硫酸锌。七水硫酸锌易吸湿结块,影响加工及产品质量。而一水硫酸锌因加工过程无需特殊处理,使用方便,更受欢迎。实践使用时应注意质量,注意品牌,可检查水溶性,溶解度越高表明其纯度越高,且没有氧化锌存在;市售七水硫酸锌含锌在22%左右,一水硫酸锌含锌36%左右;本品在干饲料或液态饲料中均可用,不降低生物利用率。

氧化锌:是一种不潮解、稳定性很好的白色恶臭味粉末,不溶于水,但溶于酸,因为氧化锌是一种碱;氧化锌的价格低而生物利用率不低,稳定性好,贮存时间长,不结块、不变性,在预混料和配合饲料中对其他活性物质无影响,具有良好的加工特性,所以实践中使用很普遍;氧化锌含锌量在72%左右,使用时应注意其重金属含量,一般质轻且呈蓬松状者品质较差,含铅量也高。

碳酸锌:是一种不溶于水、无臭无味的白色粉末,含锌55%左右，利用率不低，也是动物良好的锌源饲料之一。市场上多为碱式碳酸锌［$x\mathrm{ZnCO_3} \cdot y\mathrm{Zn(OH)_2} \cdot n\mathrm{H_2O}$］，锌含量55%～60%。据报道，对于幼龄火鸡，碳酸锌与7个结晶水的硫酸锌效价相同，优于氯化锌；氧化锌和一水硫酸锌效价较差。

4. 锰添加剂原料

作为饲料添加剂的含锰化合物有硫酸锰、碳酸锰、氧化锰、氯化锰、磷酸锰、醋酸锰、柠檬酸锰、葡萄糖酸锰等，其中常用的为硫酸锰、氧化锰和碳酸锰，氯化锰因易吸湿使用不多。据研究，有机2价锰生物有效性都比较好，尤其是某些氨基酸络合物，但成本高，未能大量应用。

硫酸锰：是白色或带淡红色的粉末，无臭，可溶于水，有中等潮解性，稳定性高。一般含锰量在32%左右，动物利用率较高，是良好的锰源。因难溶于水，所以不能在液体饲料中使用。此外还有含2～7个结晶水的硫酸锰，都能很好地被动物利用。硫酸锰产品随结晶水的减少其锰的利用率降低，但含结晶水越多，越易吸湿、结块，加工不便，且影响饲料中其他成分（如维生素）的稳定性，故一水硫酸锰应用广泛。可根据本品在水中的溶解性高低简单判断品质优劣，溶解性低者为不正常产品；在高温多湿环境中储存太久会有结块倾向。饲料添加剂预混料中大量使用的是硫酸锰。

氧化锰：市售氧化锰纯度低，生物学效价也低，但价格也低。添加于饲料的氧化锰主要是一氧化锰（MnO），由于烘焙温度不同，可生产不同含量的产品，美国王子公司生产的氧化锰有含锰55%，60%，62%的3种规格，分别为棕色、绿棕色和绿色粉末。氧化锰化学性质稳定，有效成分含量高，相对价格低，许多国家逐渐以氧化锰代替硫酸锰。对防治鸡腱炎的研究表明，药品级硫酸锰（$\mathrm{MnSO_4 \cdot 2H_2O}$）、碳酸锰、氧化锰和高锰酸钾效果相近；而一些天然矿石的氧化锰、碳酸锰类因含较多杂质和其特殊物理化学结构而效果欠佳。以低剂量（每千克日粮10 mg）锰添加于鸡饲料中，锰利用率以硫酸锰和碳酸锰为佳；许多研究结果表明一氧化锰比二氧化锰好，但也有报道二氧化锰比一氧化锰利用率高的。

碳酸锰：是无臭无味、难溶于水的淡褐色直至粉红色的细粉末，一般含锰量在44％左右，动物利用率较高，是良好锰源。因为难溶于水，所以不能在液体饲料中使用。

饲粮中无论添加硫酸锰还是蛋氨酸锰，随饲粮锰水平提高，蛋壳和蛋内容物中锰含量均随之提高。蛋壳中锰含量高于蛋内容物。饲粮中添加硫酸锰或蛋氨酸锰，当锰添加水平从0提高到60 mg/kg时，即可显著提高胫骨中锰含量。

5．硒添加剂原料

硒酸钠为白色结晶粉末，易溶于水，亚硒酸钠为白色直至带粉红色的结晶粉末，不易溶于水。硒酸钠和亚硒酸钠都是良好的硒源，但亚硒酸钠利用率高，因不溶于水而性质较稳定，所以实践中使用也较多。

生产上常用的硒源饲料原料有亚硒酸钠和硒酸钠，它们的毒性都很强，在使用时必须掌握好剂量，并且搅拌均匀。

6．碘添加剂原料

可作为碘源的化合物有：碘化钾、碘化钠、碘酸钾、碘酸钠、碘酸钙、碘化亚铜等。其中碘化钾、碘化钠可为家畜充分利用，但稳定性差，易分解造成碘的损失，碘酸钙、碘酸钾较稳定，其生物学效价与碘化钾相似，故在美国的微量元素预混料中应用最广，但由于溶解度低，主要用于非液体饲料。饲料中最常用的为碘化钾、碘酸钙。

碘化钾：碘化钾是无臭的白色结晶粉末，有咸味和苦味，易潮解，易溶于水，水溶液的pH值为7～9，含碘67％左右。动物对碘化钾的利用率较高，是良好的碘源。储存太久会有结块现象，高温高湿时易潮解，部分碘会形成碘酸盐，所以应避免暴露于日光下；长期暴露于大气中会释出碘而呈黄色，应注意防范；在各种饲料用碘化物中，碘化钾稳定性最差，没法与其他金属盐类相容，遇其他金属的盐类时分解出的游离碘对维生素、抗生素、药品等饲料添加剂均构成威胁，所以应尽量少用。

碘酸钙：碘酸钙白色直至乳黄色不等，粉状或超细结晶，略具碘味，水溶性低，稳定性高，其产品有无结晶水、1个和6个结晶水化合物[$Ca(IO_3)_2$，$Ca(IO_3)_2 \cdot H_2O$，$Ca(IO_3)_2 \cdot 6H_2O$]。作为饲料添加剂的多为含0～1个结晶水的产品，含碘62%～64.2%，基本不吸水，微溶于水，很稳定。其生物学效价与碘化钾相似，故逐渐取代碘化钾广泛添加于非液体饲料作为碘源。碘酸钙储存太久或暴露阳光下会导致流动性不良，应注意防范；由于它稳定性好，利用率也高，所以在生产上使用很广。

7. 钴添加剂原料

生产上常用的钴源饲料原料有硫酸钴和碳酸钴。

硫酸钴：市售的有七水硫酸钴和一水硫酸钴两种产品，七水硫酸钴是无味的橘红色透明结晶或砂状结晶，具有中至高度的吸水性，易溶于水，含钴21%左右；一水硫酸钴是无味的粉红色直至紫色结晶粉末，不易吸水，但易溶于水，含钴21%左右。动物对硫酸钴的利用率较高，是良好的钴源。储存太久会有结块现象，应注意防范。

碳酸钴：碳酸钴是粉红色直至紫色结晶粉末，不易吸水，不溶于水，室温下稳定，含钴46%左右。碳酸钴的利用率较高，是良好的钴源，而且耐储存。

8. 碘化酪蛋白

碘化酪蛋白是一种人工合成产品，其商品为(棕)黄色粉末，无臭或微有焦糖香味，不溶于水。碘化酪蛋白属拟甲状腺素物质，具有类似甲状腺素的某些生理作用，作为饲料添加剂，能大大提高碘吸收率，促进畜禽生长生育，改善机体脂肪代谢，增加肌体瘦肉比例，提高繁殖力、产卵率、蛋壳硬度，促进羽毛生成及增强颜色亮度，对奶畜可提高食欲和泌乳量，增加饲料利用率。由于其毒性小，为无急性毒性物质，且饲喂效果明显，在养殖业中的应用越来越广。

碘化酪蛋白对鸡的影响主要表现在提高产蛋量和蛋品质，改善鸡体脂肪代谢，改善料蛋比，增加养鸡经济效益。在蛋鸡饲料中添加量为50～150 mg/kg。

(二)常用微量元素添加剂原料的元素含量和生物学效率

常用微量元素添加剂原料的元素含量和生物学效率见表3-1。

表3-1 常用微量元素添加剂原料的元素含量和生物学效率 %

化合物	化学式	元素含量	相对利用率
一水硫酸亚铁	$FeSO_4 \cdot H_2O$	Fe:32.9	100
七水硫酸亚铁	$FeSO_4 \cdot 7H_2O$	Fe:20.1	100
碳酸亚铁	$FeSO_4 \cdot H_2O$	Fe:41.7	2
氯化亚铁	$FeCl_2 \cdot 4H_2O$	Fe:28.1	98
氯化铁	$FeCl_3 \cdot 6H_2O$	Fe:20.7	44
碱式氯化铜	$Cu_2(OH)_3Cl$	Cu: 58	105～130
硫酸铜	$CuSO_4 \cdot 5H_2O$	Cu:25.5	100
氧化铜	CuO	Cu:79.9	80
硫酸锰	$MnSO_4 \cdot H_2O$	Mn:31.8	100
硫酸锰	$MnSO_4 \cdot 5H_2O$	Mn:22.8	100
碳酸锰	$MnCO_3$	Mn:47.8	70
氧化锰	MnO	Mn:77.4	96
氯化锰	$MnCl_2 \cdot 4H_2O$	Mn:27.8	116
碳酸锌	$ZnCO_3$	Zn:52.1	100
硫酸锌	$ZnSO_4 \cdot 7H_2O$	Zn:22.7	100
碘化钾	KI	I:76.4	100
碘酸钙	$Ca(IO_3)_2$	I:65.1	150
亚硒酸钠	Na_2SeO_3	Se:46.0	100
氯化钴	$CoCl_2 \cdot 6H_2O$	Co:＞24.3	

(三)稀土、沸石粉和硭硝

稀土饲料添加剂有特殊作用。稀土是化学元素周期表中镧、铈、镨、钕、钇等17种金属元素的总称，它们具有丰富多彩的光、电、磁等物理特性和化学活性，在工业上尤其是在高科技领域用途极广。它们还具有奇特的生物效应。用稀土饲料添加剂喂养肉鸡和蛋鸡，可明显提高产肉和产蛋率。喂养肉鸡，饲料中添加稀土0.5%～3%（稀土硝酸盐含量20～40 g/t）为宜，可使产蛋期提前3～10 d，平均蛋重增加约5%，产蛋率提高15%～20%。稀土还能增强雏鸡抗病力，提高育雏成活率。

砒硝可防治啄癖，日粮中添加0.25%砒硝可预防啄癖发生；可促肉鸡生长，从17日龄到出栏，日粮中添加0.25%砒硝，期末平均每只体重1.52 kg，比未添加的肉鸡提高14.5%。此外，蛋鸭、肉鸭及活拔鹅毛的肉鹅日粮中添加0.3%～0.4%砒硝，其增重率、产蛋率及羽绒生长速度均有显著的提高。

配合饲料中加3%～5%沸石肉鸡日增重提高，饲料转化率改善，增进鸡群健康、降低死亡率、减少饲料消耗和确保鸡群均匀一致等。沸石添加量以3%较为适宜。

（四）微量元素添加剂的使用

在微量元素添加剂原料选择上要注意几个问题：第一微量元素化合物中该元素含量；第二化合物中该元素的可利用性；第三用作微量元素化合物的规格要求。用作微量元素添加剂的原料从利用率、市场价格和供应情况看以硫酸盐类较好，氧化物较差。

由于地域原因各地土壤与饲料中微量元素含量差别较大，土壤中元素含量与饲料中的含量成正比。鉴于饲料中微量元素含量分析较复杂且费用昂贵，禽类对微量元素需要量与中毒量之间有一个很大的安全范围等情况，因此在生产中按标准需要量添加各种无机盐类微量元素，而把饲料中的微量元素含量作为安全余量来考虑。

正常情况下禽类饲料中钼和铬的数量与营养需求比较已能满足需要，因而一般不予考虑。

（五）维生素添加剂

维生素添加剂主要是人工合成的各种单项维生素及复合维生

素。在使用维生素添加剂时,要注意一些因素对维生素效价的影响。由于影响维生素效价的因素很多,在使用维生素添加剂时在需要量的基础上,还要加一定的保护量。

家禽对维生素的需要量,除考虑营养需要外,还应考虑日粮组成、饲养方式、环境条件、家禽体质与健康状况、应激情况、饲料中维生素利用率、饲料加工贮藏的损失等。例如接种疫苗、转群、断喙和有疫病时,要加大维生素添加量。

1. 维生素A

市售的维生素A是人工合成的,是维生素A(视黄醇)酯化后再添加适量抗氧化剂并经过微胶囊包被的产品,其稳定性提高很多。按照酯化时所用有机酸的种类,可分为维生素A醋酸酯,维生素A棕榈酸酯和维生素A丙酸酯。各种产品的生物活性不同,度量其活性的单位是国际单位(IU)。一个国际单位的维生素A的重量相当于0.300 μg的视黄醇,或0.344 μg的维生素A醋酸酯,或0.549 μg的维生素A棕榈酸酯,或0.358 μg的维生素A丙酸酯,或0.600 μg的β-胡萝卜素。市售的维生素A添加剂产品含活性成分的量一般为50万IU/g,20万IU/g,65万IU/g。维生素A醋酸酯微粒为黄色至淡褐色颗粒,易吸潮,遇热、酸及见光后易分解。

维生素A肉眼看为淡褐色或灰黄色颗粒。取样0.1 g,用无水乙醇湿润研磨使其溶解,加氯仿10 mL,再加三氯化锑的氯仿溶液0.5 mL,溶液先显蓝色并立即褪色,才是真品。

2. 维生素D

维生素D有两种:一种为维生素D_2,即麦角钙化醇;另一种为维生素D_3,即胆钙化醇。对鸡来说,维生素D_3比维生素D_2的抗佝偻病效力高30～100倍,所以维生素D_2只用于哺乳纲的家畜,不适用于鸟纲的家禽。维生素D的活性以国际单位(IU)度量,一个国际单位相当于0.025 μg胆钙化醇。市售的维生素D_3是白色粉末,是维生素D_3添加抗氧化剂,经明胶、糖和淀粉等包被后的产品,稳定性好。市售的维生素D_3添加剂的活性成分含量一般为50万IU/g或20万IU/g。

3. 维生素E

维生素E又称生育酚,是一类有活性的化学结构相似的酚类化合物的总称。已知的维生素E有8种,其中尤以α-生育酚活性最高,分布最广,最具代表性。维生素E是一种细胞内抗氧化剂,具有很强的抗氧化作用。维生素E对pH值敏感,在中性环境中较稳定。它是一种天然抗氧化剂,极易被氧化而失去活性。市售的商品维生素E添加剂多为*DL*-α-生育酚醋酸酯,外观为微绿黄色粉末,是α-生育酚经过酯化和包被工艺处理后的产品,比较稳定,商品中维生素E含量为50%或25%。有时也有人用国际单位表示维生素E活性,一个国际单位相当于1 mg *DL*-α-生育酚醋酸酯。

维生素E粉外观呈白色或淡黄色粉末。取样品15 mg,加无水乙醇10 mL使其溶解后,加硝酸2 mL,摇匀加热15 min,溶解显橙红色为正品。亚硒酸钠维生素E粉外观呈白色或类白色粉末,取样品0.5 g,加乙醇30滴振摇过滤,过滤液中加硝酸5滴,加热变成红色方为正品。

4. 维生素K

市售的维生素K是维生素K_3的衍生物,维生素K_3添加剂的活性成分是甲萘醌,主要有3种形式:其中亚硫酸氢钠甲萘醌微胶囊(MSB)含有效成分50%;亚硫酸氢钠甲萘醌复合物(MSBC)为晶体状粉末,含有效成分25%,溶于水,比较稳定;亚硫酸二甲嘧啶甲萘醌(MPB)含甲萘醌50%,比MSBC还稳定,外观为白色或黄褐色结晶粉末。

维生素K_3外观呈白色或灰黄褐色晶体粉末。取样品0.1 g,加水10 mL溶解,加碳酸钠溶液3 mL有鲜黄色沉淀生成的为正品。

5. 维生素B_1

维生素B_1添加剂有硫胺素盐酸盐和硫胺素硝酸盐两种形式。

两者均为白色粉末，易溶于水。硫胺素硝酸盐比较稳定，所以在炎热地区应使用硫胺素硝酸盐。商品维生素B_1添加剂中一般盐酸硫胺素或硝酸硫胺素含量为96%～98%，也有稀释为5%的。

维生素B_1外观呈白色结晶或结晶性粉末，稍有臭味，微苦。取样品0.1 g，加水少许振摇，过滤，在滤液中加碘试剂3滴，有棕红色沉淀生成。

6. 维生素B_2

维生素B_2又叫核黄素，为黄色或橙黄色粉末，稍溶于水，易吸潮，有苦臭味。市售的维生素B_2添加剂中含核黄素有96%、80%、55%和50%等多种型号。

维生素B_2鉴别：取样品0.5 g，加水少许溶解，提取上清液，加入稀盐酸或氢氧化钠试液2滴，上清液中黄色荧光消失。

7. 泛酸

泛酸是一种不稳定、易吸湿的黏性油质，商品制剂为*D*-泛酸钙或*DL*-泛酸钙，外观为白色粉末。*D*-泛酸钙的活性为100%，*DL*-泛酸钙的活性为50%。1 mg *D*-泛酸钙的活性相当于0.92 mg泛酸，1 mg *DL*-泛酸钙仅相当于0.45 mg泛酸。*D*-泛酸钙的纯度一般为98%，也有稀释为66%或50%的。

8. 尼克酸

尼克酸添加剂有烟酸和烟酰胺两种形式，两种形式活性相同。烟酸为白色结晶性粉末，微溶于水，稳定性较好；烟酰胺易与维生素C生成复合物而结块。市售的尼克酸添加剂活性成分为98%～99.5%。

9. 维生素B_6

维生素B_6添加剂为盐酸吡哆醇，是白色结晶。活性成分含量为82.3%。

10. 生物素添加剂

市售生物素添加剂有活性成分为1%和2%两种类型，由于用量极其微少，要求颗粒极其微小。

11. 叶酸

叶酸有黏性，干粉比较稳定，经过预处理后为黄色结晶性粉末，市售的叶酸添加剂含活性成分有1%，3%，4%等多种型号。

12. 维生素B_{12}

维生素B_{12}纯品为褐色粉末，水溶性好。市售维生素B_{12}添加剂一般含氰钴素1%。也有的产品标记维生素B_{12}-600、维生素B_{12}-300、维生素B_{12}-60的，分别表示每0.45 kg产品中含有维生素B_{12} 600 mg，300 mg，60 mg。

13. 胆碱

市售胆碱为氯化胆碱，1 mg氯化胆碱相当于0.87 mg胆碱。氯化胆碱的碱性很强，对其他维生素有破坏作用，所以不可与其他维生素直接混合。氯化胆碱添加剂有液体和固体两种形式，固体的一般含胆碱50%，液体的一般含胆碱70%。

14. 维生素C

维生素C又叫抗坏血酸，酸性很强，对其他维生素有影响，在制作复合维生素预混料时，要避免直接混合。市售的维生素C添加剂有抗坏血酸钠，抗坏血酸钙，抗坏血酸棕榈酸酯和包被抗坏血酸等形式，活性成分含量有25%，50%等多种。

（六）维生素添加剂在配合饲料中的稳定性

在保存过程中，配合饲料中的维生素会有不同程度的损失，参见表3-2。在设计饲料配方时应当注意留出余量。

表3-2 维生素添加剂的稳定性 %

维生素	维生素存留量				每月损失
	0.5个月	1个月	3个月	6个月	
维生素A（微粒胶囊）	92	83	69	43	9.5
维生素D_3（微粒胶囊）	93	88	78	55	7.5
维生素E醋酸盐	98	96	92	88	2.0

续表 3-2

维生素	维生素存留量				每月损失
	0.5 个月	1 个月	3 个月	6 个月	
维生素 E(醇)	78	59	20	0	40.0
亚硫酸氢钠甲萘醌复合物(MSBC)	85	75	52	32	17.0
亚硫酸二甲嘧啶甲萘醌复合物(MPB)	86	76	54	37	15.0
盐酸硫胺	93	86	65	47	11.0
硝酸硫胺	98	97	83	65	5.0
维生素 B_2	97	93	88	82	3.0
维生素 B_6	95	91	84	76	4.0
维生素 B_{12}	98	97	95	92	1.4
泛酸钙	98	94	90	86	2.4
叶酸	98	97	83	65	5.0
生物素	95	90	82	74	4.0
烟酸	93	88	80	72	4.6
维生素 C	80	64	31	7	30.0
氯化胆碱	99	99	98	97	1.0

(七)维生素的添加量

由于某些维生素很不稳定,一般维生素添加量都是把饲料中的含量作为安全余量,在饲养标准基础上再考虑储存期的自然损失,实际上额外添加的要比正常饲养标准高。日粮中维生素的添加量一般均大于NRC 中的需要量。生产维生素产品的公司所提出的推荐量均大于科学工作者或品种鸡公司的推荐量,一般认为应参考科学工作者或品种鸡公司的推荐量。饲料中按维生素生产厂家推荐的添加维生素量可能对家禽健康与体内贮存有一定好处,但不一定经济。就我国当前日粮中能量浓度和蛋白水平,一般认为中等水平的维生素添加量效益较好。实践中加大维生素用量可促使母鸡产蛋,然而这有限度,特别是脂溶性维生素的投喂量,过量时效果会得其反。因为这类维生素排出缓慢,并能在鸡体内蓄积,从而增加各脏器负担,影响母鸡健康。

维生素除提高生产性能，改善饲料效率，保护动物健康等营养作用外，还可改善蛋壳质量，蛋黄颜色；增强肉质新鲜度，延长保质期；提高繁殖力等。所以评价维生素供给量是否适宜，不仅要考虑饲养效果，投入与产出比，而且还要判断是否符合市场需要，达到最佳效益。维生素的添加不仅要预防传统意义上的维生素缺之症，而且还要解决商业运作环境下对于最优化饲养的支持。

维生素缺乏症在生产中很常见，初期并不表现什么症状，难于诊断。幼年动物缺乏维生素表现为抗病力降低、生长发育停滞，成年动物表现为生产力和繁殖力下降。

一般植物性饲料中不含维生素A和维生素D，即使经包囊技术的维生素A和维生素D也易失活，所以维生素A和维生素D的推荐量比需要量应大几倍到十几倍。维生素K、维生素E推荐量比美国NRC应高3～5倍。长期或突然过量投喂维生素A可引发母鸡维生素A过多症。病鸡表现为精神抑郁或惊厥，采食量下降，严重时不吃食，羽毛脱落。维生素D投喂量超过饲养标准时，大量钙会从母鸡骨组织中转移出来，不仅使血钙增高，抑制神经和肌肉的兴奋性，而且会沉积于动脉管壁、关节、肾小管、心脏及软组织中，加重这些器官组织的负担。病鸡临床表现为食欲消退、腹泻、肾脏结石，病情严重的个体常死于尿毒症。

维生素E投喂量超过该标准太多会使母鸡脂肪代谢发生障碍，导致过肥，产蛋减少，并可能因维生素E中毒而死亡。维生素K投喂超量，会引起鸡胃肠黏膜发炎、食欲锐减、下痢，继而产蛋量下降，严重时停产。为预防母鸡患维生素过多症，应根据饲养标准控制维生素添加量。对已发生维生素过多症的鸡群，立即停止投喂维生素，供给充足的饮水，一般可使其在1.5～2周内逐渐康复。

维生素B_2与维生素B_5添加量应高于美国NRC(1994)推荐量0.5～1倍。常用饲料中维生素B_1、维生素B_6含量丰富，为降低成本，添加量可低于美国NRC推荐量。

生物素在饲料中含量丰富，可比需要量降低一些；生物素价格高，添加一定量时未见有较好效益，所以许多商用维生素中均不加生物素，使用市售的复合维生素时要注意这一点。

其他维生素叶酸、维生素B_{12}、泛酸可按需要量添加，饲料中含量作为一个安全量看待。

动物性饲料和豆饼饲料中含有较多胆碱，所以添加量应比美国NRC推荐的需要量低；同时氯化胆碱呈碱性，与其他维生素添加剂一起配合时，影响其他维生素效价，一般不预混合在内，应单独添加。维生素B_1、维生素B_2、维生素B_6和维生素K_1、维生素K_2、维生素C以及烟酸、泛酸等遇碱性极易被破坏或失效。胆碱产品如为液态，须加50%玉米粉混合使用。

复合维生素添加剂添加量在应激时的用量要加倍。

（八）维生素的使用技术

1. 复合维生素添加剂的使用技术与微量元素的使用技术大致相同

在使用前要弄清其有效含量和具体用法，一定要按使用说明书上规定的操作方法把产品添加到饲料中。一般是先与少量饲料拌匀，添加剂至少稀释100倍后，才能混入全部饲料，以保证混合均匀有效。

2. 注意选择使用时的针对性

配制预混料时，如生产条件和技术力量好，可选择纯品或药用级脂溶性维生素制剂；如生产条件和技术力量差，应选择经过包被处理的制剂；如配制液体饲料或宠物罐头饲料，则应选择可溶性制剂。

3. 注意使用前预处理

脂溶性维生素添加剂产品在开封后应尽快用完，制粒、膨化冷却后再喷涂在颗粒料表面能减少脂溶性维生素的损失。使用维生素添加剂要事先用少量玉米粉等载体预混，然后再逐级扩大混匀。

充分预混均匀能显著降低畜禽发病率。

4. 注意添加剂间相互作用

饲料添加剂间存在协同作用与拮抗作用，当把有协同作用诸成分配合在一起使用，其功效能大于各自功效的总和，事半功倍；反之则会使其功效小于各自功效，甚至无效和产生毒副作用。脂溶性维生素对大部分矿物质不稳定；在潮湿或含水量较高的条件下，脂溶性维生素对各种因素的稳定性均降低；维生素K若与氧化物或碳酸盐微量元素配合，贮藏中的损失率可达92%。

5. 维生素拮抗物

自然界中有多种物质可阻止或限制某些维生素被动物利用，这样的物质就是维生素拮抗物。维生素拮抗物存在于某些植物中以及一些动物制品中。有些常规用于商品家畜的药物也具拮抗维生素的特性。一些霉菌和细菌在其代谢活动中产生一些对维生素有拮抗作用的物质，这些微生物可存在于家畜周围环境中。

现已知的拮抗物对维生素的拮抗机制如下：①分解酶的分子，使其失去活性。比如硫胺素酶可使硫胺素（维生素B_1）灭活。②与酶形成络合物，比如抗生物素蛋白可使得生物素灭活。③占据作用位点，比如双香豆素可占据维生素K的作用位点，使维生素K无法发挥作用。④阻止维生素在动物肠道中的吸收。

配合饲料常添加油脂。饲料中含高水平不饱和脂肪酸会增加油脂发生氧化的可能性，而油脂氧化了就会影响脂溶性维生素A、维生素D、维生素E的吸收。酸败脂肪还可使生物素灭活。

6. 注意保质期

维生素添加剂要避光保存于低温干燥的库房内。维生素在正常环境中保存时会由于氧化等作用而逐渐失效，市场上出售的复合维生素由于相互作用使这种失效作用更迅速。为避免维生素添加剂的自然损失和效价降低，一般最好别多买，现用现买。当然购买时要注意生产日期，别买到失效产品。对于有一定生产规模的饲料厂，最好自己生产维生素添加剂预混料，这就需要掌握各种单项维生素产品的规格和特性。

7. 高生产力动物新品种的维生素需要量变化很大

其原因可能有：①畜禽新品种选育使各种维生素的需要量变动；②内、外应激因素影响动物对各种维生素的需要量；③市场对产品质量要求也制约维生素供给量。

（九）氨基酸添加剂

用合成的氨基酸来平衡日粮中各氨基酸比例是提高饲料蛋白质的利用率和充分利用饲料蛋白质资源及降低日粮蛋白质水平的最好途径之一。生产中实际应用较普遍的是蛋氨酸和赖氨酸。

饲料养分表与我们所选用的饲料之间肯定有差别，为此可将饲粮营养标准中的蛋白质与氨基酸的需求量提高5%～10%。蛋白质只是提供必需氨基酸与非必需氨基酸以及体内合成非必需氨基酸的原料，只要必需氨基酸达到需要，蛋白质水平可下降2%～3%。

市售氨基酸有的不是纯氨基酸，实践中要注意其有效含量。

1. 蛋氨酸添加剂

蛋氨酸是惟一含硫的必需氨基酸。市售产品有4种形式。

(1)用微生物发酵法生产的是*L*-蛋氨酸，用合成法生产的是*DL*-蛋氨酸，两者效价相等。饲料级产品纯度为98%，含氮9.4%，即含粗蛋白质58.6%，代谢能为21 MJ/kg。

(2)工业合成的*DL*-蛋氨酸羟基类似物(MHA)能代替蛋氨酸用，其效价为1.2 g等于1 g蛋氨酸。

(3)蛋氨酸羟基类似物钙盐(MHA-Ca)能代替蛋氨酸用，其效价为蛋氨酸的40%～100%之间，随试验条件而不同，笔者使用时取70%。

蛋氨酸的添加量要根据饲料中蛋氨酸含量与实际需要量的差额来补充，一般添加量是日粮的0.05%～0.1%，添加量过大抑制家禽生长，甚至中毒。

(4)N-羟甲基蛋氨酸钙。不适合在鸡配合饲料中使用。

(5)常见部分市售“进口”蛋氨酸有些被掺入淀粉、葡萄糖粉、石粉等而使氨基酸含量仅达50%左右，大大低于国家标准。

感官检查：真蛋氨酸为纯白或微带黄色，为有光泽结晶，尝有甜味，假蛋氨酸为黄色或灰色，闪光结晶极少，有怪味、涩感。

灼烧：取瓷质坩埚1个加入1 g 蛋氨酸，在电炉上炭化，然后在55℃茂福炉上灼烧1 h，真蛋氨酸残渣在1.5%以下，假蛋氨酸在98%以上。

溶解：取1个250 mL 烧杯，加入50 mL 蒸馏水，再加入1 g 蛋氨酸，轻轻搅拌，假蛋氨酸不溶于水，而真蛋氨酸几乎全溶于水。

2. 赖氨酸添加剂

赖氨酸属于碱性氨基酸。市售的饲料级赖氨酸为*L*-赖氨酸盐酸盐，为白色至淡褐色的粉末，略具其特有的口味，比重 0.48～0.65 kg/L；可溶于水，在20℃时的溶解度为64.2 g；难溶于乙醇或乙醚，有旋光性；本品比较稳定，温度高时易结块，吸湿性强；*L*-赖氨酸盐酸盐的活性仅为*L*-赖氨酸的 78.8 %，市售的*L*-赖氨酸盐酸盐添加剂纯度在98.5%以上，所以含*L*-赖氨酸78.0%左右，使用时应注意这点。

L-赖氨酸盐酸盐添加剂的含氮量一般为15.3%，粗蛋白质等价为95.8%；含代谢能(禽)16.7 MJ/kg。在预混料和配合饲料中均稳定性良好。一般在设计配合饲料配方时，*L*-赖氨酸盐酸盐添加剂的用量在0.3%以下，在猪和肉鸡等肉用动物的配合饲料中用量较大。

3. 色氨酸添加剂

饲料级色氨酸添加剂主要有*L*-色氨酸和*DL*-色氨酸两种形式，用于鸡时*DL*-色氨酸的活性相当于*L*-色氨酸的50%～60%，设计饲料配方时应注意。

市售色氨酸添加剂一般是*DL*-色氨酸，为白色至淡黄色粉末，无臭或略有异味，难溶于水，*DL*-色氨酸的含量在98.5%以上。在动物体内*DL*-色氨酸可转化为烟酸，而*DL*-色氨酸价格昂贵，所以设计饲料配方时应当用普通饲料原料先满足烟酸指标。雏禽和仔猪易缺乏这种氨基酸。

4. 苏氨酸添加剂

饲料级苏氨酸添加剂为*L*-苏氨酸，纯度95%～98.5%。

5. 甜菜碱

甜菜碱含有3个活性甲基，在一定条件下可作为甲基供体，特别是当饲料中的甲基被半胱氨酸接受，引起蛋氨酸缺乏时，甜菜碱可作为蛋氨酸的补充物应用。在动物体肝脏中甜菜碱提供的甲基可促进脂肪的代谢及胆碱合成，有预防脂肪肝的作用。有研究者认为，甜菜碱提供甲基的效率是氯化胆碱(50%)的2.3倍，是蛋氨酸的3.8倍，一般1 kg甜菜碱可取代2～3 kg的蛋氨酸。甜菜碱具有诱食作用，能改善饲料适口性、提高动物采食速度、促进营养物质消化吸收。另外，甜菜碱有调节渗透压的功能。对于幼龄动物、热应激条件下的动物以及水生动物体渗透压的维持有重要作用。

甜菜碱有稳定维生素的作用。用甜菜碱代替氯化胆碱可避免氯化胆碱对维生素的破坏。在饲料中胆碱含量超过0.1%时饲料厂可不加胆碱，而加入250～600 g/t的甜菜碱。

第二节　非营养性添加剂

非营养性添加剂是一种辅助饲料，添加后可提高饲料利用率，防止疾病感染，增强抵抗力，杀害或控制寄生虫，提高成活率，改善畜禽产品品质，防止饲料发霉变质，保护维生素效价，或提高适口性，增强食欲，以达高产。

(一)抑菌促生长剂

这类添加剂主要作用是抑制与宿主争夺营养成分的微生物；或

促进消化道吸收能力，提高饲料利用率；或影响家禽体内代谢过程；或抑制病源微生物繁殖，增进家禽健康，从而提高家禽生产性能。

这类添加剂的品种很多，有抗生素类，有化学合成的抗菌药，还有垂体激素中的生长激素。

1. 抗生素

抗生素以前称抗菌素，属于低分子有机化合物，过去一般是指由某些微生物产生的“能抑制或杀灭其他微生物”的代谢产物。一般只要用很低浓度就可对许多细菌、霉菌、霉形体、立克氏体等起抑制生长甚至杀灭作用。目前有些抗生素已能人工合成或半合成。

抗生素除防治疾病外还可刺激动物生长，尤其在卫生条件差的环境中效果更好。一般说，抗生素用于猪、鸡等单胃动物和6月龄内的犊牛效果较好。例如杆菌肽锌、土霉素、螺旋霉素等抗生素用于雏鸡可使日增重提高10%～15%。

在配合饲料中根据所起作用的特点，可把抗生素划为两类，即主要作用于微生物（细菌等）的抗生素，这是真正的抗“菌”素和主要作用于寄生虫（例如球虫等）的抗生素。

2. 应用抗生素时应注意的问题

(1)要严格按国家发布的《药物饲料添加剂使用规范》（见附录）使用抗生素添加剂。

(2)为防止使用一种抗菌药物后肠道细菌产生抗药性，应交替使用抗生素添加剂，并注意轮用药物是否有效，选用抗同类菌的几个品种是否有交叉耐药性等。

(3)根据致病菌实际情况，联合使用不同抗菌谱品种，达到抗菌范围广、增强疗效、减少用药量、防止抗药性和减少环境污染的目的，但应注意药物间的配伍禁忌。

(4)严格执行所选用品种的使用对象及用量要求。如抗生素仅对雏鸡有效，如果饲喂非适龄动物或非适用动物，不但易造成残留，而且浪费药物。同时，切忌误用、滥用或超量使用，以免引起二重感染或中毒。

(5)动物在屠宰前应严格遵守休药期,使畜禽产品中的药物残留量减至最低。

3. 化学合成的抗菌药物

化学合成的抗菌药物的作用机制类似于抗生素,并且同样存在着药物残留和抗药性问题。这类药物常见的有喹乙醇、磺胺类药、呋喃类、砷制剂和氟哌酸等。

4. 驱虫保健剂

驱虫药种类很多,一般毒性较大,只能在发病时作治疗药物,短期使用,不能做添加剂长期加在饲料内使用。如呋喃类、磺胺类及有机砷类驱虫药。目前世界各国批准的作为饲料添加剂使用的驱虫剂只有两类:一类是驱虫性抗生素,如越霉素A及潮霉素B;另一类是抗球虫剂,如氨丙啉、莫能霉素、盐霉素、氯苯胍、球痢灵等。轮番使用几种抗球虫药能收到较好效果。应用较多的还有马杜霉素,主要治疗鸡球虫病,提高饲料利用率,它对多种G+细菌有较强的抗菌活性,是一种高效防腐杀菌剂。

(二)酶制剂

1. 酶制剂作用机理

使用酶制剂能补充动物内源酶的不足,增加动物自身不能合成的酶,促进畜禽对养分的消化、吸收,提高饲料利用率,促进生长。酶制剂可破坏植物细胞壁结构,通过分解纤维素、半纤维素和果胶酶等非淀粉多糖构成的物质,暴露细胞壁保护的蛋白质等养分,以利消化利用。植酸酶可破坏稳定的植酸结构,提高饲料磷利用率。现在酶制剂已广泛使用,应用效果受多种因素影响,产品质量、动物因素(如品种、生理状态、健康状况等)、环境条件(如温度、湿度、pH值等)都影响其效果。

2. 酶制剂的种类

酶广泛存在于所有生物体内,尤其是细菌、真菌等微生物是各种酶制剂的主要来源，将生物体内产生的酶经过特定生产工艺加工后的产品就是酶制剂。酶制剂包括单一酶制剂和复合酶制剂两类。目前除植酸酶有单一产品外，其余饲用酶制剂大多是包含多种酶的复合制剂。应用较多的有：①以纤维素酶和果胶酶为主的复合酶；②以β-葡聚糖酶为主的复合酶；③以淀粉酶和蛋白酶为主的复合酶，④以纤维素酶、蛋白酶、淀粉酶、糖化酶、葡聚糖酶和果胶酶为主的复合酶。目前使用的酶制剂主要是消化碳水化合物和植酸磷的酶，也有些产品包括蛋白酶和脂肪酶，使用时要根据鸡的生理状态，配合饲料类型来选择不同的酶制剂。

3. 酶制剂的使用

市售的酶产品，不同产品的分子结构不同，最佳环境要求不同。包括酶活性单位、pH值、温度、离子浓度、耐加工温度、粒子数量、容重等因素，都要考虑，结合自己饲料厂的饲料产品，选用合适的酶产品。使用方法一般是将酶制剂直接加入日粮中。据报道，饲料配方越合理，营养组成尤其是维生素和氨基酸组成越全，添加酶制剂的效果越不明显，反之则效果越好。这可能是由于经微生物发酵生产的粗制酶中，不仅有所需的水解酶，而且更含有微生物合成的维生素与氨基酸及其他活性成分。当配合饲料质量较差时，粗酶制剂中的这类活性养分正好能给动物一定的营养补充，而并非饲用酶分解底物释放有效养分的结果。

（三）植酸酶制剂

1. 商品植酸酶的有效成分随不同制造商和产品剂型而不同

液体产品均为5000FTU。固体产品有5000FTU，2500FTU，1000FTU，500FTU和250FTU。含量高的产品制造技术要求高，添加量小，能创造出更多配方空间。含量低的产品容易混合，但添加量大，占较多配方空间。粗酶制剂成分混杂，没质量保障，应慎用。

2. 原料中植酸磷越多，酶的作用效果越显著

在蛋鸡玉米-豆粕日粮（含有0.10%有效磷）中不添加磷而添

加 300 单位植酸酶/kg，足可维持 20～70 周龄蛋鸡的长期性能表现；每千克日粮添加 600 单位植酸酶，可安全地使肉仔鸡日粮的非植酸磷含量降低约0.2%，或使日粮中的磷酸三钙减少2/3，此时磷排泄量可降低 50%(0.42 g/(只·d))。植酸酶还可提高猪禽对氨基酸和氮的回肠消化率；用后明显提高鸡饮水量，使粪便含水量上升。

3. 预混料中的某些组分与微生物植酸酶存在互作

在预混料存放过程中，液体胆碱和七水硫酸亚铁会使植酸酶活力造成重大损失。这主要是由于水分存在使酶和各种组分发生作用。在使用糖蜜时，糖蜜中含有的大多数矿物质也很可能与微生物植酸酶发生作用，引起酶活损失。所以植酸酶不能与矿物质饲料共存。

4. 饲料加工工艺对酶制剂的影响

肉鸡配合饲料会制粒，这会破坏植酸酶活性。如果制粒温度超过了植酸酶耐受极限，就不能在这个产品中使用，但可使用液体后喷涂工艺解决。如果制粒温度在可接受范围但有些破坏，就要添加安全余量，要注意看配方计算是否划算。所有加强摩擦的因素都对植酸酶的稳定性产生不利影响。颗粒越大，饲料保存温度越低，酶活的保留率越高。

5. 注意事项

一般使用无机磷猛然转换成植酸磷，动物会调整代谢方式，因而会有个适应过程。在换料初期会有些客户投诉，不过最多3 周都会转向正常，一般在蛋鸡表现5%概率的蛋壳颜色变淡。由植酸酶配方产品转换成无机磷产品，也会有类似的动物表现。

6. 如今所用的饲用磷酸盐都是高质量的可消化磷源，所以笔者认为没必要使用植酸酶

使用高质量的饲用磷酸盐为生产者提供了一个稳定的、可预测实际可消化磷的量，这个量不受其他原料、生产过程中参数变化

及贮存温度的影响。

(四)活菌制剂

1. 活菌制剂的主要成分和种类

活菌制剂(益生素)主要含有乳酸杆菌属、连球菌属、双歧杆菌属、某些芽孢杆菌、酵母菌、无毒的肠道杆菌和肠球菌等。目前生产上使用的益生素有两种,一种为单一菌属组成的单一型制剂,另一种为多种不同菌属组成的复合菌制剂,一般来说后者比前者更能促进畜禽生长及提高饲料利用率。

2. 活菌制剂的作用

活菌制剂(益生素)通过和消化道内有害菌竞争营养物质,而抑制有害微生物的生长。将益生素添加到仔猪的日粮中,使仔猪肠道内有益菌大量增殖,体内环境得到明显改善,肠壁的破坏减少,营养物质的利用率提高,腹泻率降低。益生素在动物体内可产生酶类并提高内源酶的活性。益生素抑制有害菌及清除毒素的作用,可妨碍抗原的吸收,增强机体的细胞免疫和增加体液免疫。同时提高抗体水平和巨噬细胞的活动量,增强宿主的免疫功能等。大量试验结果表明:猪和鸡的饲料中添加益生素,在不用或少用抗生素的条件下,可起到同样的效果。

3. 目前活菌制剂使用上存在两个问题

一是细菌失活。饲料加工中的高温、机械、制粒等因素降低了其生物活性作用。二是认识误区。许多人认为活菌制剂“菌种数量越多越好”。目前农业部颁布的允许在饲料中使用的有益菌有12种,他们有各自不同的最佳生长环境,假如将它们置于同一环境内,它们有的要产生拮抗或“自溶”,因此作用于动物肠胃内的效果反倒不明显。所以活菌制剂中只有单种有益菌不一定效能差,菌种多不一定效果好。

(五)酸化剂

酸化剂是指能提高饲料酸度(pH 值降低)的一类物质。

1. 酸化剂的种类

目前国内外应用的有机酸化剂主要有柠檬酸、延胡索酸、乳酸、苹果酸、戊酮酸、山梨酸、甲酸、乙酸等;无机能酸化剂包括盐酸、硫酸、磷酸等;复合酸化剂是利用几种特定的有机酸和无机酸复合而成,能迅速降低肠道pH值,保持良好的缓冲值和生物性能。

2. 酸化剂的作用

酸化剂的主要作用:①降低日粮pH值,使胃内pH值下降,提高酶的活性;②改善胃肠道微生物区系平衡,抑制有害微生物繁殖,减少营养物质的消耗及抗生长毒素的产生,促进有益菌的增殖;③直接参与体内代谢,提高营养物质的消化率;④促进矿物质和维生素的吸收利用。另外,畜禽日粮中添加酸化剂可以减慢胃排空速度,减轻小肠负担,提高日粮适口性,增强机体各免疫器官的活动,降低机体的紧张度。饲料中添加酸化剂可提高动物日增重、饲料效率,减少疾病的发生(特别是仔猪腹泻),减缓各种应激,促进动物生长。此外,酸化剂还可以作为饲料的稳定剂和保护剂。有机酸常可同时提供能量。

3. 酸化剂的使用量

单一使用较多的主要是柠檬酸,一般在雏鸡日粮中添加1%~2%,复合酸多数是有机酸与无机酸的混合物,日粮添加量0.2%~0.3%。

4. 酸化剂的使用效果

在肉鸡日粮中添加单一或复合有机酸,促生长效果肯定但是不如抗生素。不同酸化剂各有特点,使用最广、效果较好的是柠檬酸、延胡索酸和复合酸。①延胡索酸有广谱杀菌和抑菌活性,如在饲料中加0.2%~0.4%的延胡索酸,可杀死葡萄球菌和链球菌;0.4%可杀死大肠杆菌;2%以上浓度对产毒真菌有杀灭和抑制作用。将水pH值降至4,可杀灭水中大量细菌,不过某些微生物如酵母菌、霉菌和藻类在pH值为4时仍能生长，要用有机酸杀灭这些微生物，水的pH值必须低于1.5，而此时家禽却适宜饮用。②马书宇(2003)在玉米-豆粕型肉鸡日粮中加柠檬酸1.0%，在0～21日龄阶段日增重显著高于对照组；耗料增重比显著低于对照组及其他处理组。添加柠檬酸2.0%，在0～21日龄阶段日增重、日采食量显著低于对照组及其他处理组；耗料增重比显著高于对照组及其他处理组。在21～42日龄阶段日增重显著低于对照组及其他处理组。③日粮柠檬酸添加水平显著影响21日龄及42日龄肉鸡血液碱储和血液碱超水平；对血液pH值无显著影响。

(六)植酸酶与柠檬酸合用存在协同效应

有人用黄羽肉鸡做实验，结果饲粮营养水平降低6%可导致肉鸡日增重(ADG)和饲料利用率下降；在低营养水平日粮中添加植酸酶300 mg/kg、柠檬酸0.5%，ADG和料肉比与正常营养水平饲粮组差异不显著；腿病发生率各处理组差异不显著。添加植酸酶300 mg/kg、柠檬酸0.5%的处理组磷排泄量显著低于对照组。表明植酸酶与柠檬酸合用能进一步提高生产性能和钙、磷利用率，能达到正常营养水平饲粮的效果。植酸酶与柠檬酸合用存在协同效应。

(七)寡聚糖

目前研究的寡聚糖主要有：甘露寡糖、果寡糖、α-寡葡萄糖、大豆寡糖等。寡聚糖的作用主要是通过以下几方面实现的：①选择性地促进动物肠道内有益菌群的增殖；②阻止肠道内病原菌的定植，促进其随粪便排出体外；③刺激和加强机体的免疫反应。甘露寡糖能部分或完全取代抗生素在肉鸡饲粮中应用，其中甘露寡糖添加量以0.5～1.0 g/kg效果较好。

(八)小苏打

在肉鸡饲料中添加碳酸氢钠可提高肉鸡胴体等级和增重，减少死亡率，降低某些疾病例如腹水症的发病率，鸡饮水量减少，垫料状况得到改善。秦延年等(2002)试验表明,土霉素可被0.7%的小苏打部分替代或被250 mg/kg 的高铜和0.7%的小苏打全部替代;添加高铜对肉鸡生长无明显作用。

(九)诱食剂

为增进畜禽食欲,或掩盖某种饲料成分中的不良气味,在饲料中加入香料、调味剂,达到促进食欲、提高饲料效率的目的。常用的有花椒、味精、糖精等,香料有香草醛、乳酸丁酯、乳酸乙酸、蒜油、茴香油等。味精在日粮中添加0.1%,红干辣椒粉添加0.6%。

(十)中草药

大量动物试验证明,中草药制剂具有促进生长、改善动物健康状况、提高饲料利用率等作用。肉鸡日粮中添加2%~2.5%艾叶粉,增重提高,还可节约精饲料。此外还有改善鸡肉品质、抗病、脱臭等效果。蛋鸡日粮中添加1.5%~2.0%艾叶粉,产蛋率提高4%~5%。

(十一)镇静剂

为减轻应激症状,如高温、运输、搬迁换舍、运输、噪音等,常在饲料内添加一些镇静剂,对促进生长、提高产蛋效果明显。镇静剂有利血平、阿司匹林等,使用量为在饲料中添加1 mg/kg。不过现在国家不允许使用镇静剂了。

(十二)抗氧化剂

空气中的氧是造成饲料中的脂肪、蛋白质、碳水化合物及维生素等变质腐烂的诱因。氧化变质的饲料产生异味,不仅影响适口性,降低采食量,甚至引起拒食。即使食入后也因影响消化及有效成分被破坏而降低饲料营养价值,同时也会损害动物的健康。在饲料中添加抗氧化剂则可防止饲料氧化变质。常用的抗氧化剂有:乙氧基喹啉(简称乙氧喹)和二丁基羟基甲苯(BHT)及丁基羟基茴香醚(BHA),后者除有抗氧化作用外,还有较高的抗菌力。

(十三)防霉剂

饲料中含有丰富的养分,在高温高湿情况下,容易因微生物繁殖而产生腐败霉变。因此在夏季生产和贮存配合饲料都需要加防腐防霉剂。常用防霉剂有丙酸、丙酸钠、丙酸钙及山梨酸、苯甲酸、蚁酸、柠檬酸等。

(十四)其他添加剂

有颗粒粘结剂、吸附剂、防结块剂、防尘剂、防湿剂等。如饲料制粒粘结剂有膨润土和膨润土钠,具有较高的吸水性。

(十五)使用添加剂应注意的问题

1. 尽量选择信誉高、质量好的厂家的产品

要索取发票,以便在出现问题时作为投诉和索赔的依据。

2. 科学使用

添加剂种类繁多,应依据畜禽种类、生长阶段及健康状况有目的的使用,否则会降低效果,甚至会出现中毒。例如在缺硒地区补硒促进生长,提高饲料利用率;不缺硒地区就不必补硒,否则不但提高成本,还会引起畜禽中毒。

3. 注意适量添加

各种饲料添加剂均应按使用说明进行添加,而不是越多越好。某些添加剂,如硒,添加过多不但增加成本,而且还影响畜禽生长发育,甚至中毒,此外还要考虑载体种类,各种营养元素的平衡,如钙、磷只有在平衡时才能被畜禽很好地利用,否则造成浪费。

4. 注意混合均匀

一般小场(户)可先用10倍量饲料与添加剂第1次混合,然后再用10倍量饲料进行第2次混合,要一层层混合,直至混合完成,这样容易混合均匀,发挥饲料添加剂的作用。

5. 注意配伍禁忌,慎防发生拮抗作用

下面将一些可发生拮抗作用的添加剂简述如下:钙、磷在碱性环境中难吸收,所以钙、磷不能与碱性较强的胆碱同时用。碳酸钙属强碱性,而不能与维生素 B_1、维生素 B_2、维生素 C、维生素 K_1、维生素 K_2、泛酸、链霉素、土霉素在碱性环境中极易被破坏。磷可降

低机体对铁的吸收，所以补充铁制剂时，不宜添加过多的骨粉或磷酸氢钙。镁可降低机体对磷的吸收，所以补磷时，不宜添加过多的氧化镁或硫酸镁。钙、镁、铁等微量元素与土霉素同时使用会影响吸收。锌、钙有对抗作用，所以添加硫酸锌时不要添加过多的钙。铁可加快机体维生素A、维生素E、维生素D、维生素B_1、维生素B_2的氧化破坏过程。铁、锌、锰、铜、碘等化合物可使维生素A、维生素K_3、维生素B_6和叶酸效价降低。维生素C过多时可减少铜在体内的吸收和贮存。胆碱水溶液碱性很强，对水溶性维生素如维生素C、B族维生素和泛酸等有极强的破坏作用。钙和磷在碱性环境中吸收很慢，所以也不能与胆碱同时使用。土霉素不能与青霉素、链霉素同时使用。因为土霉素的酸性极强，能破坏青霉素、链霉素的防病促生长效果。

6．勤购少买，保管好

购买添加剂时要注意生产日期、保质期和贮存条件，还要根据自己的需要量不要一次购买过多，如发现有潮解、结块现象说明部分或全部失效，不宜购买。

第四章 配合饲料与饲养标准

第一节 配合饲料

动物为维持正常生理活动，满足生存、生长、发育、繁衍和生产需要，必须不断从外界取得多种营养物质。饲料就是这种以供给动物营养为目的而使用的物质。

(一)基本概念

饲料是能为动物提供养分，保证动物健康，有利于动物生长和生产并在合理使用时不发生有害作用的可饲物质。

混合饲料是由两种以上的饲料原料按一定比例配制，但还不能完全满足饲养动物营养需要的饲料。在饲料科学发展初期，人类最初生产使用的配合饲料实际上都是混合料。随着动物营养科学、饲料科学和计算技术的发展，目前生产的混合饲料已能基本满足相应动物的需要，所以改称为配合饲料，以示区别。

配合饲料是根据动物营养需要和饲料原料营养价值，把多种饲料原料按饲料配方加工生产的饲料。配合饲料包括预混料、浓缩料、全价配合料。

预混料由多种添加剂按比例配合制成，一般把维生素、微量元素、氨基酸、抗菌素和生长剂混在一起，用户买后再加上能量料和蛋白料合成配合饲料后再饲喂；浓缩料是在预混料基础上加进蛋白料构成的，购买后加上能量饲料拌匀就可饲喂；全价配合料是按科学配方一次性把所有营养都配好，买后直接用。

配合饲料是目前正在发展中的一类工业产品，这类商品的名称和内涵都在不断深化之中。配合饲料实际上是一种混合饲料，但并非像早期那样把多种饲料原料粗放地混合，而是根据目前已知的科学原理和方法，科学地选择动、植物饲料原料及有关的饲料添加剂，根据相应动物的营养需要，把多种饲料原料按饲料配方科学合理地配制和加工生产的、混合均匀且适合相应动物生产的饲料。

全价配合饲料是指除水分和空气外，能满足动物全部营养需要、营养全面且平衡的配合饲料。全价配合饲料又叫完全配合饲料，这是人类目前正追求的一类理想化配合饲料。随着科学技术的发展，人类生产的配合饲料质量越来越高，越来越接近动物的真正营养需要；但由于动物种质改良，自然经济条件发展，尤其是人类对动物产品的需求不断变化，使饲料科技工作者应接不暇，很难生产出真正全价的配合饲料。我国目前已不准市售的配合饲料自称为"全价"配合饲料，就是出于这种考虑。

饲粮是指按饲料配方配制的配合饲料。日粮是指一个动物个体在一昼夜(24 h)内采食的配合饲料的总量。

(二)配合饲料的种类

配合饲料生产已工业化、专业化、商品化。配合饲料种类很多，加以分类有利于说明和管理。一般有以下几种分类方法。

1. 按饲喂对象分类

可把配合饲料分为蛋鸡饲料、肉鸡饲料等。又可根据每种动物的生产用处、发育阶段、生理状况等，分别生产出不同配合饲料。例如蛋鸡料是按鸡日龄分阶段设计，有雏鸡料、青年鸡料、开产前蛋鸡料、高峰蛋鸡料、普通蛋鸡料、种公鸡料、种母鸡料等。

2. 按饲料形状分类

根据配合饲料的产品形状或剂型分类，有粉状料、颗粒料、碎粒料(把颗粒料再粉碎)、膨化料、扁状料等。生产上根据动物种类和生产方向、生长发育阶段等，来选择具体的饲料形状。例如肉鸡用颗粒料，蛋雏鸡用破碎料等。

粉状配合饲料：一般是先把饲料原料粉碎成粉状，然后按饲料配方配合后混合均匀即成。其优点是易加工，使用方便；缺点是动物能挑食，造成浪费。粉料的粉碎粒度并非越细越好，应当根据动物种类、生产方向、年龄等具体确定。蛋鸡配合饲料不得有整粒谷物，全部过2.8 mm 筛、1.5 mm 筛筛上物不少于90%。实践中粉状的饲料原料和配合饲料都叫粉料。并且，如果以干燥粉状料饲喂动物，称为干粉料，拌水饲喂时称为湿拌料。

颗粒状配合饲料：为避免动物挑食，防止粉尘污染，减少粉状料在长途运输中分层，缩小饲料体积并便于保管，可把粉状料压制成颗粒。目前生产的配合饲料约有40%以上为颗粒饲料。产蛋鸡不用颗粒料，以防过度采食降低产蛋率。不过夏季高温产蛋鸡采食量低时，可考虑用颗粒料以提高采食量。所以实践中应视具体饲喂对象确定用粉状料还是颗粒料。另外，不同物种和年龄的动物对颗粒料的直径大小有不同要求。在粉状料制粒过程中，尤其是目前市售的干挤型颗粒饲料制粒机，挤压模内的高温高压能破坏某些营养成分，尤其是维生素。再者，颗粒料的加工费用高，也是其缺点。

碎粒状配合饲料：为防动物挑食，可把粉状料先压制成颗粒然后破碎。碎粒料采食速度慢，一般用于蛋鸡、雏鸡和幼鱼。

其他料型：在实践中还有漂浮状配合饲料、团状料、片状料、压扁料、液体饲料等。

3. 按饲料营养成分分类

全价配合饲料：全价配合饲料应含有特定动物所需的全部养分（水、空气和光线除外），并且含量符合其营养需要，所以可拿来直接饲喂动物。目前我国饲料工业生产的配合饲料都声称是全价配合饲料，然而实际上都达不到“全价”水平，或者说，全价配合饲料只是奋斗目标或广告用语，实际都是配合饲料。

浓缩饲料：由蛋白质饲料、矿物质饲料和添加剂预混料按一定比例配制的均匀混合物。浓缩饲料一般是饲料厂生产的、去掉全价配合饲料中的能量饲料原料如玉米后的半成品，也有人称为蛋白质补充饲料、蛋白质浓缩饲料，或称为平衡用混合饲料。使用时，把浓缩饲料与能量饲料按一定比例混合均匀后即为营养平衡的配合饲料。通常浓缩饲料占配合饲料的10%～40%，能量饲料原料占60%～90%。浓缩饲料的优点是不含能量饲料原料，减少了这一部分的收购和运输费用，方便了农民。

预混料：由于饲料添加剂在配合饲料或浓缩饲料中用量极微（一般在0.01%以下），直接在全价配合饲料或浓缩饲料中添加很难拌匀，所以实践中常把添加剂原料与合适的载体或稀释剂按一定比例混合均匀，加工生产出各类添加剂预混合饲料（常简称为预混料），供饲料厂使用。预混料一般占配合饲料的0.1%～1%。

料精：市场上还常见有所谓料精出售。料精是由预混料与常量矿物质原料例如钙、磷、食盐等，添加一部分蛋白质饲料原料如鱼粉或大豆粕等，按一定比例配制的均匀混合物。料精通常占全价配合饲料的2%～5%。

精料补充料是指为补充以粗饲料、青饲料、青贮饲料为基础的草食动物的营养以使之成为营养平衡的全价配合饲料，而采用多种饲料原料按一定比例配制的饲料。

加药饲料是指掺有为预防、治疗动物疾病、影响动物机体结构或某种生理功能作用的药物的饲料。

第二节 动物营养需要与饲养标准

（一）动物营养需要的概念

营养需要量又叫营养需要，是指动物在一定生理生产阶段，从事某种生产；在适宜环境条件下，维持生命健康、正常生理活动，要达到某一生产水平和效率，全群平均每天每头动物需要的各种营养物质的种类和最低数量，或每千克饲粮中各种营养物质的最低含量或百分比。低于这个数量将会不利于动物的正常生产和健康。所以它指的是最低需要量。

例如美国NRC营养标准中所列营养需要量都是群体营养需要的平均值，不包括一切可能增加动物营养需要而设定的保险系数。换句话说，其中所列的各种养分需要量都是最低标准，并非推荐供给量。

同一品种的动物因地区环境差异而导致的营养需要量差异变化不大，所以不同地区可通用。为保证相互通用的可靠性和经济有效性，一般给出的都是最低标准。对于一些有毒有害的微量营养物质，常给出允许量、耐受量和中毒量。

我国很多人把动物营养需要量当做饲养标准，作为设计饲料配方的重要参考。

（二）饲养标准的概念

测定各种动物在正常情况下，为维持生命活动和从事生产（例如产乳、产肉、产毛、产蛋、做功等）以及繁殖后代等对各种营养物质的需要量，根据养殖实践中积累的经验、本国饲料条件和环境、饲养管理水平等情况，结合物质能量代谢试验和饲养试验，制定出不同种类、性别、年龄、生理状态、生产目的与水平的家畜，每天每头动物各种养分和能量的平均供给量标准，并以表格形式表示的每头每日的具体各种养分的合理供给量（g或mg），或在日粮中的含量（%，或g/t，或kg/t），这种规定称做饲养标准。国家公布的饲养标准一般包括两部分：一是动物营养需要量表，二是饲料原料的营养价值表。

饲养标准中规定的各种营养物质的需要量，是通过畜禽采食各种饲料来体现的。因此在饲养实践中，必须根据各种饲料的特性、来源、价格及营养物质含量，计算出各种饲料的配合比例，即配制一个平衡全价的日粮，因此饲养标准以表格形式列出畜禽对各种营养物质的需要。为使用方便，畜禽的饲养标准附列饲料成分及营养价值表。

配方师必须认识到，饲养标准一般是在特定动物、饲料、管理和环境条件中实验测得的，是理想状态下的平均值，没考虑加工、贮藏时的损耗，也没考虑各种应激条件对营养需要的影响，所以实践中往往要追加一定安全余量。一个合格的配方师必须对饲养标准或营养需要的参数有深刻理解，并且能根据特定应用环境条件确定出合理的具体配方营养指标。

饲养标准是营养供给量而非营养需要量，营养需要量是制定饲养标准的依据。饲养标准是在营养需要量的基础上，加了一定安全系数或安全余量。例如我国蛋鸡饲养标准，就是在营养需要量基础上添加了15％的安全余量。饲养标准实质上是以高额为基础，高于群体平均的营养需要量，能保证群体内大多数动物的营养需要。

饲养标准由于是通过科学试验和总结实践经验提出的，所以有一定科学性，是实行科学养鸡的重要依据。在生产中只有正确应用饲养标准，合理开发利用饲料资源，制订科学的饲料配方，生产全价配合饲料，以使畜禽获得足够数量的营养物质，做到科学饲养，才能在保证畜禽健康的前提下充分发挥其生产性能，提高饲料利用率，降低生产成本。

（三）对饲养标准的认识

饲养标准具有一定科学性、代表性，但对任何一种饲养标准，都是作为参考，原因有以下几点。

（1）饲养标准规定的指标，随动物与饲养科学发展、畜禽品种改良、生产水平提高，饲养标准也在不断修改、充实和完善。

（2）饲养标准是生物类型标准，有其局限性、地区性。要根据本地情况和饲养效果、家畜反应，适当调整使之更接近实际。

（3）由于动物品种多样性和环境与饲养条件差异对动物营养需要量有重要影响，因此要高度重视环境条件的差异。既要把饲养标准作为设计饲料配方的重要依据，又要因地制宜灵活应用，要在科学实验和生产实践经验的基础上加以修订，不断完善。

(4)饲养标准应是每日每只鸡应吃入各种营养素的标准量，但对于群体饲养的动物，为管理方便，就用每千克饲粮的百分数含量来表示营养需要，如每千克含能量千焦耳数。这样配合饲料的营养素百分数乘上每日采食量恰好获得每日所需的营养素的量。由于畜禽对能量的需要有根据采食量自行调节的能力，所以在自由采食方式下，采食一定范围能量水平的饲粮都能获得同样量的能量和其他营养素。因此鸡饲粮代谢能浓度可在10.88～12.55 MJ/kg之间。只要不受体积限制，都能获得每日所需的能量和各种养分，只不过采食量不同，料蛋比不同。

以特定组织成分(如低胆固醇鸡蛋)或品质为目标的营养需要量，是动物营养研究的热点之一。

(四)饲料产品标准

饲料标准是国家为规范饲料工业而制定的，一般是强制执行标准，任何商品饲料都不能低于这个标准。饲养标准一般只讨论营养需要量问题，而饲料标准是一定生产条件下的工业产品标准，除考虑某些营养指标外，还要规定饲料产品的一般性状、加工质量以及与人畜卫生有关的卫生质量等指标。饲料质量标准只能定出那些需要在全国范围内统一的技术要求，并且为便于实践中检测和监督，饲料质量标准只能规定一些最重要、而又易于客观检测的项目，而饲养标准包括四五十项动物需要的全部营养指标。饲养标准中规定的指标均为平均值，而饲料标准中规定的各项指标均为保证值，例如最大值、最小值或取值区间。

(五)需要量、供给量、添加量和饲养标准的关系

供给量是在实际生产条件下为满足动物的营养需要，对日粮中应供给的各种养分的数量规定，是在需要量的基础上增加了一定保险系数。设定保险系数一般考虑如下因素：动物个体间的差异对营养需要量的影响；饲料养分含量的变异及其可利用性的变化对营养需要的影响；饲料加工贮藏中的损失；环境变化的影响；需要量评定的差异；非特异性应激因素例如亚临床健康状况（体质）等。

添加量是指在实际生产条件下，日粮中的营养物质含量不能满足动物正常生长和生产需要时，必须在配制日粮时额外添加的各种营养和非营养物质的量。添加量是供给量减去需要量的差值。添加量也受上述影响供给量的因素的影响。

（六）饲养标准的调整

饲养标准有3个问题：①时间差。各国的饲养标准都是几年修改一次，不能及时反映最新科研成果。②静态数值。标准中的数值是有条件的静态值。实际上各种条件都在变，因而需要量应是一动态值，例如冬、夏就应有所不同。③经济效益。标准中所列生产性能，不见得是取得最佳经济效益时的生产性能。我们追求的是最佳经济效益，而非生产性能。因而实际中可根据具体情况适当调整饲养标准，注意其他营养素与能量比、氨基酸比和钙磷比3个基本比例，力争做到营养平衡、经济。

例4-1　假定蛋鸡营养标准是赖氨酸0.75%，代谢能10.97 MJ/kg，粗蛋白16%，则：①若在冬天，就应降低赖氨酸占能量的比例，夏天应提高。②在满足赖氨酸的水平下，粗蛋白水平可在一定范围内变化，如15%～17%。③若采用其他代谢能水平，只要保持赖氨酸/代谢能的比值不变，鸡可通过调节采食量来满足营养需要，不会影响生产性能，因而应选择单位消化能成本（就是单位增重成本）最低的饲料配方。④若应用同一代谢能水平，则应选用单位增重成本最低的饲料配方（营养水平）。自然，这里就需要知道营养水平与生产性能的关系。⑤第③与第④的交叉点便是最优配方（营养水平）。

第三节　饲养标准的使用

(一)要灵活使用饲养标准

配方师设计饲料配方时一般不是考虑饲养标准中列出的全部养分指标,也不完全按饲养标准中列出的养分指标值。

设计饲料配方时要具体情况具体分析,对饲养标准中的养分指标进行合理调整。调整饲养标准应注意两个问题:一是从绝对量上看,各种养分要全面,而且都要达到特定动物的营养需要量,首先必须满足动物对能量的要求,在动物每天能采食的最大饲料量内,必须含有足够的能量;二是从相对量上看,各种养分之间的比例一定要符合饲养标准,不能相差太多,最简单的办法是保持每单位能量所含各种养分的比例不变,动物可通过调节采食量摄取足够养分而不影响生产。

在配合饲料中最重要的营养指标是能量和蛋白质,其他指标常以这两个指标为基础而确定。所以配合饲料成本主要取决于这两个指标以及与之相对应的原料。通常情况下,允许这两个指标的比值在一定范围内变动。例如蛋鸡的蛋白能量比,一般在正常环境中可以在13.86～14.82 g/MJ之间变动。在设计饲料配方时究竟怎样调整这两个指标,才能使饲料配方的成本最低?这是配方师应当掌握的关键技术之一。

实践中一般可遵循以下几个原则调整饲养标准。

(二)要因地制宜调整饲养标准

实践中要具体情况具体分析,根据实际情况对饲养标准做适当调整。

1. 要及时吸收最新成果

最新动物饲养标准或营养需要推荐量是高质量饲料配方设计

的基础参数和指标。美国NRC 1994版家禽饲养标准仍是权威饲养标准。美国的Feedstuffs周刊每年编辑的饲料手册中提供了较为系统的猪、肉牛、奶牛、家禽、羊、宠物的营养需要数据。这些营养需要数据代表了相关领域的最新研究水平。要注意动物营养需要与日粮所用主要原料的类型有关。美国NRC、日本JRC、Feedstuffs等提供的畜禽营养需要均以玉米-豆粕型日粮为基础。在设定动物营养需求参数时应充分考虑日粮类型。在单项营养指标上，最新营养标准往往给出更科学的指标。例如，0～3周龄肉鸡的赖氨酸需要，美国NRC 1984版标准的推荐量为1.2%，而NRC 1994版标准的推荐量则降低为1.1%。

2. 注意饲养标准高不一定好

单位动物在单位时间内提供的产品多不一定经济效益高。饲料营养水平可用能量浓度表示，一般情况下，在一定范围内，其他各养分都与能量浓度成比例。营养不平衡时不仅造成浪费，而且由于有些养分间存在相互作用，不平衡会引起代谢紊乱，导致生产性能下降和抗病力下降，甚至引起疾病。例如在蛋鸡，若以饲料能量水平为横坐标，以饲料成本、产蛋量和经济效益为纵坐标，绘制坐标曲线，则随着饲料能量水平提高，饲料成本急剧增加，成本曲线呈凹状曲线(可简单理解为投入曲线)，而产蛋量增加呈S状曲线(可简单理解为产出曲线)，并非是直线增加；由此造成了经济效益曲线呈钟形。过这个钟形的顶部做一垂线，与横坐标交叉处就是最佳能量水平，见图4-1。图4-1表明，最大经济效益并不一定在最高生产性能处获得。

(三)维生素和微量元素的调整

根据水桶学说，降低饲养标准的科学方法是，按比例提高或降低能量、粗蛋白质和氨基酸等各项营养指标，而不是仅仅降低某一项或某几项指标，所以一般按比例降低维生素和微量元素。

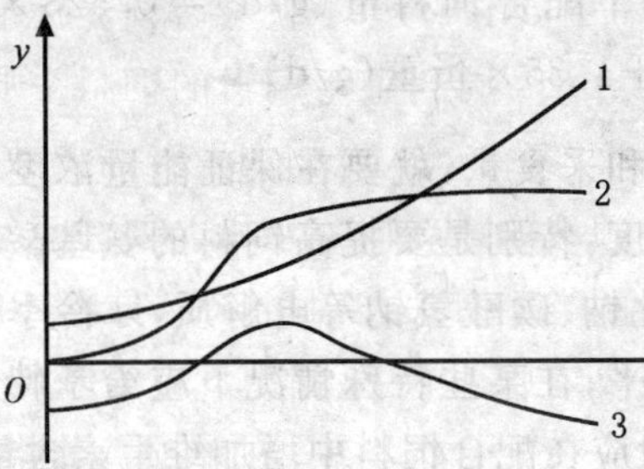

图 4-1　饲养标准的确定：饲料成本、生产性能、经济效益的关系

注：x——饲料能量水平；y——(1)饲料成本，(2)产蛋量，(3)经济效益。

饲养标准中所列维生素、微量元素的数字是需要量，在应用时应根据鸡群生态、环境、饲养条件以及疾病等情况酌情增加安全余量。可把标准中所列维生素数值作为添加量，把饲料中的含量作为安全余量。对于微量元素，应根据各地区的具体情况和饲料来源酌定，但微量元素添加量不能超过标准，否则会引起中毒。

（四）注意动物采食量

很多因素影响动物采食量，主要有饲料、动物、饲养管理、环境和气候等。饲料方面的因素有：饲料气味、滋味、颜色、形状、颗粒大小和饲料质量。动物方面的因素有：种质、体重、体质、生产性能、健康状况、应激等。饲养管理方面的因素有：供水、换料、饲喂次数、饲喂方式、饲槽数、活动量等。环境方面的因素有：饲养密度、环境卫生、骚扰等。气候方面的因素有：温度、光照、湿度等。

饲料中蛋白质不足或氨基酸不平衡也严重影响采食量。尤其是在饲料中添加某些化学物质，可抑制动物饱食神经中枢，从而增加动物采食量，这是目前各国都在积极研究的重要课题。

正常情况下动物采食量与物种和体重关系最大。例如蛋鸡每天采食量可按下式估计：

蛋鸡每天采食风干配合饲料量(g/d)＝0.523×体重(g)＋1.126 6×日增重(g)＋1.35×蛋重(g/d)

夏季要保证食欲和采食量，就要在保证能量浓度的同时提高饲料中其他养分的浓度，特别是要提高饲料的氨基酸、维生素、微量元素，同时添加氯化钠、碳酸氢钠等电解质，寒冷季节则应适度提高配合饲料能量水平；在某些特殊情况下应给予特殊的配合饲料，例如应激状态一般应在配合饲料中增加维生素含量，如维生素C等；运输时可在配合饲料中添加镇静剂等。

(五)控制粗纤维含量

虽然粗纤维对保持消化机能是重要的，但粗纤维过多会填充消化道，限制动物对各种养分的有效采食量和消化吸收。注意鸡日粮中不要用粗饲料，因为粗纤维降低鸡对其他养分的吸收。鸡日粮中粗纤维含量应在2.5％～5％为宜。

(六)考虑饲养管理技术水平和动物性能

我国蛋鸡生产性能随机抽样测定结果见表4-1。

表4-1 我国蛋鸡生产性能随机抽样测定结果

群别	品系	达50％产蛋日龄/d	产蛋量/个		产蛋率/％	蛋重/g	总蛋重/kg	
			入舍鸡	饲养日			入舍鸡	饲养日
1	宝万斯(白)	152	315	316	87.7	61.6	19.40	19.46
3	星杂288(白)	158	299	300	83.3	60.0	17.97	18.01
5	星杂288(白)	155	307	309	85.8	63.0	19.30	19.44
7	海赛克斯(白)	149	307	318	88.5	62.1	19.07	19.78
9	迪卡(XL-LINK)	158	304	307	85.3	59.9	18.20	18.39
11	迪卡(XL-LINK)	158	301	304	84.5	59.8	18.03	18.21
13	罗曼LSL	152	313	315	87.4	64.7	20.28	20.37
15	罗曼LSL	152	314	316	87.8	64.8	20.37	20.50
17	密斯特海布里德F	152	252	272	75.5	66.7	16.83	18.12
19	密斯特海布里德W	151	259	277	76.9	67.5	17.48	18.69
白壳平均		154	297	303	84.3	63.0	18.69	19.10

续表 4-1

群别	品　　系	达50%产蛋日龄/d	产蛋量/个		产蛋率/%	蛋重/g	总蛋重/kg	
			入舍鸡	饲养日			入舍鸡	饲养日
2	宝万斯(褐)	144	300	308	85.5	63.6	19.07	19.58
4	依莎沃伦	142	303	311	86.3	65.0	19.70	20.19
6	海赛克斯(褐)	150	307	307	85.4	67.4	20.68	20.71
8	迪卡(G-LINK)	146	305	308	85.6	64.4	19.66	19.84
10	罗曼LB	151	304	307	85.4	65.5	19.93	20.12
12	罗曼LB	143	296	305	84.8	66.0	19.56	20.15
14	密斯特海布里德B	144	283	289	80.3	72.0	20.34	20.82
褐壳平均		146	300	305	84.8	66.3	19.85	20.20

(七)考虑饲料原料

不仅要考虑饲料原料的营养价值和价格高低，而且还要考虑供应情况。应充分利用本地饲料资源。

由于蛋白能量比不同的配合饲料可达到相同生产性能，这在生产实践中有重要价值。当蛋白质饲料原料较贵而能量饲料原料较便宜时，可降低蛋白能量比；当蛋白质饲料原料较便宜而能量饲料原料较贵时，可提高蛋白能量比；当然其他养分指标需要作相应调整以保持营养平衡。中国的猪和鸡饲养标准中规定的能量偏低，就是考虑了我国饲料原料特点。

饲料原料营养成分的变异是导致配方失真的重要因素，应努力使用实测值设计饲料配方，必要时可考虑因原料变异而需要的安全余量。配方师在饲料企业建立饲料原料质量统计技术数据，可很好地为估计原料变异提供依据。

(八)考虑饲料加工和贮存过程

饲料加工过程常造成某些营养物质或某些添加剂损失，但也会提高某些养分的利用率。如制粒、挤压膨化可造成某些维生素损失，但会提高糖类、蛋白质等养分的总消化率。此外，产品在贮存、运输中会造成养分的部分损失，这些都应在产品设计中加以考虑。例如在颗粒饲料的制粒过程中，由于模头挤压，短时高压高温可使维生素A的有效成分损失13%～18%，其他脂溶性维生素也有损失。

(九)考虑生产需要

不同生产目的的动物对养分的需要量也不同。例如禽蛋内许多维生素的含量取决于它们在饲料中的浓度，所以为提高种鸡产蛋量和种蛋孵化率，必须在配合饲料中保证给予足够维生素。禽蛋蛋壳质量取决于饲料中钙、磷、维生素D等的有效含量及其相互比例。钙量稍高对蛋壳质量有益，过高会干扰锌、铁、锰、铜及磷等养分的吸收，并且有可能降低配合饲料的适口性。一般应以每日的绝对食入量(4～5 g/(d・只))为标准确定配合饲料中的钙浓度。磷虽对蛋壳质量有重要影响，但需要量较少，日需要量仅250～400 mg，超过500 mg时明显降低蛋壳质量，所以磷过多无益。不过磷含量稍高一点可增加鸡对高温的耐受力，所以高温季节可适当提高配合饲料中磷的含量。又如，为提高禽蛋蛋黄颜色，就需提高饲料中黄色素原料的浓度。

(十)考虑养殖户和饲料厂的利润

例如要为肉用仔鸡设计饲料配方。设定42 d出栏，出栏体重为2 kg，养鸡户每只利润1元。具体估计出鸡苗、防疫和人工等费用成本分别为2.0元、0.5元和0.2元，毛鸡出售单价6.6元/kg。可按下式计算毛鸡应达到的出栏体重：

毛鸡出栏体重(kg)＝(饲料费用＋鸡苗钱＋防疫费＋利润)/毛鸡售价(元/kg)

把已知数据代如上式有：2＝(饲料费用＋2＋0.5＋1＋0.2)/6.6，解出饲料费用为9.5元/只。设计饲料配方时必须使肉仔鸡能在42日龄达2.0 kg体重，且饲料费用不超过9.5元。如果设计的肉鸡日粮料肉比为2.1∶1，则需要采食的配合饲料量为2×2.1＝4.2 kg，而配合饲料可达到的价格(送到养鸡场的价格)为9.5/4.2

＝2.262 元/kg。

参考肉鸡生长性能表，拟定各生长阶段的能量标准，并参考美国 NRC 推荐标准中的氨基酸能量比，确定出各种氨基酸的需要量。这样确定配合饲料的各种营养指标后，可设计出最佳饲料配方。进而可按下式计算出每千克配合饲料的允许配方成本。

在饲料厂：配合饲料允许送到鸡场的成本＝配方允许成本＋加工费＋推销费＋运输费＋管理与设备折旧费＋饲料厂利润等。

所以：配方允许成本＝配合饲料允许送到鸡场的成本－(饲料厂利润＋加工费＋推销费＋运输费＋管理与设备折旧费等)

假定饲料厂决定利润为每吨 50 元，即 0.05 元/kg，加工包装等费用0.1 元/kg，推销费0.1 元/kg，运输费0.02 元/kg，管理与设备折旧费 0.01 元/kg，则：

配方允许成本＝2.262 －(0.05＋0.1＋0.1＋0.02＋0.01)＝1.981 9(元/kg)

通过上述分析可以看出，在考虑养鸡户和饲料厂利润的前提下，配方师必须在1.981 9 元/kg 的范围内设计配方，料肉比必须达到2.1∶1,42 日龄必须使肉仔鸡长到2 kg 体重。

(十一)营养水平的确定

许多养蛋鸡的在育成期注重成本，降低日粮营养水平，结果开产蛋鸡体重低，蛋重小，双黄多，发病多，开产晚，产蛋高峰期短甚至没有高峰期。有些养殖户特别要求蛋重而使死淘率增加，产蛋周期缩短。

日粮能量水平、鸡采食量与产蛋率可按表4-2 设计。其他养分可按照与能量的比例确定。

环境温度与鸡能量采食量的关系(NRC,1994)为：

代谢能(kJ/d)＝$[W^{0.75}(173-1.95T)+5.5\Delta W+2.07EE]\times 4.184$

式中：W 为鸡体重，kg；T 为温度，℃；ΔW 为日增重，g；EE 为日产蛋量，g。

表4-2 蛋鸡采食量与日粮能量水平和产蛋率的关系推算 g

产蛋率/%	100	90	80	70	60	50
需代谢能/MJ	1.33	1.29	1.26	1.22	1.18	1.15
饲料含代谢能/MJ 11.92	111	108	105	102	99	96
11.72	113	110	107	104	101	98
11.51	115	112	109	106	103	100
11.30	117	114	111	108	105	102
11.09	119	116	113	110	107	104
10.88	121	118	115	112	109	106

（十二）日粮蛋白质水平的确定

日粮蛋白质含量并非越高越好。超过鸡需要的蛋白质会用做供能，造成浪费；蛋白质过高会加重鸡肾负担，且污染环境。采食量、产蛋率和饲料中粗蛋白含量的关系见表4-3。从表4-3可清楚看出，要达到90%以上的产蛋率，则需要含粗蛋白质17%的日粮126 g/d。实践中当日粮平衡程度很高时，上述粗蛋白质需要量可降低1～2个百分点。

这里指出，在设计饲料配方时，先要确定配方的生产性能，据此确定配方营养水平。例如要设计产蛋率90%的饲料配方，则可先查表4-2和表4-3。既满足粗蛋白质需要又满足能量需要的交叉点就是合适的蛋白质和能量水平。在本例中如果确定日粮的能量水平为11 506 kJ/kg，则从表4-2查出日采食量为112 g，从表4-3查出日粮粗蛋白质含量需要达到19%，考虑到在日粮养分平衡有较高保障时粗蛋白质需要量可降低1～2个百分点，所以可把粗蛋白质水平定为17.5%。

表 4-3　各种粗蛋白质含量和产蛋率下的日采食量　g

产蛋率/%		100	90	80	70	60	50
日需要粗蛋白/g		23	21.5	20	18.5	17	15.5
日粮粗蛋白含量/%	20	115	107.5	100	92.5	85	77.5
	19	121	113	105	97	89	81.5
	18	128	119	111	102	94	86
	17	135	126	118	109	100	91
	16	144	134	125	116	106	97
	15	153	143	133	123	113	103

(十三)动物性饲料与植物性饲料的平衡

配制家禽日粮时,要注意动物性饲料与植物性饲料的搭配,以提高饲料利用效率。动物性饲料的作用主要是平衡必需氨基酸,改变饲料中脂肪酸组成,影响饲料代谢能值和维生素的平衡以及对肠道内细菌群繁殖发生影响。配制日粮时,鱼粉含2%～5%即可,最多不超过7%,其他动物性饲料也以不超过10%为宜。

(十四)日粮中的其他营养物质

食盐能提供鸡正常生理功能所需的钠离子和氯离子。配制日粮时,应把鱼粉含盐量考虑进去,以防食盐过量,造成中毒。

第五章 饲料配方设计原理

1875 年,John Barwell 在美国依利诺州建立世界上第一家饲料加工公司。20 世纪20 年代设计饲料配方使用的办法有对角线法(交叉法、四角法)、联立方程法(公式法)、试差法(增减法、凑数法)等。1964 年开始电脑配方,主要是用运筹学的各种规划方法,能全面考虑营养、成本和效益,还可提供大量参考信息,为配方调整、经济分析和采购决策提供科学依据。

第一节 饲料配方设计程序

(一)饲料配方的概念

根据特定动物的营养需要、饲料原料营养成分和营养价值、原料的供给和价格等数据,科学地确定参与构成配合饲料的各种饲料原料的用量比例,这种饲料原料的配比就是饲料配方。所谓饲料配方设计,就是应用一定计算方法,根据原料营养成分和对配方的规格要求,产生配方中各原料比例的一种运算过程。

线性规划法是目前应用最广的一种优化饲料配方技术。线性规划最低成本配方的优化结果是产生一个满足饲养标准的最低成本配方,它受原料营养成分、饲养标准、原料价格等影响。

生产上饲料配方经常变动,包括各种原料的比例、原料种类等,但要保证使用效果不变,例如料肉比、日增重、产蛋率等,好的配方应该是市面上同类性能产品中成本最低的。

(二)饲料配方的成本

参与构成饲料配方的各种饲料原料的成本之和就是饲料配方

的成本。设计饲料配方的总原则是使整个畜牧业利润最大，即饲料厂+用户利润最高，或饲料厂+经销商+用户+消费者利润最高。

(三)我国饲料企业配方师人才奇缺

在配合饲料厂，饲料配方是由专门技术人员制定的，这些人可称做营养师或配方师。据报道，全国有11 000多家饲料企业，其中年产万吨以上的企业占60%以上。若一个饲料企业至少配备一个配方师，全国饲料行业对配方师的需求达万人之多，而目前有一定水平的专业饲料配方师却不足1 000人。

(四)制作饲料配方的理由

饲料原料的质量、价格不断变动；饲养管理方式各不相同；鸡品种、发育阶段、健康状况、环境等常有不同；动物的遗传性能每年会有改良，营养需要也变化；特殊情况，例如季节变化，或发生某些传染病以及营养代谢性疾病时，都要适当调整饲料配方中有关原料的配合比例或某一营养指标的水平。

对饲料配方适时调整的目的，就是为使所设计的饲料配方能调制出在营养方面可满足需要，在价格方面比较低廉，且适口性和消化利用率均佳的配合饲料。

(五)饲料配方的设计程序

1. 搜集市场信息，确定产品价位

饲料产品质量的定位或设计目标是决定饲料产品质量最重要的因素。饲料企业饲料产品的定位取决于多种因素，如企业技术力量、市场情况、工艺技术条件、饲养者和消费者的需求等。

设计饲料配方前一般应收集如下信息：①饲养对象。什么动物？遗传性能？生理和生产状态？②市场情况。市场需求量？对手的质量、售价、特点、所处市场位置和发展潜力？③用户情况。例如用户利益、动物产品售价、发展趋势？用户的偏爱：最关心产品的哪些特征？哪些特点最受欢迎？市售产品的哪些特点不能使用户满意？④用户的饲养管理水平如何？⑤产品的营养功能。生产全价料还是浓缩饲料？预混料？用户喜欢什么料？⑥生产过程、加工工艺对饲料营养的影响如何？产品贮存期多长？⑦国家法律，饲养标准、产品标准。是强制执行标准还是推荐执行标准？⑧产品物理形状。市场需要颗粒料还是粉状料？用户喜欢什么包装？综合上述信息，确定自已的产品质量和价位，配方师的主要任务是调整饲养标准。

2. 搜集原料信息

饲料原料信息最重要。最佳状态往往要求原料多样化、品种数量多，然而采购能力和费用、仓储能力和费用、生产工人的操作水平、出现差错的概率等因素则要求原料种类要少。在确定可用哪些原料及其用量限制时，一般考虑：①有哪些饲料原料可用？质量和价格怎样？存货量多少？货源供应稳定性如何？②可用原料的营养成分，理化特性，例如消化率、适口性如何？体积大小？对产品品质的影响？③原料含抗营养因子或有害物质吗？市场可接受的原料最大用量和最少用量分别是多少？④可用原料的加工特性，养分在加工过程中的变化情况？⑤各种原料在现用饲料配方中的用量？⑥各种原料的营养成本高低？

3. 确定产品标准

首先评估用户饲养的动物品种、饲养环境、饲喂模式等因素，调查用户对饲料效果的评价指标，摸清竞争对手的设计标准，在此基础上制定自已的营养标准。

一个产品的质量水平和价位，直接决定产品在市场上的竞争力，即市场占有率。一般把确定产品类型、质量水平和价位的过程称为产品定位。有关产品定位问题是饲料厂最重要的战略决策。

确定一个产品的质量标准时首先应考虑日粮类型与饲养方式。全价饲料还是浓缩饲料？预混料？颗粒饲料还是粉状饲料？预期日采食量？自由采食还是限制饲养？

预期采食量最重要。确定产品标准时首先要使动物每天采食的日粮中必须含足够每日所需的有效能量。既有一定的质又要有一定的量。量太少吃不饱，量太大吃不下。配合饲料的物理形状对日采食量影响很大。例如颗粒饲料的采食量比粉状料大，消化利用率高，所以制作颗粒料时可相应降低某些养分标准。

从营养学角度说，在确定产品标准时就是要首先考虑能量浓度和粗纤维含量；其次考虑日粮物理形状。

最佳营养标准是畜牧业整体利润最高的标准。我国饲料生产和畜牧养殖分离，最佳营养标准要根据利润分配作适当调整。

为迅速占有市场，还可用品牌策略，设计出有某些特点的饲料配方。如红太阳饲料厂，为满足散养户，首先推出“抗白痢雏鸡配合饲料”，配方中添加了抗雏鸡白痢的药物，方便用户，提高了用户的雏鸡成活率，受到用户欢迎。

4. 设计饲料配方

设计饲料配方时要考虑各种养分在加工贮藏过程中的损失。

采用多阶段日粮设计，可使饲料营养水平与动物营养需要更贴近。例如肉鸡的三阶段日粮设计要好于两阶段日粮设计。

使用饲料原料中可利用营养素含量设计饲料配方。用可利用营养素为指标（如可消化氨基酸、有效磷等）设计饲料配方的基础是要有各种饲料原料的可利用营养素含量数据。目前中国饲料数据库提供的2002版中国主要饲料原料营养成分与价值表中已经提供了回肠末端可消化氨基酸含量和有效磷含量。

配方师应在分析所用饲料原料的基础上，根据其基本物化特性、加工方法、条件等和相关回归公式及一切可用手段来具体确定其可利用营养素含量，并在此基础上进行配方设计。

5. 计算配方

有手工计算和电脑计算，利润潜力一般为5～30元/t。

设计配方时要考虑产品利用率：每种原料的消化率，各种原料的组合及其对消化率的影响，动物不同状态对消化率的影响。

6. 进行饲养试验

设计饲料配方时仅仅是从理论上考虑的，是否能达到预期效果？还需要经过实践检验。

7. 批量生产

完整饲料配方包括对生产工艺的要求，操作说明，使用期限等。必须按要求生产。产品出厂前必须采样分析化验，检验合格的产品备样保存备检，然后才能出厂。

8. 调整改进

产品投放市场后要跟踪服务，在售后服务过程中调查搜集用户反应及推广效果，据此改进饲料配方。对配方的整体评估是根据产品性能表现在市场上的统计分布，不同市场用户的使用结果和同一市场相对于竞争对手而言自己产品的优劣。

所以制定饲料配方是个循环过程，每次循环都会使产品质量及其市场竞争力提高一步。

第二节 饲料配方的设计原则

设计饲料配方有多种方法，一般都应遵从如下几个原则。

（一）科学原则

1. 满足动物营养需要

要考虑动物物种、类型、性别、年龄、体重、生产用处、性能、生理状态和饲养环境。要考虑各营养素的全价性和平衡性。首先必需满足动物对能量的要求，在动物每天能够采食的最大饲料量内，必须含有足够能量；其次保持每单位能量所含各种养分的比例不变。

2. 搞清有关原料的营养价值和营养特点

包括有关原料的营养价值，消化率，适口性，体积，对畜产品品质的影响，有无毒性等。同一原料对不同动物的适口性和营养作用都不同。例如菜子饼在猪料中用量过大会抑制食欲甚至中毒，然而鱼类却可全用菜子粕为惟一饲料原料，中国人几千年使用未见中毒症状。

3. 考虑相应动物的消化特点

粗饲料一般只用于草食动物，猪和鸡等单胃动物尤其是高产鸡不宜使用，它们对粗纤维的消化能力极有限。应控制鸡配合饲料中粗纤维含量在4%以下。在设计饲料配方时必须含一定数量的干物质，使鸡既能吃得下，又能吃得饱，且可满足其营养需要。

4. 注意各种原料的用量限制

有些原料含毒素或抗营养因子，或体积大、营养浓度低、营养极不平衡，它们价格再低也需限制用量。例如未脱毒的棉子饼(和)棉仁饼、菜子饼和菜子粕等。不过低酚棉的棉子饼(粕)、低毒菜子的菜子饼粕可适当放宽用量限制。表5-1给出了常见饲料原料在鸡配合饲料中的一般用量。

表5-1　几种高能量饲料原料的基本数据

原料名称	价格 /(元/kg)	有效能 (MJ/kg)	营养成本 /(元/MJ)	动物名称
玉米	1.20	14.43(*DE*)	0.083 2	猪
		9.20(*NE*)	0.130	牛
		14.06(*ME*)	0.085 3	鸡
大米	2.24	14.64(*DE*)	0.153	猪
		8.37(*NE*)	0.268	牛
		14.10(*ME*)	0.159	鸡
小麦	1.44	14.64(*DE*)	0.098	猪
		8.37(*NE*)	0.172	牛
		12.89(*ME*)	0.112	鸡

注：*DE*——消化能；*NE*——产奶净能；*ME*——代谢能。

5. 低成本原料多种搭配

一般地说，就地取材不仅充分利用当地资源，而且运输消耗少，成本低。多样搭配可使各种饲料原料相互取长补短，发挥互补作用,以最低成本达到饲养标准的要求。实践中使用饲料原料的种类既不要太少也不要太多,太少了不宜搭配养分平衡,太多了生产时麻烦。

6. 注意配合饲料对畜产品品质的影响

饲料有时对畜产品品质有很大影响,配方师必须清楚。本书有一章专门讨论。

7. 考虑各种营养成分在加工和贮藏过程中的损失

在设计配方前必须根据实际加工工艺和产品生产至使用之间的间隔时间、贮藏条件等,对饲养标准进行合理调整。受加工和贮藏影响最大的是维生素,在配合饲料中一般可增加15%的安全余量。

8. 饲料配方不能变动太多

若饲料配方突然变动很大,常降低动物食欲,导致生产性能下降,所以饲料配方要逐渐变动。

9. 注意酸碱平衡

偏离酸碱平衡,过酸或过碱,多数代谢过程就达不到最佳状态,机体忙于酸碱调节而耽误了生产。

10. 注意特殊情况特殊处理

例如炎热季节、鸡群患病或转群时,应注意调整饲养标准并适当使用添加剂。

11. 饲料添加剂的使用

可使用酶制剂、益生素、中药制剂等。要减少抗生素使用。化学益生素是非微生物制剂,在动物肠道内可促进有益微生物增殖。这些物质主要是一些寡糖类,如异麦芽糖、果寡三糖、半乳寡糖等。这些物质的特点是耐热、耐压,稳定性好。

12. 借鉴典型配方不可生搬硬套

(二)经济原则

为降低产品成本,需考虑:①开发本地饲料资源,就近取材;②植物性蛋白质饲料原料一般价格较低;③革新技术,例如用线性规划技术等;④采用理想蛋白质模式;⑤使用国家允许使用的非营养性添加剂,提高饲料产品的效能。

(三)卫生原则

在设计饲料配方时必须考虑饲料的卫生要求:①不含对动物有害的物质如农药和有害微生物等。②不会在动物产品中残留有害人类的物质。有些添加剂在动物体内残留时间较长或进入畜产品,能危害人类健康。③不污染环境。有些饲料添加剂例如高铜饲料可促进动物生长,但动物粪中含铜量也很高,污染环境。

(四)合法原则

国家颁布的饲料产品标准有两种,一种是推荐标准,另一种是强制执行标准。在强制执行标准中,有些指标是判定合格指标,有些是参考指标。设计饲料配方时必须考虑并且满足全部判定合格指标,尽管有些饲养标准已旧甚至过时,但不满足这些标准就是违法。

第三节 最佳饲料配方的概念

(一)实际例子

现有玉米、大麦、小麦3种饲料原料各900 kg,要为猪、牛、鸡3种动物各配合900 kg饲料,怎样安排这些饲料,才能使生产成本最低而获得的有效能又最高呢?3种原料的基本数据参见表5-1。

第一种分配方案:平均分配。每种动物各分给300 kg玉米,300 kg大米,和300 kg小麦,则:猪获得消化能13 117 MJ (14.43×300+14.64×300+14.64×300);牛获得净能7 782 MJ(9.20×300+8.37×300+8.37×300);鸡获得代谢能12 314 MJ(14.06×300+14.10×300+12.89×300)。3种动物共可获有效能33 213 MJ,合计成本4 392元,每兆焦有效能成本为4 392/33 213=0.132 2(元)。

第二种分配方案：把玉米分配给牛，把大米分配给鸡，把小麦分配给猪。结果是：猪获消化能13 176 MJ(14.64×900)；牛获净能8 280 MJ(9.20×900)；鸡获代谢能12 690 MJ(14.10×900)。3 种动物共获有效能 34 153 MJ，合计成本仍是 4 392 元，每兆焦有效能成本为 0.128 6 元。

通过上述计算可以看出，两种分配方案第二种较好，每兆焦有效能的成本比第一种分配方案低 0.003 6 元。当然，在资源丰富时全用玉米最好。如果猪、牛、鸡都用 900 kg 玉米，则共可获有效能 33 928 MJ，总成本3 240 元。每兆焦有效能合0.095 5 元，比上述第二种分配方案还低 0.033 1 元/MJ。

通过实例可看出，不同配方有不同成本。所谓最佳饲料配方是指，在一组给定的饲料原料中，通过最佳搭配，使配方既满足饲养标准，又成本最低，同时充分利用资源。

(二)最佳饲料配方的概念

一般把用线性规划法设计的，既满足动物对多种养分的需要，又使饲料成本达到最低的饲料配方称为最佳饲料配方。

由于不同地点、不同时间所能获得的饲料原料及其养分含量、营养价值和价格不同，所以随时间、地点和价格的变化，最佳饲料配方也随之改变。换句话说，没有永远最佳的饲料配方。

(三)饲料配方线性规划法的数学模型

饲料配方数学模型的一般化形式如下。

假定在饲料配方中第 j 种饲料原料的用量为 X_j($j=1,2,3,\cdots,m$)，显然有 $X_j \geqslant 0$。

假定在设计饲料配方时考虑的营养指标有n 项，第j 种饲料原料的第i 个养分的含量记为 a_{ij}，则显然有 $a_{ij} \geqslant 0$，不过实践中，a_{ij}多是化验结果，或从国家公布的饲料数据库中查取。假定在设计饲料配方时选择的饲养标准中的n 项营养指标，例如能量，粗蛋白质，钙，磷，赖氨酸，蛋氨酸等，分别记为$b_1, b_2, \cdots, b_n$，则显然有$b_i \geqslant 0$。如

果记第 j 种饲料原料售价为 C_j，则饲料配方的成本为：

$$C=C_1X_1+C_2X_2+\cdots+C_mX_m$$

我们设计饲料配方就是要求在满足下述方程组的约束条件的情况下使上式中的 C 最小。

$$\begin{cases} a_{11}X_1+a_{12}X_2+\cdots+a_{1m}X_m\geqslant b_1 \\ a_{21}X_1+a_{22}X_2+\cdots+a_{2m}X_m\geqslant b_2 \\ a_{31}X_1+a_{32}X_2+\cdots+a_{3m}X_m\geqslant b_3 \\ \cdots \qquad \cdots \qquad \cdots \\ a_{n1}X_1+a_{n2}X_2+\cdots+a_{nm}X_m\geqslant b_n \\ X_j\geqslant 0, j=1,2,3,\cdots,m \end{cases}$$

在线性规划中显然有 $a_{ij}\geqslant 0$，$b_i\geqslant 0$，$C_j\geqslant 0$，且 a_{ij}，b_i，和 C_j 都是常数。

这就是设计饲料配方的线性规划法的数学模型。

第四节 影子价格与灵敏度分析

利用线性规划的优化方法设计饲料配方时，得到的最低成本配方是在一组特定条件下的结果。当这些条件包括原料的养分含量、饲养标准、用量有限制的原料用量及原料价格等发生变化时，一般会影响到最终配方成本。而配方师不能控制原料质量和价格，只能控制配合饲料或浓缩饲料的营养指标和对应的配方成本，即所谓的产品质量与成本控制。

实践中，配方师常是假定了原料价格、质量和饲养标准等为常数。然而事实远非如此。为有效驾驭线性规划模型参数的波动，需要进一步研究影子价格和灵敏度分析问题。

本节主要探讨饲料配方线性规划模型对应的对偶模型问题、模型应用及其经济学含义。

(一)影子价格

什么是影子价格？如果某配方师要用A,B,C,……等原料设计某种饲料配方，这些原料的单位价格就叫做这种原料的市场价格。而某种原料的影子价格则是指：在得到最佳配方后，配方中某种原料用量增减一个单位，使饲料配方的成本增加或降低多少。例如棉粕有毒，在饲料配方中的用量一般要限制。假如棉粕到厂价格为 1.35 元/kg，则不考虑贮存耗费时就可认为棉粕市场价格是 1.35 元/kg。如果在设计好的最佳配方的基础上饲料配方中多使用一个单位的棉粕(当然就要相应地降低其他原料的用量)可使配方成本降低0.05 元/kg，则这个0.05 元/kg 就是棉粕的影子价格。ΔY＝影子价格×ΔB，式中Y为目标函数，B为约束值。影子价格表示每单位约束值对目标函数的影响度。

数学家已经证明了，影子价格就是对偶规划的最优解。所以可借助对偶规划来计算各种原料的影子价格，从而为及时合理地设计和修订饲料配方提供科学依据。对偶线性规划问题不仅在解线性规划问题时为我们提供了一个避繁就简的实用方法，而且在经济学中有重要意义。所以在饲料配方设计中，配方师应十分重视影子价格。

为便于理解，我们通过实际例子来解释。

例5-1 设计鸡饲料配方，为了简单这里只考虑粗蛋白、钙和磷3种养分。可以考虑如下线性规划问题：

$$C=1.2X_1+2.6X_2+1.7X_3+0.8X_4$$

式中X_1,X_2,X_3,X_4分别表示玉米、豆粕、磷酸氢钙和食盐，系数是各种饲料原料的价格。

约束条件：

$$\begin{cases}85X_1+430X_2+0X_3+0X_4\geqslant 16.5\\0.2X_1+3.2X_2+28X_3+350X_4\geqslant 3.5\\1.2X_1+3.1X_2+100X_3+0X_4\geqslant 0.33\\X_j\geqslant 0,j=1,2,3,4\end{cases}$$

现在我们看如下线性规划问题：

$$\max s=16.5y_1+3.5y_2+0.33y_3$$

$$\begin{cases}85y_1+0.2y_2+1.2y_3\leqslant 1.2\\430y_1+3.2y_2+3.1y_3\leqslant 2.6\\0y_1+280y_2+100y_3\leqslant 1.7\\0y_1+350y_2+0.0y_3\leqslant 0.8\\y_j\geqslant 0,j=1,2,3\end{cases}$$

比较上述两个线性规划问题，不难发现它们之间存在如下一些规律性的关系：

第一，两个线性规划问题中约束条件的系数之间的关系是行和列互换。原规划问题约束条件中每一行的系数，与新规划问题约束条件中每一列的系数相对应；原规划问题的约束条件中每一列的系数，与新规划问题的约束条件中每一行的系数相对应。

这用矩阵方式解释最清楚：两个线性规划问题中约束条件的系数矩阵互为转置矩阵。在原规划中，约束条件的系数矩阵为：

$$\begin{bmatrix}85 & 430 & 0 & 0\\0.2 & 3.2 & 280 & 350\\1.2 & 3.1 & 100 & 0\end{bmatrix}$$

而在新线性规划问题中约束条件的系数矩阵为：

$$\begin{bmatrix} 85 & 0.2 & 1.2 \\ 430 & 3.2 & 3.1 \\ 0 & 280 & 100 \\ 0 & 350 & 0 \end{bmatrix}$$

这两个矩阵的行和列正好互换。

第二，原规划问题中右手侧的常数，正好是新规划问题的目标函数中各自变量的系数；新规划问题中约束条件的右手侧常数，也正好是原规划问题的目标函数中自变量的系数。

第三，原规划问题中约束条件中的不等式符号如果是"≥"，那么新规划问题中约束条件中的不等式符号就是"≤"。

第四，如果原线性规划问题中的目标函数是求最小值，那么新线性规划问题中的目标函数就是求最大值。

第五，运筹学已证明，若原问题和新问题都可行，则两者均有最优解，且两者的最优解相同。就是说，原问题目标函数的最小值 $\min C^0$ 与新问题目标函数的最大值 $\max G$ 相等，$\min C^0 = \max G$。

由于两个线性规划具有上述关系，所以称它们互为对偶规划。这种对偶问题，表现为相互交叉的表里关系，如果一方得到解，就能推导出另一方解。

现在可把这两个相互对偶的线性规划问题用表 5-2 加以表示。在上面的讨论中，原规划问题的右边项 b 是饲养标准指标构成的向量，对偶规划问题最优解中的 y_i 值是饲养标准向量 b 中各种养分资源的成本。这个反面变量的解 y_i 叫做影子价格。y_i 的值就相当于对第 i 种养分，当实现最大利润时的一种价格估计，是根据养分资源在生产中所做贡献而作的估价，所以把对偶规划中的决策变量 $Y_i (i=1,2,3,\cdots)$ 叫做养分资源 $b_i (i=1,2,3,\cdots)$ 的"影子价格"或"机会成本"。

表 5-2　线性规划及其对偶线性规划

	X_1	X_2	X_3	X_4		
min	1.2	2.6	1.7	0.8		max
	⩽	⩽	⩽	⩽		
Y_1	85	430	0	0	⩾	16.5
Y_2	0.2	3.2	280	350	⩾	3.5
Y_3	1.2	3.1	100	0	⩾	0.33

（二）影子价格的实际意义

为便于理解影子价格的实际意义，下面举一最简单的线性规划例子。

例 5-2　为简单，设有玉米和棉粕两种饲料原料，其粗蛋白含量分别为 8.7% 和 37.0%，价格分别为 $C_1=1.2$ 元/kg 和 $C_2=1.5$ 元/kg。现在要用这两种原料配制含粗蛋白为 16% 的配合饲料，问：怎样设计饲料配方才能既满足粗蛋白需要又成本最低？

设玉米用量为 X，棉粕用量为 Y，则按题意可得下列方程组

$$\begin{cases} 8.7\%X+37.0\%Y=16\% & (1) \\ \min C_0=C_1X+C_2Y & (2) \end{cases}$$

为简明，把式(1)改写为 $Y=16/37.0-(8.7/37.0)X$，即

$$Y=0.432\ 432\ 432-(8.7/37.0)X \quad (3)$$

此式表明，玉米用量(X)与棉粕用量(Y)呈反比例关系。玉米用量 X 每增加 1 个单位时，棉粕用量 Y 就下降(8.7/37.0)个单位。玉米用量增加 10 个单位时，棉粕用量就会下降 10×(8.7/37.0)个单位。就是说，玉米对棉粕的边际代替率为(8.7/37.0)。如用 ΔX 和 ΔY 分别表示 X 和 Y 的微小变化(增量)，则可写出：

$$\Delta Y/\Delta X=8.7/37.0$$

所以我们可把式(3)写为：

$$Y=0.432\,432\,432-(\Delta Y/\Delta X)X \tag{4}$$

把此式代入式(2)可得：

$$\begin{aligned}C_0&=C_1X+C_2Y\\&=C_1X+C_2(0.432\,432\,432-(\Delta Y/\Delta X)X)\\&=C_1X+C_2 0.432\,432\,432-C_2(\Delta Y/\Delta X)X,\text{即}\end{aligned}$$

$$C_0=0.432\,432\,432C_2+[C_1-C_2(\Delta Y/\Delta X)]X \tag{5}$$

由此式可看出，当$[C_1-C_2(\Delta Y/\Delta X)]$为正值时，降低玉米用量$X$就可降低配方成本$C_0$，把$Y$增至最大限度，就可求得最小化的配方成本 $\min C_0$；当$[C_1-C_2(\Delta Y/\Delta X)]$为负值时，提高玉米用量$X$可降低配方成本$C_0$，把$X$提高到最大限度，就可求得最小化的配方成本 $\min C_0$。

所以不难看出，因子$[C_1-C_2(\Delta Y/\Delta X)]$决定了玉米用量$X$多了好还是少了好。如果用$\Delta Z$表示$[C_1-C_2(\Delta Y/\Delta X)]$，记为：

$$\Delta Z=[C_1-C_2(\Delta Y/\Delta X)] \tag{6}$$

则实践中就可把ΔZ当做判别式使用。当ΔZ为(+)时，降低玉米的用量X可降低配方成本C_0；当ΔZ为(−)时，增加玉米的用量X就可降低配方成本C_0。这里的ΔZ就相当于线性规划中的影子价格。

在例 5-2 中，把已知数据代入式(6)可得：$\Delta Z=1.2-1.5\times(8.7/37.0)=0.847\,3$，所以应尽量降低玉米用量$X$，这样可降低配方成本。在本例中：$X$取最小值是 0，这时不用玉米，而全用棉粕。

(三)根据影子价格调整饲料配方

实践中根据影子价格可有把握地调整饲料配方。一般说来，当某原料影子价格为负值时，增加该原料在饲料配方中的用量，可以降低配合饲料的成本；当某原料影子价格为正值时，降低该原料在饲料配方中的用量，可降低配方成本。

在设计配方时,原料的影子价格揭示了当增减参与计算的饲料原料时对最终配方成本的影响程度。某原料影子价格的绝对值越大,表明其对配方的最低成本影响越突出;而影子价格为“零”的原料是指其在特定取值范围内,该指标的达成对最低成本不构成影响。从经济上讲,某原料(资源)的影子价格,是对每单位该原料在特定条件下最优配置时的边际效益的估价。

(四)根据影子价格调整饲养标准

各种养分指标即资源的影子价格,能够从量上指导配方师如何有针对性地调整饲养标准。当然对最终养分指标的调整还要注意养分平衡,不能顾此失彼。例如在设计饲料配方时,可根据影子价格调整能量和蛋白质指标。在配合饲料中最重要的营养指标是能量和蛋白质,其他指标常常是以这两个指标为基础而确定。所以配合饲料的成本主要取决于这两个指标,及与之相对应的原料。这两个指标常允许在一定范围内变动,即是说,蛋白能量比在一定范围内变化时不影响动物生产性能。在设计饲料配方时究竟怎样调整这两个指标,才能使饲料配方成本最低呢?这是配方师应掌握的基本技术之一。

一般地说,可通过计算能量和蛋白质的影子价格大致确定。当某养分的影子价格为负值时,可把饲养标准中该养分的指标调整到最高限度,当某养分的影子价格为正值时,可把饲养标准中该养分指标调整到最低限度。氨基酸指标按 NRC 推荐标准中各种氨基酸与蛋白质的比例确定,这个比例就是营养平衡标准。

值得注意的是,资源影子价格不是固定不变的,会随着各种养分指标的消长而发生位置的更换,或不构成影响的资源变成有影响的。例如人们熟悉的限制性氨基酸顺序的变化。因此还必须研究资源影子价格的有效区间,体现影子价格的相对稳定性。

(五)灵敏度分析

尽管资源影子价格的引入增加了计算结果的透明度,但还不能全面满足进行深层次配方设计的需求。在一般线性规划配方模型的基础上,还可利用数学规划的理论对原料价格的变动,动物营养需要的变化和饲料原料质量的波动做灵敏度分析,获得保持原有配方不变时,各种原料价格的可变动范围,指导原料采购部门合理采购原料。当线性规划的配方模型的养分系数即各种原料的养分含量在一定范围内发生变化时,如何制约配方计算结果的变化?或配方不变时,究竟对配方的使用效果会带来多大不稳定性?当动物随生理状态变化需要改变饲养标准时,是否需要改变饲料配方?这都是灵敏度分析可以解决的问题。

前面介绍了一般线性规划的求解方法,这些解法都是假定本章第三节数学模型中的所有参数,例如a_{ij}、b_i和c_j都是已知常数的情况下进行的。然而事实上模型参数并非固定不变的。这样就必然遇到下面几个问题。

(1)模型中的参数并非都能准确测定。例如饲料原料的养分含量,不同产地的黄玉米其养分含量不同,国家公布的饲料数据库只是平均值,饲料厂借用时带有估计和预测性质,难免有误差。这样得到的饲料配方或影子价格只能是近似最佳或在一定范围内反映客观实际。当某种饲料原料的质量与原配方要求的质量相差很多时,就需要重新设计饲料配方。那么,当饲料原料的养分含量变动量Δa_{ij}达到多大,就需要重新设计饲料配方了?

(2)市场条件经常发生变化,原料价格C_j常会变化,某种原料的价格C_j变动多少,才需要修订原来的饲料配方呢?通过灵敏度分析可了解目标函数式系数允许的增量和减量。在最优解(最佳饲料配方)保持不变的情况下,目标函数式中的系数(饲料原料价格)的变化范围反映了所获得配方对原料市场价格变化的适应能力。如果原料价格变化在允许范围内,则不必更改配方。再者,我们还可以根据原料的影子价格做采购决策,克服以往原料采购依据经验判断甚至盲目采购的缺点。

(3)配方师调整饲养标准就是调整b_i。生产上调整饲养标准后需要按照新标准设计新配方。不过，饲养标准变动不大时不必重新设计饲料配方。饲养标准b_i变动多少，才需要重新设计饲料配方呢？

约束限制值允许的增量和减量，指在保持最优解和其他条件不变的情况下，各个约束限制值的可变化范围，也就是指在此变化范围内约束条件的影子价格才能成立。这可为进一步调整约束条件提供参考。

所以实践中，配方师除经常从全厂考虑和分析各种配合饲料产品的生产和盈利状况外，还经常考虑和分析饲料配方何时需要修订。一个解决实际问题的线性规划模型，如果参数有一定误差，那么最佳方案允许的误差范围是什么？如果参数中的一个或几个发生了变化，这种变化对原最佳方案有什么影响？这两个问题实质是一个问题，就是模型中的参数与实际情况出入达到多大，原来的最佳方案就不再是最佳方案？在原最佳方案不继续使用时，怎样找新的最佳方案？

可在原来计算结果的基础上，直接分析参数的变化对最优解的影响，从而判定最佳方案是否还能继续使用。如果不能继续使用，能不能直接通过对原来的最佳方案进行调整，不进行更多的计算就能得到新的最佳方案？

灵敏度分析为解决上述问题提供了具体的方法和严格的理论依据。对约束值进行灵敏度分析——饲养标准的灵敏度分析，当约束值在灵敏度分析给定的范围内调整时，最优基(入选原料种类)不变，最优解(原料用量)有可能变动。对目标函数系数进行灵敏度分析——原料价格灵敏度分析，当原料价格在灵敏度分析给定范围内调整，最优解不变，不需要调整配方；超出范围时，最优解变化，最优基也可能改变，必须调整配方。

第六章 用Excel优化饲料配方

目前，饲料厂已使用计算机和专用饲料配方软件设计饲料配方。外国著名软件有Format软件(英国)，Brill软件(美国)，Mixit软件(美国)。中国配方软件主要有资源配方师软件-Refs系列配方软件、CMIX配方软件、三新智能配方系统、SF-450配方软件等。但专用饲料配方软件价格较高，在小型饲料厂和一般养殖场难普及。现在只要电脑上安装Excel 2000及其以后版本，就可利用其“规划求解”功能求得最佳饲料配方。而且简单快捷、准确方便。

我们先介绍Excel规划求解工具的安装和使用，以及各种功能的选择和不同求解结果的处理；并通过实际例子逐一说明如何应用“规划求解”工具解决饲料配方优化设计问题；最后介绍“规划求解”工具在饲料配方设计时影子价格和灵敏度分析技术。

第一节 Excel“规划求解”工具的安装和使用

下面通过实例叙述“规划求解”的操作方法。

(一)Microsoft Excel 2000的安装和使用

“规划求解”是Office 2000提供的一个加载宏。一般安装在“工具”菜单的“加载宏”中，显示为“规划求解”选项。如果要使用这一程序，只需在“工具”菜单中单击“规划求解”选项，就可进入该选项的对话框。

如果“工具”中没有“规划求解”选项，通常是由于在“加载宏”中没选该选项，可先用鼠标左键单击“工具”菜单，再单击“工具”菜单中的“加载宏”，就出现如图6-1所示的对话框。

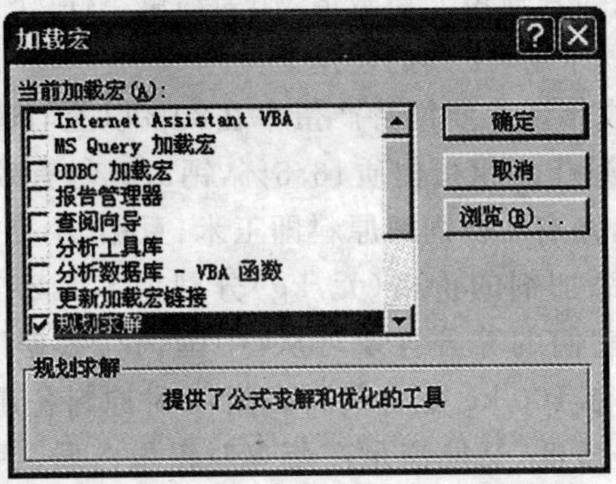

图 6-1　“加载宏”对话框

在“当前加载宏”二级菜单中单击“规划求解”选项前的小方格，就可看见框前出现对号“√”，表示选定，如图 6-1 所示，然后用鼠标左键单击“加载宏”对话框内的“确定”按钮，这样就激活了“规划求解”功能。然后再击“工具”菜单，就可见在“工具”菜单中出现“规划求解”选项。

如果在“加载宏”中也找不到“规划求解”选项，则说明这台电脑在安装Office 2000 时没选择加载宏。您必须重新启动Office 2000安装程序，并且选择Excel 选项，在加载宏区段中选择“规划求解”，然后安装。具体可这样操作：在重新启动 Office 2000 安装程序后，搜索已经安装的组件，列出 4 项维护程序，打开“添加/删除”项，选定“Excel”，单击“更改选项”按钮，再选择“加载宏”，找到“规划求解”，再单击“更改选项”按钮，开始安装。安装完毕即可使用。

利用“规划求解”工具，可对 Excel 工作表上与目标单元格中的公式直接或间接有联系的一组单元格的数值进行调整，最终为目标单元格中的公式找到优化结果。这些在求解过程中可修改其数值的单元格，叫可变单元格。对这些可变单元格，可引用影响目标单元格公式的其他单元格数值，作为约束条件。下面用一个简单实例说明“规划求解”工具的使用。

例6-1　成年蛋鸡要维持产蛋率在80%以上，饲养标准应达到代谢能12.0 MJ/kg，粗蛋白质16.5%，钙3.5%，有效磷0.33%，食盐0.37%。已知有7种饲料原料即玉米、豆粕、小麦麸、磷酸氢钙、石粉、食盐和添加剂的价格（元/kg）分别为1.1，2.7，0.84，1.35，0.12，0.5，8，它们的养分含量可从《中国饲料数据库》查到，见附录。现在要配制100 kg配合饲料。问：6种原料各用多少，才能使配合饲料成本最低，又能满足产蛋鸡对粗蛋白质、钙、有效磷和食盐的需要？

各种饲料原料的用量都应大于或等于零。饲养标准要求的养分浓度指标代谢能、粗蛋白质、钙、有效磷、食盐等是最低值或下限值。所以在设计饲料配方时应使其代谢能、粗蛋白质、钙和有效磷等养分含量等于或大于饲养标准规定的下限值。这个问题可用Excel的“规划求解”工具解决，其操作步骤如下：

1. 饲料配方数据库的建立

先按图6-2格式把原始资料输入好。

2. 饲料配方规划表的建立

编制饲料配方规划表（“饲料配方优化计算”函数关系表），建立目标单元格，可变单元格和约束条件之间的数量对应关系。为便于介绍，这里先把建好的规划表给出，见图6-3，然后再介绍规划表的制作。可在上述饲料数据库下方建立“饲料配方规划表”，也可重新打开一张工作簿建立。

在图6-3所示的表中，配方成本（即目标函数）所在的单元格为H23，它是各种原料成本的总和，即H16，H17，…，H22各个单元格数值的总和。各种原料的成本是各自的价格与其用量的乘积，这个乘积的数值大小取决于该原料在配方中的用量，即

$$H16=B16\times B6;H17=B17\times B7;H18=B18\times B8,\cdots$$

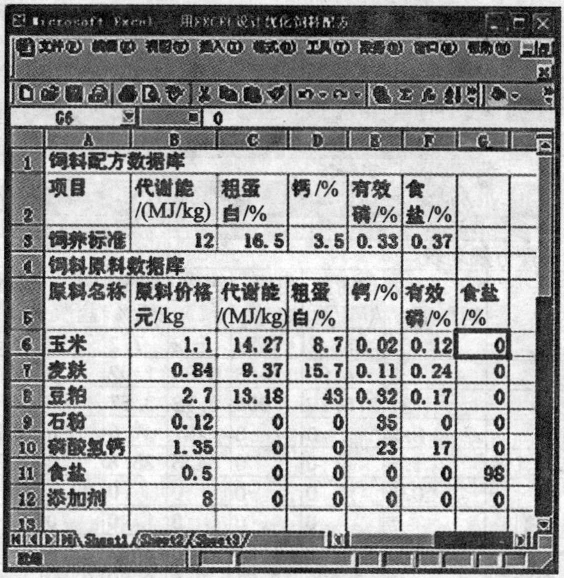

	A	B	C	D	E	F	G
1	饲料配方数据库						
2	项目	代谢能/(MJ/kg)	粗蛋白/%	钙/%	有效磷/%	食盐/%	
3	饲养标准	12	16.5	3.5	0.33	0.37	
4	饲料原料数据库						
5	原料名称	原料价格元/kg	代谢能/(MJ/kg)	粗蛋白/%	钙/%	有效磷/%	食盐/%
6	玉米	1.1	14.27	8.7	0.02	0.12	0
7	麦麸	0.84	9.37	15.7	0.11	0.24	0
8	豆粕	2.7	13.18	43	0.32	0.17	0
9	石粉	0.12	0	0	35	0	0
10	磷酸氢钙	1.35	0	0	23	17	0
11	食盐	0.5	0	0	0	0	98
12	添加剂	8	0	0	0	0	0

图 6-2　饲料配方规划方案依据的原始资料

图中B3至F3是饲养标准值；C6至G12是各种饲料原料的养分含量；B6至B12是各种原料的价格。

而各种原料在配方中的用量则取决于所需原料总量，包括各原料的价格(元/kg)与用量(kg)的乘积。所以各种原料的最佳用量B16～B21是可变单元格，饲料添加剂在配合饲料中的用量一般是固定的，所以不是可变单元格，C16～G21单元格是约束条件。为建立这些数量对应关系，即给这些数量关系下定义，需要在有关单元格中输入以下计算公式：

(1)先在B16～B22单元格内输入一个经验配方，例如图6-3中的配方。我们先暂时把这个配方作为规划方案的起点，即初值。

(2)单击C16单元格，输入“＝B16×C6”，回车，就出现数字

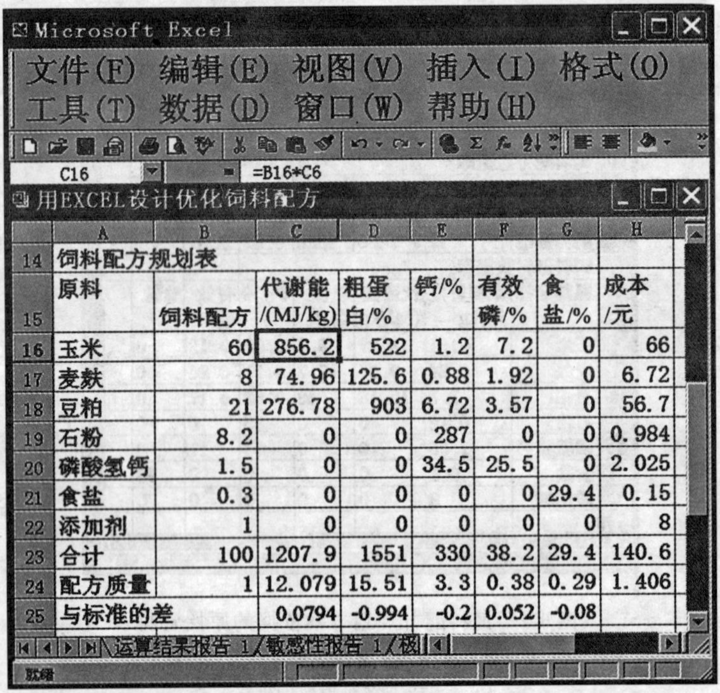

	A	B	C	D	E	F	G	H
14	饲料配方规划表							
15	原料	饲料配方	代谢能/(MJ/kg)	粗蛋白/%	钙/%	有效磷/%	食盐/%	成本/元
16	玉米	60	856.2	522	1.2	7.2	0	66
17	麦麸	8	74.96	125.6	0.88	1.92	0	6.72
18	豆粕	21	276.78	903	6.72	3.57	0	56.7
19	石粉	8.2	0	0	287	0	0	0.984
20	磷酸氢钙	1.5	0	0	34.5	25.5	0	2.025
21	食盐	0.3	0	0	0	0	29.4	0.15
22	添加剂	1	0	0	0	0	0	8
23	合计	100	1207.9	1551	330	38.2	29.4	140.6
24	配方质量	1	12.079	15.51	3.3	0.38	0.29	1.406
25	与标准的差		0.0794	-0.994	-0.2	0.052	-0.08	

图 6-3 饲料配方规划表

856.2，这是配方中 60 kg 玉米可以提供的能量，即玉米用量与其能量含量的乘积。现在饲料配方与饲料原料玉米就建立了玉米用量与所提供的能量之间的数量对应关系。

(3)利用Excel 的填充柄功能，即把光标移动到C16 单元格，单击C16 单元格，然后把光标移动到该单元格的右下角，等光标变成“+”符号时，按住鼠标左键向下拖至C22 单元格，放开鼠标，这一列的各单元格分别出现数字 856.2，74.96，276.78，0，0，0 和 0，表明饲料配方与各种饲料原料也都建立了原料用量与所提供的能量之间的数量对应关系。

(4)单击D16单元格，输入“＝B16×D6”，回车确认就出现数字522，这是配方中60 kg玉米可以提供的粗蛋白质量，等于玉米的用量与玉米的粗蛋白质含量的乘积。现在饲料配方与饲料原料玉米就建立了玉米用量与所提供的粗蛋白质量之间的数量对应关系。

(5)利用Excel的填充柄功能，即把光标移动到D16单元格，单击D16单元格，然后把光标移动到该单元格的右下角，等光标变成“＋”符号时，按住鼠标左键向下拖至D22单元格，放开鼠标，这一列的各单元格分别出现数字522，125.6，903，0，0，0和0，表明饲料配方与各种饲料原料也都建立了原料用量与所提供的粗蛋白质量之间的数量对应关系。以下各步都有利用填充柄功能的操作，与这里的(3)和(5)操作一样，在后面将不再详述。

(6)单击E16单元格，输入“＝B16×E6”，回车确认就出现数字1.2，这是配方中60 kg玉米可以提供的钙量，等于玉米的用量与玉米的钙含量的乘积。现在饲料配方与饲料原料玉米就建立了玉米用量与所提供的钙量之间的数量对应关系。

(7)利用Excel的填充柄功能，为饲料配方与各种饲料原料建立原料用量和所提供的钙量之间的数量对应关系。

(8)在F16单元格输入“＝B16×F6”，回车确认就出现数字7.2，这是配方中60 kg玉米可以提供的有效磷量。现在饲料配方与饲料原料玉米就建立了玉米用量与所提供的有效磷量之间的数量对应关系。

(9)利用Excel的填充柄功能，为饲料配方与各种饲料原料建立原料用量和所提供的有效磷量之间的数量对应关系。

(10)在G16单元格输入“＝B16×G6”，回车确认就出现数字0，这是配方中60 kg玉米可以提供的食盐量。现在饲料配方与原料玉米就建立了玉米用量与所提供的食盐量之间的数量对应关系。

(11)利用 Excel 的填充柄功能,为饲料配方与各种饲料原料建立原料用量和所提供的食盐量之间的数量对应关系。

(12)单击H16 单元格,输入"$=B16\times H6$",回车确认就出现数字66,这是配方中60 kg 玉米的成本,等于配方中玉米用量与玉米价格的乘积。现在饲料配方与饲料原料玉米就建立了玉米用量与玉米成本之间的数量对应关系。

(13)利用 Excel 的填充柄功能,为饲料配方与各种饲料原料建立原料用量和所需成本之间的数量对应关系。

3. 总和行的建立

第23 行是总和行。这一行的每个单元格内的数字都是该单元格上面的各个单元格内的数字之和。具体建立这种和函数关系的方法如下:

(1)单击B23 单元格,然后把光标移动到表头上的"$\sum$",双击鼠标左键,本例中出现数字100,这是经验配方中各种原料用量的总和。一般把配方总和给为100,也可以是1 或1 000。

(2)单击C23 单元格,然后把光标移动到表头上的"$\sum$",双击鼠标左键,本例中出现数字1 207.9,这是经验配方中各种原料提供的代谢能的总和。也可利用Excel 的填充柄功能,即把光标移动到B23 单元格,单击B23 单元格,然后把光标移动到该单元格的右下角,等光标变成"+"符号时,按住鼠标左键向右拖至H23 单元格放开鼠标,这一行各单元格分别出现数字1 551,330,38.2,29.4和140.6,表明饲料配方与各种饲料原料所提供的养分也都建立了饲料配方与配方营养水平的对应关系。最后一个单元格即H23 单元格内的数字140.6 是配方成本。

4. 配方营养水平行的建立

一般饲养标准给出的都是每千克配合饲料中的各种养分的含

量。为了便于操作，我们把第23行给出的合计数据改为每单位配合饲料中各种养分的含量。也就是把第23行的各个单元格内的数据都除以B23单元格内的数据，具体操作方法为：

在B24单元格内输入“=B23/B23”，C24单元格内输入“=C23/B23”，D24单元格内输入“=D23/B23”，E24单元格内输入“=E23/B23”，F24单元格内输入“=F23/B23”，G24单元格内输入“=G23/B23”，H24单元格内输入“=H23/B23”。这时第24行的各单元格内分别出现数字12.079，15.51，3.3，0.38，0.29和1.406，这分别是配方的代谢能、粗蛋白质、钙、有效磷和食盐等的营养水平和配合饲料的单位成本。

5. 规划求解参数的输入

完成以上操作后，可单击“工具”菜单中的“规划求解”选项，打回车进入“规划求解参数”对话框，如图6-4所示。

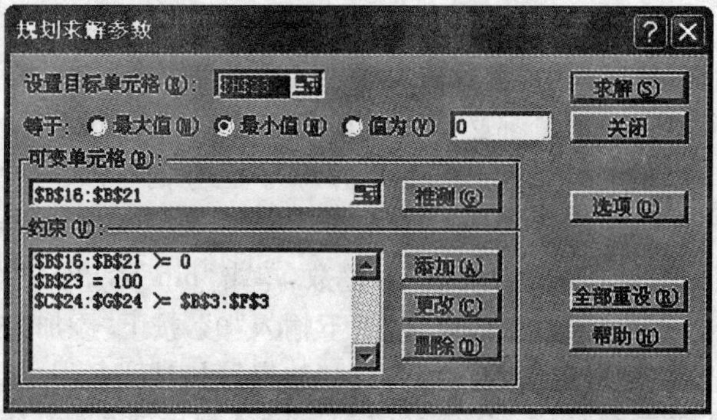

图6-4　“规划求解参数”对话框

在上述对话框中需进行以下操作：

(1)在“设置目标单元格”后的框中输入目标函数所在的单元格，本例为“H23”。再进行下一项操作时，即自动转换为绝对引用方式“＄H＄23”,以下同。

(2)在“等于:”项下,并列有“最大值”,“最小值”和“值为”3个选项,本例要求饲料配方成本(目标函数)取“最小值”,操作方法是单击鼠标左键,前面的○变成⊙。

(3)在“可变单元格”框中输入可变单元格的引用,在本例为“B16～B21”。因为添加剂一般是固定量,不参与优化,所以可变单元格不包括B22单元格。

(4)单击“添加”按钮,屏幕弹出图6-5“添加约束”对话框。

图6-5 “添加约束”对话框

在上列对话框中,需要依次输入各项约束条件。

各种原料的用量都必须大于或等于零:在“单元格引用位置”框下输入“B16～B21”,然后单击符号框旁的“▼”,这里列有“＜＝”,“＝”,“＞＝”,“int”,“bin”5种选项,从中选定“＞＝”。(说明:单击“int”给出的“约束值”为整数,单击“bin”给出的“约束值”为二进制)。然后再在“约束值”框下输入“0”,按下“添加”按钮,就自动进入“规划求解参数”对话框的“约束”列表框。

配方总重量约束:在图6-4所示的“规划求解参数”对话框上单击“添加”按钮,屏幕弹出“添加约束”对话框,如图6-5所示。在“单元格引用位置”框下输入“B23”,然后单击符号框旁的“▼”,从中选定“＝”。然后再在“约束值”框下输入“100”,按下“添加”按钮,就自动进入“规划求解参数”对话框的“约束”列表框。

饲养标准约束:在图6-4所示的“规划求解参数”对话框上单

击“添加”按钮，屏幕弹出“添加约束”对话框，如图6-5所示。在“单元格引用位置”框下输入“B24：G24”，然后单击符号框旁的“▼”，从中选定“＞＝”。然后再在“约束值”框下输入“C3：F3”，按下“添加”按钮，就自动进入“规划求解参数”对话框的“约束”列表框。

输入完毕之后，检查上述对话框，如果约束条件输入有错，可单击选定要修改的约束，再单击“更改”按钮，屏幕弹出“改变约束”对话框，这个对话框的格式与“添加约束”对话框相同，见图6-6，在这个对话框中进行修改。如果输入了多余的约束条件，可按“删除”按钮予以删除。如果要重新设置各项参数，可按“全部重设”按钮。

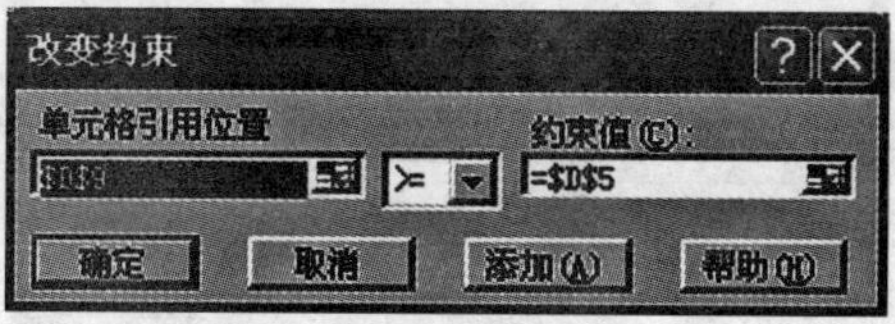

图6-6 “改变约束”对话框

图6-4是添加了约束条件后的，自图6-4可清楚地看出，有3组约束条件，分别是：①饲料配方各养分的水平不低于饲养标准；②各原料在饲料配方中的用量为非负；③配方的总量约束为100；④在较为一般的情况下，我们还需要对某些饲料原料的最大用量加以限制。

6. 饲料配方的规划求解

如果输入的内容与要求的相符，就可求解了。操作方法是单击“求解”按钮，计算机就开始运算。运算结束时，计算机给出“规划求解结果”对话框，如图6-7所示。同时，在Excel表中显示出求解结果，如图6-8所示。注意：在第一次使用某台计算机求解最佳饲料配方时，求解前需要检查选项设置。点击图6-4中的“选项”按钮，进入“规划求解选项”对话框（图6-9），选中“采用线形模型”、“假定非负”、“正切函数”、“向前差分”、“牛顿法”，然后点击确定按钮，回

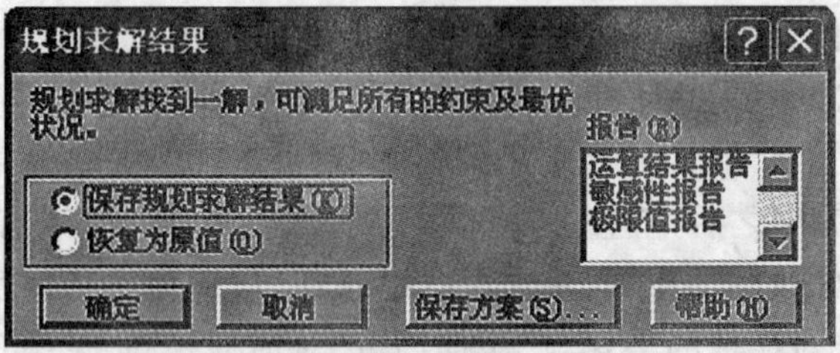

图 6-7 “规划求解结果”对话框

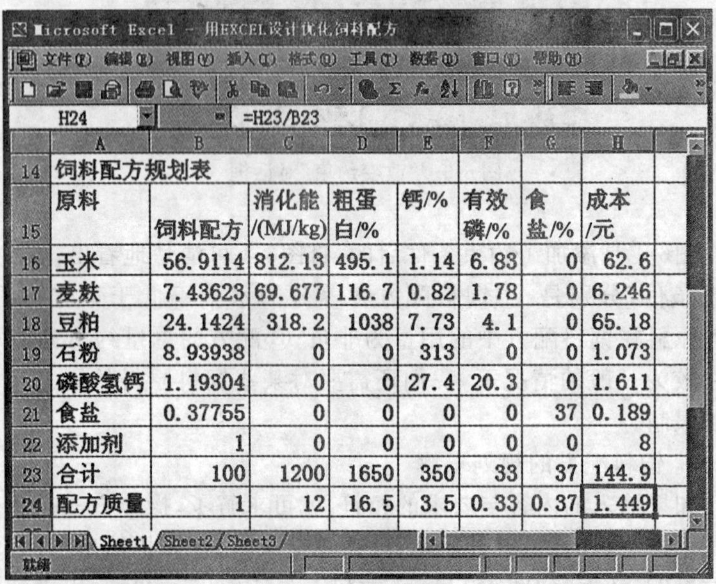

	A	B	C	D	E	F	G	H
14	饲料配方规划表							
15	原料	饲料配方	消化能/(MJ/kg)	粗蛋白/%	钙/%	有效磷/%	食盐/%	成本/元
16	玉米	56.9114	812.13	495.1	1.14	6.83	0	62.6
17	麦麸	7.43623	69.677	116.7	0.82	1.78	0	6.246
18	豆粕	24.1424	318.2	1038	7.73	4.1	0	65.18
19	石粉	8.93938	0	0	313	0	0	1.073
20	磷酸氢钙	1.19304	0	0	27.4	20.3	0	1.611
21	食盐	0.37755	0	0	0	0	37	0.189
22	添加剂	1	0	0	0	0	0	8
23	合计	100	1200	1650	350	33	37	144.9
24	配方质量	1	12	16.5	3.5	0.33	0.37	1.449

图 6-8 规划求解结果

到“规划求解参数”对话框。

点击“规划求解结果”对话框中的选项可以得到有关信息。不

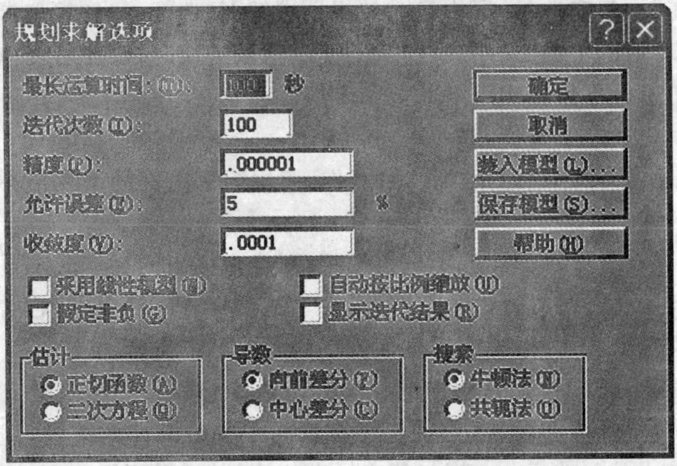

图6-9　“规划求解选项”对话框

过为便于理解，我们这里先看规划结果。“保存规划求解结果”前的○对话框自动默认状态为⊙，单击“确定”按钮，就出现图6-8所示的结果报告界面。

图6-8所示的表中B16：B22给出的就是在目前给定的饲料原料及其价格条件下的最佳饲料配方，这个配方的营养水平在第24行给出，这个配方的成本在H24单元格给出为1.449(元/kg)。

通过以上步骤，就可求出一个蛋鸡料的最优配方。可见，利用Excel 2000的“规划求解”可筛选出最优配方，这给配方师工作带来了极大方便，既提高了工作效率，又提高了配方质量。

(二)小结

(1)在进行规划求解时，首先要确认在“工具”菜单中出现“规划求解”命令，如果没有则需安装“规划求解”加载宏，单击“工具”菜单中，单击加载宏命令，如果在“加载宏”命令中，没有列出“规划求解”项，单击浏览，确定驱动器、目录、文件名或运行加载程序，然后在“加载宏”对话框中，选定“规划求解”复选框。当“规划求解选项”对话框中的“采用线性模型”复选框被选定时，改变可变单元格的初始值不会影响最终数值和求解时间。在“规划求解”中可以指定500个约束条件，对每一个可变单元格来说，分别有一个上、下限，还可另加100个附加约束条件，应用约束条件的单元格不应多于1 000个。

(2)还可对配方成本进行约束，对客户提出的具体成本要求从经济角度进行可行性分析。即最终求解价格有限制要求，若增加该约束时出现无解，说明超过该价饲料厂要亏本生产。

(3)该方法计算动物饲料配方快速、准确，只要输入配方的原料品种、价格和配比，该系统将在瞬间一次给出计算结果，直接显示在计算机屏幕上。当与营养标准相比较后，需要更改调整时，可随时变更配比，立即自动计算，获得新的调整结果。同时，可根据需要手工调整饲料配方。

(4)利用Excel设计最佳饲料配方的关键技术在于制作数据库。如果数据库设计合理、准确、可靠，则使用时很简单。

第二节　配方调整及优选

(一)约束条件的确定

确定饲料原料的用量范围是配方师的重要专业技术。初学者可以参考附录。这里为使用方便，简述确定约束条件时应考虑的几个方面。

(1)注意配合饲料的适口性，有怪味的原料必需限制用量。

(2)注意配合饲料的可消化性，例如粗纤维多时会严重影响饲料消化率，芝麻饼多时会引起腹泻等，所以应对有关原料用量加以约束。

(3)某些原料由于某种原因，如有一定毒性等，在调整配方时，要对这些原料限定用量，作为一个上限约束条件，限制用量。

(4)饲料原料的种类、来源、质量、价格、库存、全年能否满足供应等都应考虑。要尽量使用本地原料，充分利用本地饲料资源，降低生产成本。

(5)有些指标在饲养标准中规定的是一个范围，例如钙为0.7%～1.2%，实践中可取低限，磷、食盐等也可取低限，而粗纤维和粗灰分取高限。这样有利于保证能量和蛋白质等优先满足。

(6)为简化饲料配方设计计算和配合饲料加工工艺，在可保证营养平衡的前提下，组成饲料配方的饲料原料种类越少越好。一般饲料配方中使用的饲料原料不宜超过15种。

(7)肉鸡和仔猪配合饲料常加入动植物油脂。油脂用量过多时加工不便，尤其是影响颗粒饲料质量，且配合饲料不易保存，易霉变，所以一般尽量限制在3%以内。

(8)在设计浓缩饲料配方时，如果先设计全价饲料配方然后去掉能量饲料原料，则必须把能量饲料原料加以限制，它们在饲料配方中的用量不能低于给用户推荐的浓缩饲料与能量饲料的配合比例；例如设计蛋鸡浓缩饲料配方，要求养鸡场使用时用38%浓缩饲料与62%玉米(粉碎后)混合均匀，则设计饲料配方时，玉米用量不可低于62%，即约束条件应当是：玉米用量≥62%。

(9)配合饲料的重量约束。各种饲料原料的用量之和应等于配合饲料的总重量。饲料配方的总重量可按1 kg设计，也可按1 t设计，还可按百分数(%)设计。

(10)组成配合饲料的各种饲料原料的总用量，应能满足饲养标准规定的营养成分的要求浓度。例如仅用贝壳、食盐和玉米、麦麸绝对不能设计出高峰蛋鸡配合饲料，因为缺乏蛋白质饲料原料，巧妇难为无米之炊。

(11)尽量少用等号(＝)约束，必要时可同时使用上、下限约束，建立两个约束，以尽量减少无解的结果。不过一般情况下应少用两端约束，以加快运算速度并防止无解。

(12)某些原料的保证用量。对于某些有着特殊意义而必须保证一定给量的饲料，或者因为成本太高，或者因为一些营养成分含量低，按最低成本目标运算时可能要落选淘汰。所以要将其最低需要量，即保证用量作为一个约束条件列出。

(13)限制大体积原料的用量。如2.5 kg 甘薯秧粉其消化能相当于1 kg 玉米，而粗蛋白质含量则为玉米的2倍以上，且价格也较便宜。以配用过多甘薯秧粉喂鸡为例，鸡是单胃动物，胃容积较小，采食与玉米同等重量的甘薯秧粉时，由于其营养物质浓度低，满足不了所需求的营养成分而影响生产性能，尤其是含粗纤维多影响其他养分的吸收。

(二)原料优选淘汰顺序

计算机优选和淘汰各种原料，是根据各种原料的营养成分含量和价格判断的。在设计好饲料配方基本数学模型，上机计算原始饲料配方时，先不对单一原料用量加以约束，经运算查看哪些原料被选上，哪些原料被淘汰。然后再对配方中用量多而又需要限制的原料进行限制，再上机运行，查看加了限制后配方中又有哪些被选上，淘汰的原料还剩哪些。接着再对第一次调整后配方中的原料加以限制，再上机运行，如此循环进行。通过以上反复调整，即可了解各种原料依次被淘汰和优选的顺序。确定原料的淘汰优选顺序很有用。一旦确定了这一顺序，在调整配方时就心中有数。例如，想让配方中出现某一原料，你可以限制优先于该原料而出现的用量，从而实现你的配方。

(三)从不同的角度调整

对于建立的初始模型，在计算机上计算饲料配方，结果某些原料的用量可能为零，而我们又不希望该原料为零时，该怎样调整？直观理解，加一个该原料用量大于某一数值的约束条件即可，而事实上这样做有时行不通。因为这与计算机优化的方向不一致，优化结果为零，你迫使它大于零。可行的办法是从另一个角度进行约束调整，姑且称为“绕道走”的办法。即撇开该原料，不再使用原料大于某值的约束，而限制初步优化结果中用量多的与该原料同类（或营养特性相近）的其他原料的用量。经过这样调整，就会使你希望的原料进入配方中。

（四）两种原料间配比调整

某些营养特性相似，但有共同缺点的两种原料间，要有一个适宜的配比。比如菜子饼和棉子饼都属于有毒饼类，但二者所含毒素不一样，在有毒饼用量不变的情况下，配合使用比单一使用效果更好。一般情况下，如果有毒饼按10%使用，原料优选顺序在前的有毒饼可按6%使用，而原料优选顺序在后者可按4%使用。再如，土霉素渣和芝麻粕都是蛋白质类原料，但二者共同缺点是用量多了畜禽难消化吸收，为此两者搭配使用比单用一种效果好。就是说，在初始配方的基础上，要调整两种原料的配比。

（五）调整高能量原料用量

在设计5周龄以上肉鸡料和乳猪料时，必须保证高能量水平。使用动（植）物油脂固然可增加能量水平，但用量不能多，大量使用玉米生产浓缩料，则饲料用户难接受。因此只能依靠其他能量水平相对较高的原料，放宽它们的约束条件。例如，考虑调整花生饼和整粒炒大豆的用量。

第三节　规划求解结果的处理

在本章第一节图6-7所示的“规划求解结果”对话框中可作以下选择：①保存规划求解结果。②恢复为原值。一般选择默认的选项“保存规划求解结果”，还可在“报告”中根据需要选定计算结果报告（运算结果报告、敏感性报告、极限值报告）。需说明的是：线性规划的求解结果要么有最优解，要么给出参考配方（无最优解时）。

所谓最优解就是满足所有约束条件(包括营养指标和配比限制条件)的最低成本配方。参考配方是指最优解不存在时,仍然存在一个最接近理想的配方,它的成本最低,但是所有约束条件没同时满足,该参考配方仍有一定参考价值,因为该结果往往是可用的。③打印规划求解结果。

(一)规划求解结果的保存

对于规划结果,可根据需要进行处理:①如要保存求解结果,因为对话框中默认为"保存规划求解结果",所以只需要回车确认即可。②若不需保存求解结果,可单击"恢复为原值",回车确认。③如果要把求解结果保存为方案以便今后再用,可单击"保存方案"按钮,屏幕弹出"保存方案"对话框,如图6-10所示。

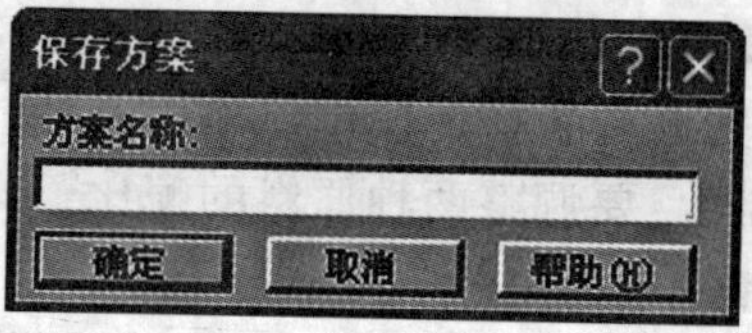

图6-10 "保存方案"对话框

在"方案名称"框中输入自定义的名称,在本例中我们命名该方案为"普通蛋鸡饲料配方",输入后回车确认,就可添加为方案。

如要给出求解结果报告,可在"规划求解结果"对话框的"报告"列表中选择三个报告的任何一项或全选,回车确认,就在屏幕底部工作表标签中列出名称,表示已经产生报告,结果见图6-11。

要查看某个报告时,单击该报告的名称,就显示出报告内容了,本例报告结果见图6-12至图6-14。

1. 运算结果报告

在"运算结果报告"中,我们可以看到求得的饲料配方成本、最优配方以及约束条件满足状况,其中"型数值"指求解值与限定值

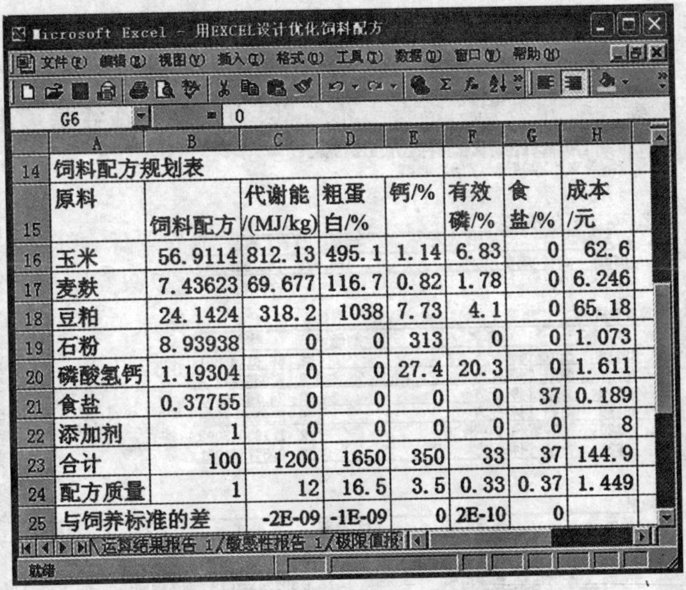

	A	B	C	D	E	F	G	H
14	饲料配方规划表							
15	原料	饲料配方	代谢能/(MJ/kg)	粗蛋白/%	钙/%	有效磷/%	食盐/%	成本/元
16	玉米	56.9114	812.13	495.1	1.14	6.83	0	62.6
17	麦麸	7.43623	69.677	116.7	0.82	1.78	0	6.246
18	豆粕	24.1424	318.2	1038	7.73	4.1	0	65.18
19	石粉	8.93938	0	0	313	0	0	1.073
20	磷酸氢钙	1.19304	0	0	27.4	20.3	0	1.611
21	食盐	0.37755	0	0	0	0	37	0.189
22	添加剂	1	0	0	0	0	0	8
23	合计	100	1200	1650	350	33	37	144.9
24	配方质量	1	12	16.5	3.5	0.33	0.37	1.449
25	与饲养标准的差		-2E-09	-1E-09	0	2E-10	0	

图 6-11 报告保存后，在屏幕底部工作表标签中列出报告名称

之间的差距，在无法求得最优解时，我们据此可以适当调节约束条件。

这个报告中列出目标单元格、可变单元格和约束条件的信息，与本章第一节图 6-8 结果一致，一般可不要求提供。

2. 敏感性报告

线性规划的敏感性，是指由于企业内、外部条件变化而引起线性规划某些参数的变化对最优解的影响程度；或者说最优解对参数变化反映的敏感程度。不同类型的线性规划问题，其“敏感性报告”的内容也不同。确属线性的规划问题，报告给出缩减成本、影子价格（即机会成本）、目标函数系数允许增减的幅度和约束条件的变动范围等信息。对于非线性规划问题，报告给出缩减梯度和拉格

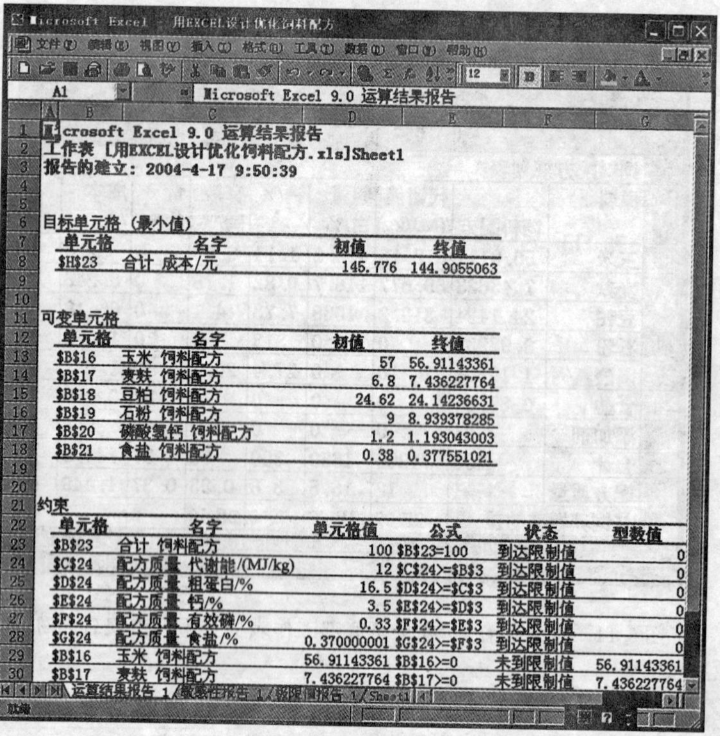
Microsoft Excel 9.0 运算结果报告
工作表 [用EXCEL设计优化饲料配方.xls]Sheet1
报告的建立: 2004-4-17 9:50:39

目标单元格 (最小值)

单元格	名字	初值	终值
$H$23	合计 成本/元	145.776	144.9055063

可变单元格

单元格	名字	初值	终值
$B$16	玉米 饲料配方	57	56.91143361
$B$17	麦麸 饲料配方	6.8	7.436227764
$B$18	豆粕 饲料配方	24.62	24.14236631
$B$19	石粉 饲料配方	9	8.939378285
$B$20	磷酸氢钙 饲料配方	1.2	1.193043003
$B$21	食盐 饲料配方	0.38	0.377551021

约束

单元格	名字	单元格值	公式	状态	型数值
$B$23	合计 饲料配方	100	$B$23=100	到达限制值	0
$C$24	配方质量 代谢能/(MJ/kg)	12	$C$24>=$B$3	到达限制值	0
$D$24	配方质量 粗蛋白/%	16.5	$D$24>=$C$3	到达限制值	0
$E$24	配方质量 钙/%	3.5	$E$24>=$D$3	到达限制值	0
$F$24	配方质量 有效磷/%	0.33	$F$24>=$E$3	到达限制值	0
$G$24	配方质量 食盐/%	0.370000001	$G$24>=$F$3	到达限制值	0
$B$16	玉米 饲料配方	56.91143361	$B$16>=0	未到限制值	56.91143361
$B$17	麦麸 饲料配方	7.436227764	$B$17>=0	未到限制值	7.436227764

图 6-12　运算结果报告

郎日乘数(即缩减成本和影子价格),本例就是这样。应当指出的是,大多数线性规划问题实际带有非线性的因素,只是这些因素可以忽略不计。例如生产 1 000 t 配合饲料的成本,实际上并不等于 1 t产品成本的 1 000 倍,但是为了便于计算,可以视之为相等。对于带有整数约束条件的整数规划,则不能提供本报告。

递减成本(递减梯度),表示各个决策变量(饲料原料的添加量)的影子价格,它说明在饲料总量条件不变的情况下,某一种饲

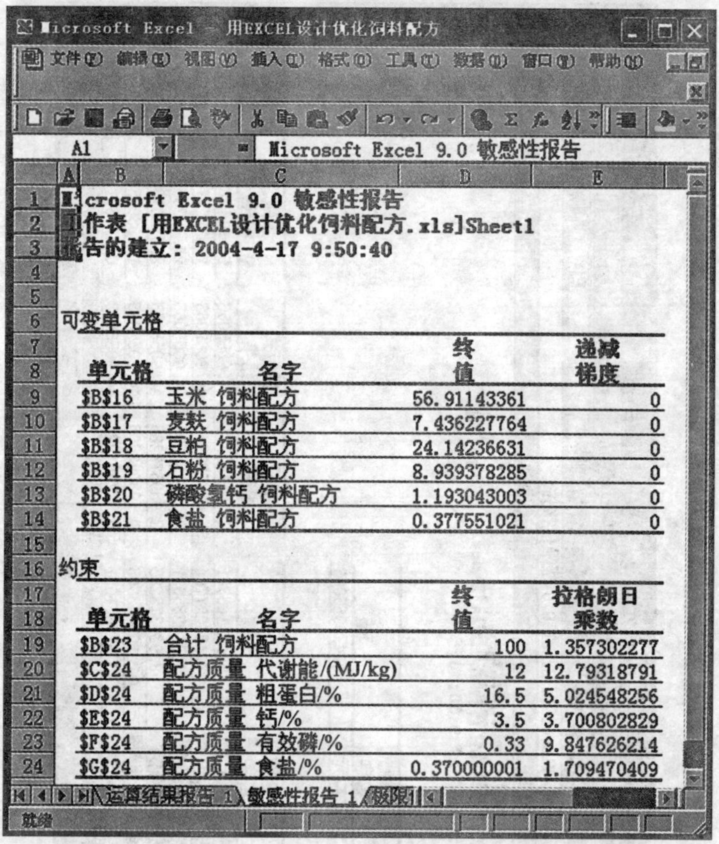

Microsoft Excel 9.0 敏感性报告
工作表 [用EXCEL设计优化饲料配方.xls]Sheet1
报告的建立：2004-4-17 9:50:40

可变单元格

单元格	名字	终值	递减梯度
$B$16	玉米 饲料配方	56.91143361	0
$B$17	麦麸 饲料配方	7.436227764	0
$B$18	豆粕 饲料配方	24.14236631	0
$B$19	石粉 饲料配方	8.939378285	0
$B$20	磷酸氢钙 饲料配方	1.193043003	0
$B$21	食盐 饲料配方	0.377551021	0

约束

单元格	名字	终值	拉格朗日乘数
$B$23	合计 饲料配方	100	1.357302277
$C$24	配方质量 代谢能/(MJ/kg)	12	12.79318791
$D$24	配方质量 粗蛋白/%	16.5	5.024548256
$E$24	配方质量 钙/%	3.5	3.700802829
$F$24	配方质量 有效磷/%	0.33	9.847626214
$G$24	配方质量 食盐/%	0.370000001	1.709470409

图 6-13　敏感性报告

料原料用量在最优解的基础上增加 1 个单位时，目标成本增加的量。所以配方师掌握饲料原料的影子价格对调整饲料配方很有价值。

拉格郎日乘数，表示配方营养指标中各种养分的影子价格，它

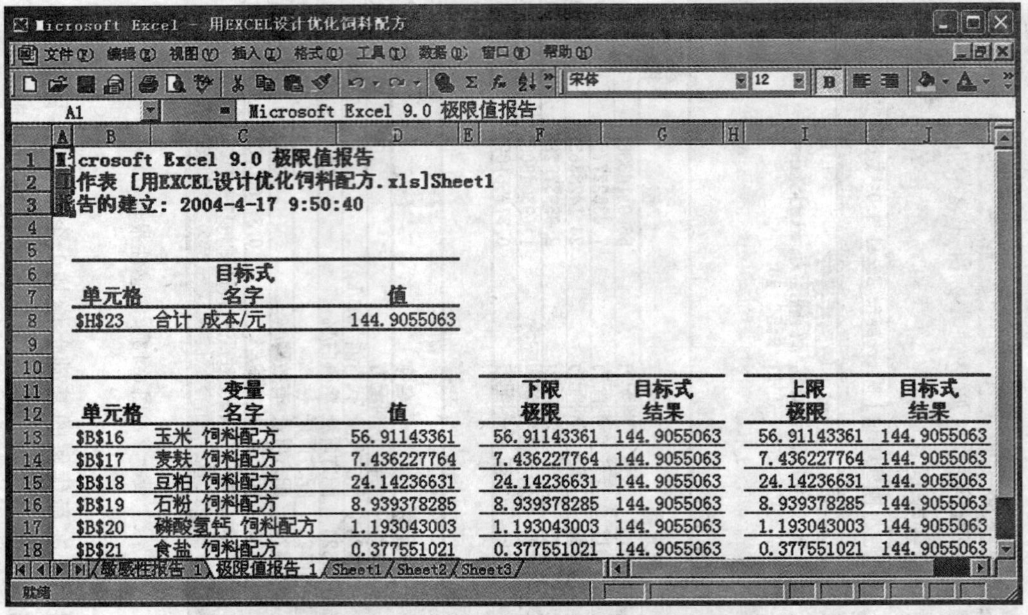

单元格	目标式 名字	值
$H$23	合计 成本/元	144.9055063

单元格	变量 名字	值	下限 极限	目标式 结果	上限 极限	目标式 结果
$B$16	玉米 饲料配方	56.91143361	56.91143361	144.9055063	56.91143361	144.9055063
$B$17	麦麸 饲料配方	7.436227764	7.436227764	144.9055063	7.436227764	144.9055063
$B$18	豆粕 饲料配方	24.14236631	24.14236631	144.9055063	24.14236631	144.9055063
$B$19	石粉 饲料配方	8.939378285	8.939378285	144.9055063	8.939378285	144.9055063
$B$20	磷酸氢钙 饲料配方	1.193043003	1.193043003	144.9055063	1.193043003	144.9055063
$B$21	食盐 饲料配方	0.377551021	0.377551021	144.9055063	0.377551021	144.9055063

图 6-14　极限值报告

说明在饲料配方总的营养水平不变的情况下，某一种饲料养分指标在原来的基础上增减1个单位时，目标成本增减的量。所以配方师掌握拉格朗日乘数对调整饲养标准非常有价值。

目标式系数及其允许的增量和减量，指在最优解保持不变的情况下，在规划模型中目标函数式里某个规划变量的系数（原料价格）的变化范围，这反映了所获得规划结果对市场利润变化的适应能力。如果利润变化在允许范围内，则不必更改生产方案。

阴影价格，指约束条件的影子价格，表示在所获得最优解的基础上，当约束条件每增减1个单位时，所引起目标函数值的增减量。这可为进一步调整约束条件提供参考。例如在获得最佳饲料配方的基础上，当饲养标准N每增减1个单位时，所引起饲料配方成本Y的增减量，即影子价格$=\Delta Y/\Delta N$。

约束限制值允许的增量和减量，指在保持最优解和其他条件不变的情况下，各个约束限制值的可变化范围，也就是指在此变化范围内表中所列出的约束条件的影子价格才能够成立。

3. 极限值报告

“极限值报告”列出目标单元格和可变单元格的数值（即最终的饲料配方成本和饲料配方），以及在满足约束条件的情况下某一可变单元格的下限和上限，即保证该价格成立的饲料原料添加量的上下极限。含有整数约束条件的整数规划也不能提供此项报告。

（二）规划求解结果的处理

在“规划求解”中可以指定500个约束条件，对每一个可变单元格来说，分别有一个上、下限，还可另加100个附加约束条件，应用约束条件的单元格可以多达1 000个。

1. 能得到最佳结果

这时候在“规划求解结果”对话框中给出以下第1条或第2条信息。

(1)“规划求解”找到一个解，可满足所有约束及最优要求。表明按“规划求解选项”对话框中的各项设置，所有约束条件都能满足，并在目标单元格中给出最大或最小值，如本章第一节图6-8。

(2)“规划求解”收敛于当前结果，并满足全部约束。这表明，目标单元格中的数值在最近5次迭代中的变化小于设置的“收敛度”，已可满足所有约束条件并达最佳要求。

2. 不能得到最佳结果

这时在“规划求解结果”对话框中给出以下信息中的1条。

(1)满足所有约束条件，“规划求解”不能进一步优化。这表明迭代过程中只能得到近似结果，没法得到更精确的数值。如果是由于设置的精度较小，可在“规划求解”对话框中设置更高的精度再试一次，或许可得到更好结果。

(2)求解达到最长时间后停止。这表明在规定的运算时间内，没得到满意的运算结果。这时可检查一下，如果设置的运算时间不足，可在“规划求解选项”对话框中设置更长运算时间，再试一次，或许可得到更好的结果。如果要保存当前结果并节省下次运算时间，可选择“保存规划求解”或“保存方案”选项。

(3)达到最大迭代次数后求解停止。这表明在规定的迭代次数内，没得到满意的运算结果。这时可检查一下，如果是设置的迭代次数不足，可在“规划求解选项”对话框中设置更多的迭代次数，再试一次，或许可得到更好的结果。如果要保存当前结果并节省下次运算时间，可选择“保存规划求解”或“保存方案”选项。

(4)目标单元格中的数值不收敛。这表明即使满足全部约束条件，目标单元格中的数值只是有增有减而不收敛。其原因有可能是在设置约束条件时忽略了其中的一项或多项造成的。可检查工作表中的当前设置和约束条件，找出数值不收敛的原因，改正后再求解。如果是设置的收敛度较大，可以减小设置，再运算一次。

(5)“规划求解”没找到最佳结果。这表明在满足约束条件和精度要求的条件下，“规划求解”没法找到合理的结果。这可能是由于约束条件不一致，需要检查约束条件公式和类型选择是否有误，改正后再试一次。

(6)“规划求解”应用户要求而终止。这表明在暂停求解过程后，或在单步执行规划求解时，用户单击了“显示中间结果”对话框中的“停止”按钮。

(7)无法满足选定的“采用线性模型”的要求。这表明“规划求解”选定了“采用线性模型”复选框，但最终运算结果不能满足线性模型，对工作表中的公式无效。如果要验证问题是否属于非线性，可选择“自动按比例缩放”复选框，再运行一次。如果仍然给出同样信息，可判断为非线性问题，需要清除“采用线性模型”复选框，再试一次。

(8)“规划求解”在目标单元格或约束条件单元格中出现错误信息。这表明在最近一次运算中，一个或多个公式的运算结果有误。可找到包含错误值的单元格，修改其中的公式或内容，以得到合理的运算结果。还有可能是在“添加约束”或“改变约束”对话框中键入了无效的名称或公式，或在“约束值”框中直接输入了“integer”或“binary”。如果要把数值约束为整数，应在中间的比较操作符列表中单击“int”；如果要把数值约束为二进制数，应在中间的比较操作符列表中单击“bin”。

(9)内存不足。这表明没法获得规划求解所需要的内存。可以关闭一些文件或应用程序，再试一次。

(10)Excel 程序正在使用Solver>DLL。这表明有多个Excel程序正在运行，其中一个程序正在使用 Solver.DLL。但是Solver.DLL 只能同时供一个程序使用，必须关掉另一个程序，这里才可使用。

3. 规划求解过程中出现无解

说明所使用的原料要达到约束条件是不可能的，此时要注意分析可能存在的原因：

(1)各营养指标的约束条件是否有冲突,如有些限定了蛋白质水平低,而限定的蛋氨酸水平又高,自相冲突。

(2)原料种类用量的限定与营养指标值之间有冲突。如粗纤维限定值较小,而糠饼麦麸原料限定用量却较高。

(3)同一原料上下约束范围过小,将限制营养指标值的达到。

(4)有时可能由于“规划求解参数”选项中的“最长运算时间”、“迭代次数”、“精度”、“允许误差”等取值不当。

第四节 规划求解选项的设置

在本章第一节介绍的求解过程中,各项要求都是按默认设置运行的,这些默认设置适用于一般的小型线性规划问题。

如果遇见比较复杂的问题,就需要重新设置各项要求。在“规划求解参数”对话框(见本章第一节图 6-5)右侧,有一个“选项”按钮,单击此按钮将会弹出“选项”对话框。框中列有一系列选项,用户可根据需要选择不同设置,如图 6-15 所示。图 6-15 的对话框中各选项的功能大体可分 3 部分,现逐项说明如下。

(一)控制规划求解过程

1. 最长运算时间

此选项的默认值为100 s。如果要改变设置,可先删去默认值,然后根据问题的规模大小和复杂程度,可变单元格和约束条件的多少,以及所选其他选项的数目等,输入适当的运算时间,最长可达32 767 s。

2. 迭代次数

这个选项的默认值是100 次。如果要改变设置,可先删去默认值,输入更多的迭代次数,最多可达32 767 次。增加迭代次数有可能使规划求解得到满意结果,但运算时间也要延长。

以上两项在运算过程中如果尚未找到结果就弹出“显示中间

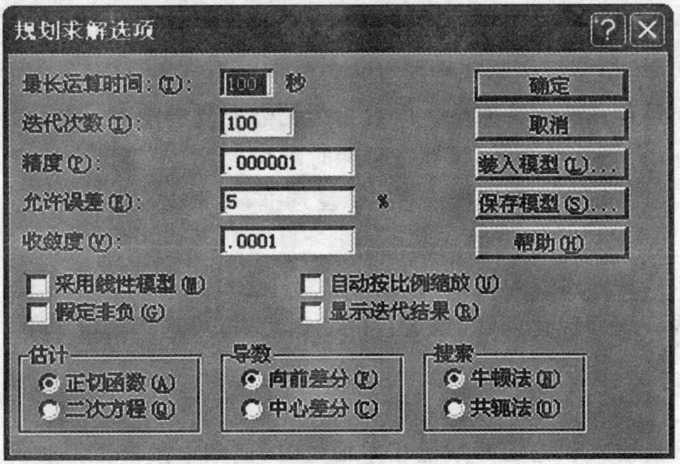

图 6-15 “规划求解选项”对话框

结果”对话框，表示已经达到设定的运算时间和迭代次数。在对话框中选择“继续运行”，可以设置更多的运行时间或迭代次数，继续求解；选择“停止”，可在没完成求解过程的情况下显示“规划求解结果”。

3. 精度

此项选择的默认值为0.000 001。如果要求达到更高精度，可在此框中输入要求的数值，使约束条件的数值能满足目标值或其上下限。求解精度必须用小数表示，小数位数越多，达到的精度越高，但是求解的运算时间会相应延长。

4. 允许误差

此选项只适用于有整数约束条件的整数规划。所谓“允许误差”，是指满足整数约束条件的目标单元格求解结果与最佳结果之间可以允许的偏差，其默认值为5%。如要改变默认值，可根据需要输入适当的百分数，设置的允许误差越大，求解过程越快。

5. 收敛度

此选项只适用于非线性规划。所谓“收敛度”，是指在最近5次迭代中，如果目标单元格数值的变化小于设置的数值，规划求解就停止运行。其默认值是0.001，可根据需要改变设置。设置的收敛值越小，收敛度越高，求解过程耗时越长。

以上5个选项下面还有4个复选框，可根据需要选用。

6. 采用线性模型

当目标函数为线性函数，约束条件为线性等式或不等式，且要求解决线性优化问题，或进行线性逼近时，可选择此复选框，以加速求解过程。

7. 自动按比例缩放

当输入和输出的数值相差很大时，例如求投资百万美元的盈利百分数，可选择此复选框，以放大求解结果（即增加小数位数）。

8. 假定非负

在“添加约束”对话框的“约束值”框中，输入未设置下限的可变单元格时，可选此复选框，假定其下限为0。

9. 显示迭代结果

选此复选框将单步执行规划求解，即每进行一步迭代后，都把求解结果记录进工作表，并弹出“显示中间结果”对话框。如要继续求解过程并显示下次求解结果，可单击“继续执行”按钮。如要结束求解过程，并显示“规划求解结果”对话框，可单击“停止”按钮。

（二）选择规划求解所用方法

在“规划求解选项”对话框（图6-15）底部，列有“估计”、“导数”和“搜索”3组单选框，其功能如下。

1. 估计

此单选框制定在每个一维搜索中用以得到基本变量初始估计值的逼近方案。下设“正切函数”和“二次方程”两个选项。选择“正切函数”，指定使用正切向量线性外推法。选择“二次方程”，指定使用二次函数外推法，可以提高非线性规划的计算精度。

2. 导数

此单选框指定用于估计目标函数和约束条件偏导数的差分方案，下设“向前差分”和“中心差分”两个选项。“向前差分”选项用于多数约束条件数值变化比较缓慢的问题。“中心差分”选项用于约束条件数值变化迅速，特别是接近限定值的问题。此选项需要较多的计算，但有助于规划求解得到有效结果。

3. 搜索

此单选框指定每次迭代算法以确定搜索方向，下设“牛顿法”和“共轭法”两个选项。“牛顿法”用准牛顿法进行迭代，占用内存较多，但所需迭代次数较少。“共轭法”占用的内存较少，但要达到指定的精度需要迭代的次数较多。当问题较大或内存有限，或单步迭代进程缓慢时，应使用“共轭法”。

（三）建立规划求解模型

在“规划求解选项”对话框（图6-15）右侧，还有“保存模型”和“装入模型”两个条形按钮。选择这两个按钮，可以建立规划求解模型，就是把规划求解的参数和选项的设置保存在工作表的指定区域中，以备将来使用。

1. 保存规划求解模型

可单击“保存模型”按钮，屏幕弹出“保存模型”对话框，如图6-16所示。

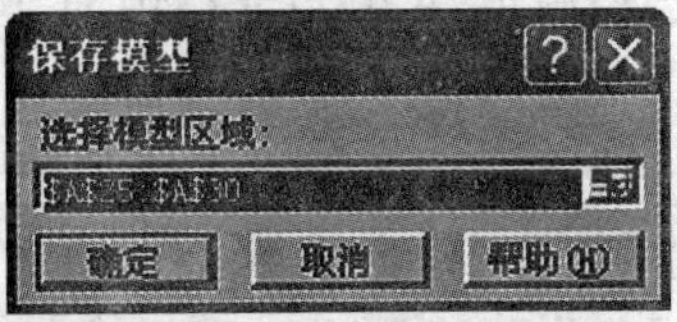

图6-16　“保存模型”对话框

在上述对话框的“选择模型区域”项下，自动显示以当前活动单元格区域作为默认的保存规划求解的位置，包括各项约束条件所在的单元格和附加的三个单元格。如认为默认的区域位置不合适，可输入自己指定的区域。以本章第一节的图6-8为例，可输入A26或输入A26～A31，回车确认，就把本章第一节图 6-8 中的参数和选定的“选项”保存为模型，见图 6-17。

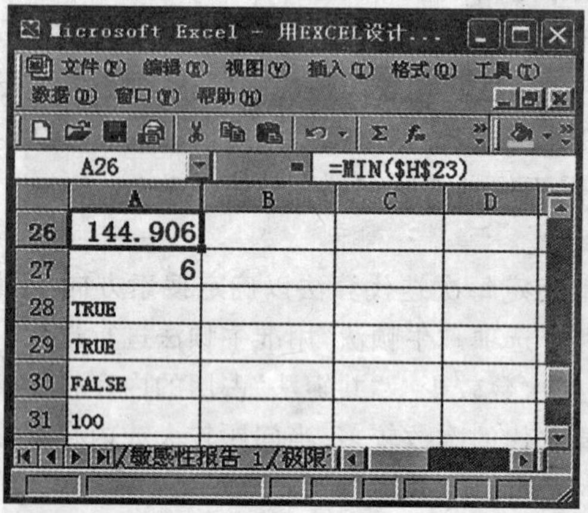

图 6-17 “保存模型”的结果

在图 6-17 中，A26 表示目标单元格在 H23 单元格，目标为求最小值；且这个最小值为 144.906；A27 表示可变单元格所在位置为B16 至B21；A28 和A29 单元格中的“TRUE”表示有关约束条件已经满足；A30 单元格中的“FALSE”表示未满足有关约束条件。

应当指出，只有当需要在工作表中存储多个模型时，才使用这一选项。因为程序本身有自动储存模型的功能，即当再次打开规划求解有关对话框时，会自动采用此前最后一次使用的参数和选项。

为更清楚地显示模型，还可把模型中的数值转换为公式。其操作方法为，首先单击“工具”菜单中的“选项”，在弹出的对话框中选择“视图”选项卡，再在“窗口选项”下选“公式”，回车确认，就有如图 6-18 显示：

A30 = {=$C$24:$G$24>=Sheet1!$B$3:$F$3}

	A	B	C	D	E	F	G	H
14	饲料配方规划表							
15	原料	饲料配方	代谢能/(MJ/kg)	粗蛋白/%	钙/%	有效磷/%	食盐/%	成本/元
16	玉米	56.9114336118	=B16*C6	=B16*D6	=B16*E6	=B16*F6	=B16*G6	=B16*B6
17	麦麸	7.43622776412	=B17*C7	=B17*D7	=B17*E7	=B17*F7	=B17*G7	=B17*B7
18	豆粕	24.1423663147	=B18*C8	=B18*D8	=B18*E8	=B18*F8	=B18*G8	=B18*B8
19	石粉	8.93937828521	=B19*C9	=B19*D9	=B19*E9	=B19*F9	=B19*G9	=B19*B9
20	磷酸氢钙	1.19304300306	=B20*C10	=B20*D10	=B20*E10	=B20*F10	=B20*G10	=B20*B10
21	食盐	0.37755102097	=B21*C11	=B21*D11	=B21*E11	=B21*F11	=B21*G11	=B21*B11
22	添加剂	1	0	=B22*D12	=B22*E12	=B22*F12	=B22*G12	=B22*B12
23	合计	=SUM(B16:B22)	=SUM(C16:C22)	=SUM(D16:D2	=SUM(E16:E	=SUM(F16:F	=SUM(G16:G	=SUM(H16:H22
24	配方质量	=B23/B23	=C23/B23	=D23/B23	=E23/B23	=F23/B23	=G23/B23	=H23/B23
25	与标准的差		=C24-B3	=D24-C3	=E24-D3	=F24-E3	=G24-F3	

图 6-18 规划求解模型:B16 至 H24 为相应函数关系

2. 调用保存的模型

可在"规划求解选项"对话框中单击"装入模型"按钮，屏幕弹出"装入模型"对话框，如图6-19所示。

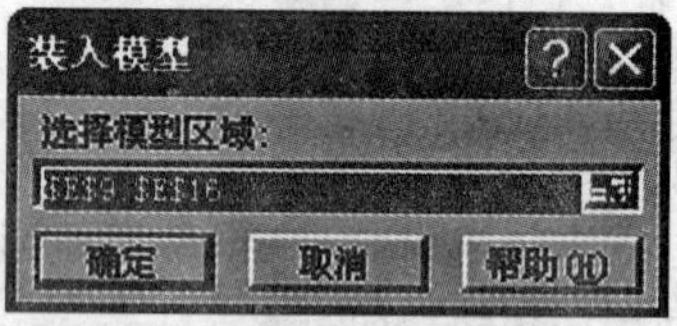

图6-19 "装入模型"对话框

在这个对话框的"选择模型区域"项下，输入要调用的模型所占的整个单元格区域(注意：不能像"保存模型"时那样只输入模型区域的第一个单元格)，然后单击"确定"按钮，就显示出该模型相对应的参数和选项。

第五节 浓缩饲料的配方设计

既然浓缩饲料是全价配合饲料扣除能量饲料后的剩余部分，那么设计浓缩饲料的配方也可按照这种思路进行。

(一)浓缩饲料配方的设计原则

设计单胃动物的饲料配方的4项基本原则已在第二章介绍，这里要强调的是，在设计浓缩饲料配方时要注意厂家推荐的产品使用配方。

(二)设计浓缩饲料配方的方法

设计浓缩饲料配方有两种方法。第一种方法是先设计出全价饲料配方，然后把能量饲料从配方中扣除，余下的再折合成百分含量，即为浓缩饲料的配方。第二种方法是，根据用户拥有的能量饲料原料，确定浓缩饲料与能量饲料的比例，结合饲养标准确定浓缩饲料中各种养分所应达到的水平，即浓缩饲料的质量标准，最后根据这个标准设计出浓缩饲料配方。

(三)先设计全价配合饲料的配方

下面以实例说明设计浓缩饲料配方的具体方法和步骤。

例6-1　青年鸡浓缩饲料配方设计的方法步骤。

第一步，确定浓缩饲料在全价配合饲料中所占的比例。根据经验，一般饲料配方中玉米用量在65%左右，麦麸在5%左右，所以国家曾经推荐浓缩饲料使用量为30%，因此我们这里推荐的配方是：玉米65%＋麦麸5%＋浓缩饲料30%。

第二步，根据相应饲养标准设计出全价配合饲料的饲料配方。这里不重复设计全价配合饲料配方的方法。现假定设计出的全价配合饲料配方为：玉米66.80%，豆粕12.00%，麸皮6.60%，菜粕6.00%，石灰石粉0.53%，骨粉1.12%，细米糠5.65%，食盐0.30%，添加剂1.00%。此配方的营养水平为：消化能13.42 MJ/kg，粗蛋白15.01%，钙0.60%，总磷0.50%，赖氨酸0.75%。

第三步，计算出浓缩饲料配方。只要按第一步推荐的用户配方在全价料中去掉玉米65%，麦麸5%，剩下的30%就是浓缩饲料的配方。本例为玉米1.80%、豆粕12.00%、麸皮1.60%、菜粕6.00%、石灰石粉0.53%、骨粉1.12%、细米糠5.65%、食盐0.30%、添加剂1.00%。用户买回后添加玉米65%，麦麸5%，与上述浓缩饲料30%混合均匀后就成为全价配合饲料。不过生产上为了方便，常把配方设计为百分比的形式。也就是把浓缩饲料的配方转换为百分比的形式。可以用下列公式进行转换：

某饲料原料在浓缩饲料中的百分比(%)＝100×全价配合饲料扣除能量饲料原料后该原料的百分比/浓缩饲料占全价配合饲料的百分比。

本例计算结果为：玉米6.0%、豆粕40.0%、麸皮5.33%、菜粕20%、石灰石粉1.77%、骨粉3.73%、细米糠18.80%、食盐1.00%、添加剂3.37%。

第四步，标明浓缩饲料的名称、规格、使用方法、保质期和保存方法。

青年鸡浓缩饲料

营养成分：消化能≥11.62 MJ/kg、粗蛋白质≥30.10%、钙2.00%～2.50%、总磷≥0.6%～1.50%、赖氨酸≥1.5%、食盐0.80%～1.20%。

使用方法：本品30%＋玉米粉65%＋麦麸5%混匀后才能使用。

保质期：夏季45 d，冬季60 d。

保存方法：保存于通风干燥处。

配方使用期限：1999年6月15日至7月1日。

（四）直接设计浓缩饲料的配方

下面以实例说明直接设计浓缩饲料配方的具体方法和步骤。

例6-2　设计0～8周龄蛋用雏鸡浓缩饲料配方。

第一步，确定饲养标准。0～8周龄蛋用雏鸡的饲养标准可从表附录中查出。不过这里用罗曼蛋用雏鸡的饲养标准，见表6-1。

表6-1　0～8周龄蛋用雏鸡的饲养标准　%

代谢能/(MJ/kg)	粗蛋白	钙	磷	赖氨酸	蛋氨酸	蛋氨酸＋胱氨酸	食盐
11.51	18.5	1	0.7	0.95	0.38	0.67	0.37

第二步，确定浓缩饲料与能量饲料的比例。这里定为35∶65。

第三步，确定能量饲料及其提供的养分水平。例如华北地区一般用玉米和麦麸做能量饲料原料，根据经验可以在全价配合饲料中使用玉米60%、麦麸5%。查饲料营养成分表可以得到玉米和麦麸的养分含量，见表6-2。

表6-2　能量饲料的养分含量　%

饲料	代谢能/(MJ/kg)	粗蛋白	钙	有效磷	赖氨酸	蛋氨酸	蛋氨酸＋胱氨酸
玉米	13.56	8.7	0.02	0.12	0.24	0.18	0.38
麦麸	6.82	15.7	0.11	0.24	0.58	0.13	0.39

可以按照下式计算各种饲料原料所提供的养分量：

某种饲料原料所提供的某一养分的量(%)=这种饲料原料所含的某一养分的浓度×这种饲料原料的配比(%)

本例能量饲料提供的养分量见表6-3合计行。

第四步,计算浓缩饲料应达到的营养浓度。

由于:全价配合饲料某养分的浓度=能量饲料的养分浓度×能量饲料的使用比例+浓缩饲料的养分浓度×浓缩饲料的使用比例。

所以:浓缩饲料的养分浓度=(全价配合饲料某养分的浓度-能量饲料的养分浓度×能量饲料的使用比例)/浓缩饲料的使用比例。

上式中"全价配合饲料某养分的浓度"实际上就是饲养标准中某养分的浓度。按此公式可以计算出浓缩饲料中各种养分应当达到的浓度。计算结果见表6-3最后一行。

表6-3　能量饲料提供的养分和浓缩饲料应达到的营养水平　%

项目	代谢能/(MJ/kg)	粗蛋白	钙	有效磷	赖氨酸	蛋氨酸	蛋氨酸+胱氨酸
玉米	8.14	5.22	0.012	0.072	0.14	0.108	0.23
麦麸	0.34	0.79	0.006	0.012	0.03	0.007	0.02
合计	8.48	6.01	0.018	0.084	0.17	0.115	0.25
饲养标准	11.51	18.5	1	0.7	0.95	0.38	0.67
差值	3.03	12.5	0.98	0.616	0.78	0.265 5	0.42
浓缩饲料	8.66	35.71	2.8	1.76	2.23	0.76	1.2

第五步,确定配合浓缩饲料的原料,并且查出其养分含量,见表6-4。

第六步,设计浓缩饲料配方。设计浓缩饲料配方使用的计算方法和过程与设计全价饲料配方基本相同,不再繁述。计算结果如下:豆粕50%、玉米4%、菜粕14%、花生饼18.36%、食盐1.06%、赖氨酸0.7%、蛋氨酸0.26%、磷酸氢钙6.98%、石粉1.78%、复合添加剂2.86%。

表6-4 饲料营养成分表 %

名称	代谢能/(MJ/kg)	粗蛋白	钙	有效磷	赖氨酸	蛋氨酸	蛋氨酸+胱氨酸
豆粕	9.62	43	0.32	0.31	2.45	0.64	1.3
菜粕	7.41	38.6	0.65	0.42	1.3	0.63	1.5
花生饼	11.63	44.7	0.25	0.31	1.32	0.39	0.77
玉米	13.56	8.7	0.02	0.12	0.24	0.18	0.38
磷酸氢钙			26	16			
石灰石粉			38				

这个浓缩饲料配方的营养水平为代谢能8.53 MJ/kg、粗蛋白质 35.46%、钙 2.79%、有效磷 1.39%、赖氨酸 2.21%、蛋氨酸 0.74%、蛋氨酸+胱氨酸1.3%。

第七步,写出使用说明。

罗曼蛋用雏鸡浓缩饲料

营养成分:代谢能≥8 MJ/kg,粗蛋白≥35%,钙2.5%～3%,有效磷1.1%～1.5%,食盐0.8～1.2%。

饲喂对象:0～8 周龄雏鸡。

使用方法:浓缩饲料35%+玉米60%+麦麸5%混匀后才能饲喂。

贮存方法:放于阴凉干燥通风处。

保质期:夏季45 d,冬季90 d。

配方使用期限:1999 年6月1日。

第七章　蛋鸡饲料配方设计

蛋用鸡可分为白壳蛋鸡和褐壳蛋鸡两种，按生产用处和生长发育阶段又可分为雏鸡（0～6周龄）、青年鸡（7～12周龄和13～18周龄）、开产前鸡（18～20周龄）、产蛋高峰鸡（产蛋率大于80%）、普通产蛋鸡（产蛋率小于80%）、种公鸡、种母鸡等。

实践证明，蛋鸡在0～8周龄得到标准营养，接着给予低能日粮直到性成熟，产蛋期表现最好成绩。

第一节　蛋用雏鸡和青年鸡饲料配方设计

（一）蛋用雏鸡饲料配方设计

蛋用鸡在育雏、育成期阶段生长迅速，蛋雏鸡2周龄体重约为出壳体重的2倍，6周龄时为10倍，8周龄时为15倍，前期生长强度大，以后随日龄增加而减弱；羽毛生长很快。蛋鸡育雏期和育成期的营养状况，与产蛋鸡的性成熟、产蛋期产蛋率、蛋重和经济效益密切相关。

育雏期（1～42日龄）：生长强度大，是一生性能的奠基时期，而其消化系统尚未发育完善，胃容积小且研磨饲料的能力很差，同时消化道内缺乏一些消化酶，所以消化能力差。因此，设计配合饲料要求品质好、养分含量高、易消化、粗纤维含量低：①营养水平高而平衡，这点在制定饲养标准时已考虑到了；②易消化且无毒素，这一点在饲养标准上无明显规定。因此，棉子饼、菜子饼、亚麻（即胡麻）饼等有毒原料，羽毛粉、皮革粉、蹄角粉等不易消化的原料以及粗饲料、麸皮等大体积的原料，都应限制在配方中的用量，一般不要超过2%,粗饲料一般不用;③实践中常见雏鸡和育成鸡饲粮中钙含量超过其营养需要,使其钙摄入量过大,这会严重影响幼鸡生长发育,甚至影响日后产蛋性能;钙含量超标严重还会导致代谢紊乱、甚至发病,而这种疾病无法用药物治愈;④饲养蛋用雏鸡和青年鸡的目的是体格和体质(而不仅是体重!)的最大生长速度,要求生长发育健康、羽被覆盖良好、养分如维生素A和维生素D等储存充分,有较高产蛋潜力。需要指出,雏鸡产蛋潜力不仅取决于日粮,而且还在很大程度上取决于光照、疾病防治措施和饲养管理措施。

雏鸡饲料一般选用优质饲料原料,例如玉米、豆粕、优质鱼粉、小麦麸等营养浓度高且易消化的原料。可按照各种饲料所含养分和适口性多样配合。

有人认为,过早过多地喂给雏鸡鱼粉、豆饼等蛋白质饲料,不仅不能使之强壮,而且还容易引起消化不良。因为雏鸡(特别是10日龄内的雏鸡)胃肠消化器官还很弱,饲喂过多蛋白质饲料往往使其胃肠负担过重,消化器官机能发生紊乱,严重的可因蛋白质中毒而死亡。有报道说,1~4日龄雏鸡日粮中不可添加豆饼、鱼粉等蛋白质饲料;5~10日龄雏鸡日粮中蛋白质饲料只可占10%以下;11~20日龄的不可超过15%;21~30日龄的不可超过25%。要多喂些磨碎的玉米、小米、切碎的青菜叶等容易消化的饲料,最好在其日粮中添加1%的中药苍术,既有益于雏鸡的消化吸收,又益于雏鸡发育增重。

(二)青年蛋鸡饲料配方设计

青年鸡(7~10周龄和11~18周龄)生长迅速,发育旺盛,各器官发育已健全,对外界适应能力增强,采食量增多。此阶段骨骼、肌肉生长快;应喂给可增强骨骼、肌肉、内脏发育的饲料,为延长成年鸡的产蛋时间和提高产蛋率打下良好的基础。青年阶段采食量增加,生长速度减慢,且体内脂肪沉积也随日龄增加而逐渐积累,生殖系统发育也逐渐成熟。产蛋前期，母鸡体重增加 400～500 g，骨骼增重 15～20 g，其中 4～5 g 为钙的沉积。大约从 16 周龄起小母鸡逐渐进入性成熟阶段，此时成熟卵泡不断释放雌激素，雌激素和雄激素相互作用诱发髓骨在骨腔中的形成。尤其在开产前 14 d 内，大量钙沉积到长骨中。因此钙的摄入量增加，应注意供给钙。髓骨约占性成熟小母鸡全部骨重的 72%。髓骨的生理功能是作为一种容易抽调的钙源，供母鸡产蛋时利用。蛋壳形成时约有 25%的钙来自髓骨，其余 75%由日粮提供。此阶段应降低日粮养分含量，日粮蛋白质含量应随体重增加而减少，但应保证氨基酸的供给和平衡，特别注意钙的供给；应控制采食量，控制生长，抑制性成熟，防止脂肪积累，使育成鸡有良好体况并保持鸡群体重均匀。若喂给高蛋白质、高能量日粮，会使蛋鸡性成熟提前，脂肪积累太多，体重过大，产蛋量低，蛋小并影响终生产蛋量，所以蛋鸡育成期常限制饲喂。而限饲程度取决于鸡的品种和季节，一般限制在自由采食量的 70%～80%；也可采用限质饲喂，即对育成期所需的某一种必需营养素，如蛋白质、氨基酸、能量、维生素或矿物质进行限制。一般认为，育成期采用限制饲养，使鸡体重降低 7%～11%，耗料降低 16%～18%，而对死亡率和产蛋性能无不良影响。

青年鸡育成期体质强健，但还应加强锻炼，为今后产蛋期打好基础。一般在 9～20 周龄期间，在保证胫长和体重生长达到正常标准的前提下，应尽量降低饲养标准，尽量用较差的饲料原料。这不仅可充分利用饲料资源，降低饲料成本，且可适当锻炼鸡的消化能力，有利于此后产蛋。例如适当增加日粮体积以增加其消化道容积；降低能量含量以减少脂肪沉积，刺激生殖系统发育；不易消化的原料以及粗饲料、麸皮等大体积原料，都可在配方中用到最大允许用量。

在育成期，白壳蛋鸡一般可自由采食，而褐壳蛋鸡体型大、食欲好，常限制饲养，一般为自由采食的 90%。美国 NRC 推荐的蛋鸡营养需要量，白壳蛋鸡与褐壳蛋鸡不同，但我国饲养标准没区别白壳蛋鸡与褐壳蛋鸡。

在设计饲料配方时，棉子饼、菜子饼、亚麻(胡麻)饼等有毒原料，一般在蛋用青年鸡饲料配方中可用到6%；羽毛粉、皮革粉等不易消化的原料可用到3%；麸皮、粗饲料如酒糟等大体积饲料原料，一般可根据需要用到最大量；用石粉做钙源而不用贝壳；但维生素和微量元素用量一般不减少。

研究表明，含粗蛋白质14.5%的平衡日粮即可满足青年鸡生长。赖氨酸和蛋氨酸的最低需要量分别为0.68%和0.32%。

(三)开产前蛋鸡饲料配方设计

在开产前1个月鸡日采食量变化很小，从开产前4 d日采食量减少20%，且保持低采食量至开产；开产后最初4 d采食量迅速增加；此后采食量以中等速度增加，直到产蛋第4周后，采食量增加缓慢。从开产前2～3周至开产后1周，母鸡体重增加340～450 g，其后体重增加特别慢。研究表明，产蛋早期(开产后的前2～3个月)适当增加营养即能量和蛋白质摄入量，对尽快达到产蛋高峰很重要。能量摄入量与第一枚蛋重的关系比蛋白质更重要，能量摄入量严重影响产蛋量。因此开产后前2～3周到产蛋高峰期这段时间的能量需要，对产蛋鸡一生至关重要。

在产蛋初期饲粮中添加1.5%～2.0%的脂肪非常有效，不仅能提高日粮能量水平，而且能改善日粮适口性，提高采食量。日粮蛋白质、氨基酸含量影响产蛋期的产蛋量和蛋重，但对产蛋初期的蛋重无明显影响。

经典观点认为，蛋鸡开产前应提高日粮营养浓度，为今后产蛋做好准备，因为它们既要产蛋还要生长发育。然而有报道说，开产前两周应降低营养浓度。一般在蛋鸡开产前维持青年鸡日粮的营养浓度，也不用优质饲料原料，只是钙和磷的浓度分别提高到2%和0.35%，仍用石粉做钙源；直到下蛋率达5%时才开始逐渐换用高峰期蛋鸡饲料。

(四)鸡日粮搭配中需注意的问题

鸡饲料原料很多,如何搭配科学合理而价格又低?

(1)必须掌握鸡的营养需要。不同鸡的要求不同,比如轻型产蛋鸡、重型产蛋鸡或肉用鸡,小鸡、大鸡或种鸡,营养需要在量与质上都不同,要根据相应的鸡查询相应资料,确定营养需要。

(2)要了解本地饲料资源,价格便宜,来源充足。

(3)日粮要能满足鸡需要的量和质,适口性好,成本低。

(4)计算配方时必须掌握鸡的营养理论和实践方法,既要计算出最廉价的饲料,又要计算完善日粮。

(5)鸡日粮搭配好坏的评定标准,主要看饲料报酬,饲料报酬高,饲养日期长,成本就会降低。

(6)饲料以碎屑状较好,若过于粉碎,会降低采食量。低能量颗粒料鸡增重较快,青年母鸡用颗粒料要限量,以免过肥,成年母鸡最好用粉料,以免采食太多,引起过肥。但夏季笼养母鸡可用颗粒料以提高食量。

(7)断喙、转群、运输、鸡群发病时喂质量好、含维生素和抗菌素的饲料,从饲养上预防疾病发生。

(8)确定饲料中蛋白质含量时,既要考虑日粮能量水平,又要考虑养分平衡。如蛋白质氨基酸平衡,日粮中粗脂肪和粗纤维含量,矿物质补充,维生素和微量元素一般以添加剂形式使用。

(9)霉坏饲料不能喂鸡。雨季应在饲料中适当加防霉剂。

(10)主要饲料原料间应有一定比例。谷实类占 40%～60%,2～3 种提供能量;糠麸类占 10%～30%,1～2 种,提供能量和 B 族维生素;油饼类 10%～20%,1～2 种,提供蛋白质;矿物质 2%～8%,2～3 种,用来补充钙、磷;动物性饲料 3%～15%,1～2 种,补充蛋白质及必需氨基酸;添加剂 0.05%～0.25%;食盐占日粮的 0.3%～0.5%。

第二节　产蛋鸡饲料配方设计

据德国(1994—1996 年)测定,蛋鸡饲料报酬和产蛋量如表7-1所示。

表 7-1　德国的蛋鸡饲料报酬和产蛋量　kg

鸡种	每只鸡 500 d 产蛋量	饲料蛋重比	体重
白鸡	19.9	2.15	1.86
褐鸡	19.5	2.13	2.00

(一)鸡的能量采食量

1. 鸡对能量的需要量

蛋用鸡和肉用鸡营养需要虽不同,但其营养原理和对饲料的要求和反应相近。一只中等体重的蛋鸡日需维持代谢能 883 kJ(地面散养为 967 kJ),产一枚中等大小的蛋需要代谢能 360 kJ,共 1.24 MJ。初产鸡体重每增加 1 g 需代谢能 8.5 kJ,但初产母鸡的体重小,产蛋也小,笼养时耗能 1.24 MJ 是足够的。据此推算产蛋率、能量水平和采食量的关系,见表 7-2。

表 7-2　蛋鸡采食量与日粮能量水平和产蛋率的关系推算　g

产蛋率/%		100	90	80	70	60	50
需代谢能/MJ		1.33	1.29	1.26	1.22	1.18	1.15
饲料含代谢能/MJ	11.92	111	108	105	102	99	96
	11.72	113	110	107	104	101	98
	11.51	115	112	109	106	103	100
	11.30	117	114	111	108	105	102
	11.09	119	116	113	110	107	104
	10.89	121	118	115	112	109	106

鸡与其他禽类一样,味觉不发达而嗅觉很差,在使用优质原料配制的配合饲料时,添加调味剂不增加鸡采食量。决定禽类采食量

的主要因素是饲料能量浓度；而营养平衡时能量浓度在一定范围内变化不怎么影响鸡生长发育和生产力，所以可在一定范围内调整饲养标准；一般高能量浓度时配方成本高，低能量浓度时配方成本低。由于养分浓度低的日粮通常体积很大，而鸡消化道容积有限，所以就会存在一个极限，当日粮中的能量浓度低于这个极限时，鸡就不能通过增加采食量来获取足够能量。这个能量低限，在温度寒冷或适中的环境条件下约为每千克日粮 10.88 MJ，在温暖环境中约为 10.04 MJ。使鸡获得适宜能量的最小饲料密度约为每立方厘米 6.28 kJ 代谢能，所以，每千克含有代谢能 10.88 MJ 的日粮应有的密度至少为 0.58 g/cm^3。

有报道说日粮中添加市售的真菌酶制剂可提高代谢能 18%，但这种提高可能受饲料原料种类的影响。

在理想蛋白质的情况下，低能量高蛋白质的配合饲料即蛋白能量比高的配合饲料可使鸡产大蛋，蛋白能量比低的配合饲料可以使鸡产小蛋。

在能量和蛋白水平都合适，即配合饲料中绝对浓度合适时，产蛋率最高。

2. 制定能量标准时应当考虑的问题

(1)日粮能量来源于构成日粮组分的饲料原料。影响饲料原料能量值的因素有：①干物质含量。饲料成分表所列某种饲料的消化能若干，代谢能若干，是以一定的干物质(或含水量)为基础的。②含杂程度。含杂质多时能量含量和营养素含量都因之减少。③原料的品质规格。同名饲料的品种特点、栽培和收获条件、加工条件等等，往往差异较大。

(2)日粮的能量水平和饲料耗用比。由于动物在日粮一定能量浓度的范围内，具有调节采食量的本能，而致使用高能量日粮时，每生产一单位产品所消耗的饲料较少，而使用低能量日粮时，每生产一单位产品所消耗的饲料较多。

(3)环境温度与采食量的关系。饲养在15～25℃室温下的成鸡,能量消耗最小,利用率也高。如果低于上述气温,就需要消耗较多的饲料维持体温,因而采食量增加;在气温高时,鸡为了维持正常的体温,增加了能量消耗,但饲料的采食量反而减少。在环境温度较高的情况下,还不能忽视湿度的影响。舍内相对湿度达到80%以上时,对产蛋不利。

(4)限制饲养。在养鸡业上,使用限制饲养最突出的是肉用种鸡。限制饲养的中心问题,是限制它的能量摄入量,防止脂肪的过多沉积。一种措施是限制它的采食量,另一种措施是使用不平衡日粮。前者叫量的限制法,后者叫质的限制法。

量的限制法有限制饲喂量和限制饲喂时间两种。质的限制法有高纤维低能量日粮、低赖氨酸日粮和低蛋白日粮。

在养鸡场广泛使用的是限制采食量。

(二)鸡的蛋白质需要量

粗略地说,开产蛋鸡每天需要的粗蛋白质量最少是19 g/只,产蛋率下降到80%时最少需要量是18 g/只,下降到70%的产蛋率时至少需要粗蛋白质16 g/只。

一只蛋鸡每天维持需要粗蛋白质8 g,产一枚蛋约需要15 g粗蛋白质,所以可根据产蛋率来推算其每天的蛋白质需要量如下:

产蛋率/%	粗蛋白质需要量/g
100	8＋15×1＝23
90	8＋15×0.9＝21.5
80	8＋15×0.8＝20
70	8＋15×0.7＝18.5
60	8＋15×0.6＝17
50	8＋15×0.5＝15.5

考虑到采食量、产蛋率和饲料中粗蛋白质含量的关系见表7-3。

表 7-3　各种粗蛋白质含量和产蛋率下的日采食量　g

产蛋率/%		100	90	80	70	60	50
日需要粗蛋白/g		23	21.5	20	18.5	17	15.5
日粮粗蛋白含量/%	20	115	107.5	100	92.5	85	77.5
	19	121	113	105	97	89	81.5
	18	128	119	111	102	94	86
	17	135	126	118	109	100	91
	16	144	134	125	116	106	97
	15	153	143	133	123	113	103

从表 7-3 中可以清楚地看出，要达到 90%以上的产蛋率，则需要含粗蛋白质 17%的日粮 126 g/d。实践中当日粮平衡程度很高时，上述粗蛋白质的需要量可降低 1～2 个百分点。

这里指出，在设计饲料配方时，先要确定配方生产性能，也就是产蛋率，据此确定配方营养水平。例如要设计产蛋率 90%的饲料配方，则可先查表 7-2 和表 7-3。既满足粗蛋白质需要又满足能量需要的交叉点就是合适的蛋白质和能量水平。在本例中如果确定日粮能量水平为 11.51 MJ/kg，则日采食量为 112 g，日粮粗蛋白质含量需要达到 19%以上，考虑到在日粮养分平衡有较高保障时粗蛋白质需要量可以降低 1～2 个百分点，所以我们可以把此例中的粗蛋白质水平定为 17.5%。

动物对蛋白质的需要量实际上是对各种氨基酸的需要。只要日粮的有效能量在正常范围内，蛋白质和其他各种养分相对于能量的比例或者说相对浓度合适，即是说营养平衡的日粮，各种养分的绝对浓度大小可随日粮中能量浓度的变化而改变。不过生产中有时能量饲料营养成本低，有时蛋白质饲料营养成本低，所以配方师要考虑调整饲养标准，即调整蛋白能量比高低。蛋鸡一般要求日粮中的蛋白能量比在 13.86～14.82 g/MJ 范围内，当能量饲料便宜时就可取蛋白能量比为 14.82 g/MJ，当蛋白质饲料便宜时就可取蛋白能量比在 13.86 g/MJ。在炎热或寒冷季节，还可在此基础上对蛋白能量比再进行调整。当然，其他各种养分指标都需要随之调整。

实际设计饲料配方时必须考虑各种影响产蛋鸡蛋白质需要量的因素。例如母鸡大小与品种、环境温度、生产期、饲养方式（笼养还是平养）、母鸡占有的笼底面积、食槽宽度、健康状况、日粮养分浓度等。

（三）鸡的维生素营养

1. 维生素 A

美国 NRC（1994）推荐的蛋鸡维生素维持需要量已过时。经验表明，添加高剂量维生素（130%～500%）已成为获取动物最佳生产性能和经济效益的重要手段。只要成本允许，就可超量添加，尤其是多加维生素 A、维生素 AD_3、维生素 E、维生素 K_3、维生素 B_2、烟酸、维生素 B_{12}、泛酸和胆碱。另外，笼养鸡需要的维生素 K 和 B 族维生素较多。在应激或患病时，某些维生素需要量增加，例如在患有肠道疾病时，由肠道微生物合成的维生素就会缺乏。某些因素可抑制维生素活性或破坏维生素，例如不饱和油类，包括鳕鱼肝油、玉米油、大豆油、亚麻子油都加速维生素 E、维生素 A 和维生素 D 的破坏，不过添加抗氧化剂例如乙氧喹啉可制止；压制颗粒饲料时，如果日粮不含足够抗氧化剂以防止在有蒸汽和高温条件下的加速氧化作用，维生素 E 和维生素 A 都可被破坏；应激或日粮中加有抗球虫药物时维生素 K 需要量增加 10 倍。

关于维生素过量的毒害性问题一般不必考虑，因为生产上一般是供给不足而不是过量。尤其是在维生素平衡时，中毒剂量常是需要量的上百倍。例如维生素 A 中视黄酸为最低需要量的 50 倍时才有毒性，而视黄醇为最低需要量的 500 倍时才有毒性。不过日粮中氯化胆碱用量过大时鸡蛋会有鱼腥味。

2. 维生素 D

维生素 D（抗佝偻病维生素）是几种脂溶性类固醇衍生物的综

合名称。维生素D中以维生素D_2和维生素D_3最重要、最常用,对鸡来说维生素D_3最重要,因为其效能比维生素D_2高25～40倍。维生素D相当稳定,但硫酸锰可使维生素A和维生素D受到破坏。维生素D对任何年龄的鸡都很重要,因为鸡骨骼蛋壳等形成时的钙、磷代谢,一定要有维生素D参与。如果缺乏维生素D,即使日粮中有数量充足、比例适当的磷和钙,也会使钙、磷吸收和代谢作用发生障碍,以至血液中缺乏钙、磷而引起佝偻症。因为维生素D降低肠内酸、碱度造成酸性反应条件,加强磷酸钙盐溶解,促进肠壁吸收钙、磷的作用,提高了血液中的含钙量。维生素D能对甲状旁腺起抑制作用,使肾小管的再吸收能力增加,无机磷排出减少。所以维生素D和钙、磷与甲状旁腺内分泌密切相关,它是调节钙、磷吸收的要素。日粮缺乏维生素D,雏鸡生长发育不良,羽毛松乱,两腿无力,喙、爪软易弯曲,走路不稳,常以飞节蹲伏休息。飞节与肋骨关节肿大,肋骨与肋软骨连接处显著肿大,形成圆形结节。胸骨弯曲,腿骨变形,胸部正中内陷,使胸腔变小,因而内部器官受到挤压。产蛋母鸡缺乏维生素D约两三个月后才开始出现症状,起初出现产薄壳蛋和软壳蛋数量增加,随后产蛋量下降,蛋形变小,孵化率低。有些母鸡体重减轻,动作迟缓或暂时不能走路,以后身体坐伏腿上,喙、爪和胸骨变软,肋骨失去正常硬度,胸骨和肋骨接连处内陷,全部肋骨沿胸廓呈向内弧形的特征。缺乏维生素D的种蛋孵化后,胚胎往往在8～16日龄死亡。胚胎皮肤出现明显的浆液性大囊泡状水肿,皮下组织呈弥漫性增生,生长发育受阻,有时见到明显的足肢短小,肝脏脂肪浸润。

3. 维生素E

维生素E对动物生产性能和免疫力都有影响,日粮中维生素E的含量一直是营养学家考虑的问题。1984年美国NRC对蛋鸡和种鸡的维生素E需要标准定为5,10 IU/kg,而其他商业公司推荐量为20～40 IU/kg。维生素E的需求量与动物生产水平、采食量及环境有关。我国饲料原料维生素 E 含量很低，而且饲养条件与美国也存在很大差异，因而探讨我国饲养条件下蛋鸡和种鸡的维生素 E 需要量很有必要。维生素 E 缺乏症可通过添加硒和维生素 E 来解决。

实践中美国 NRC 推荐量数据只可用作评价饲料中维生素添加量的基础。美国 NRC 推荐量的目的是预防临床维生素缺乏症。在考虑饲料中的维生素添加率时，值得对下述各点加以注意：配合饲料加工过程中的损失；饲料贮存条件不良时的损失；发生疾病或存在免疫性应激时需要量增加；环境条件不良时维生素需要量增加；应针对现代商品畜种供给特定量的维生素。

（四）鸡的骨骼发育

骨骼主要由钙和磷组成，但骨骼发育还依赖于许多其他物质。例如维生素 D、锰、胆碱、叶酸、吡哆醇、锌、烟酸或生物素等，添加酵母可显著减少养分不平衡引起的腿软病。蛋鸡料中加食盐、氨基酸或矿物质添加剂过量或使用不当，会打破机体酸碱平衡，引起鸡腿病和猝死综合症，蛋壳质量下降，并降低抗热应激能力。

青年母鸡软骨病可能是由于日粮钙、低磷、维生素 D_3 或其他微量元素低。有时是几种因素交织，结果更严重。通常 1％的钙已足够所有 15 周龄以下鸡的生长需要。0.5％磷可满足 3 周龄前的小鸡需要，0.48％的磷可满足 3～6 周龄的小鸡需要，0.45％的磷可满足笼养鸡需要。维生素 D_3 需要 3 300～4 400 IU 才能满足青年母鸡需要。即使以上所有养分都足，软骨病还有可能发生，主要可能是因为鸡有肠炎，特别是刚孵化 2 周龄的小鸡更易发生。产蛋率高的母鸡如钙供应不足，肋骨可能塌陷，这种情况可能在短暂的 3～4 d 里发生。

蛋壳质量在很大程度上依赖于鸡的骨骼状况。患软骨病的鸡，蛋壳总是很薄。

磷是动物生长发育和代谢必需的。产蛋鸡的磷需要量可能低于美国NRC(1994)推荐量。据报道，20～70周龄产蛋鸡玉米-豆粕型日粮非植酸磷添加水平可能在0.15%～0.20%，有效磷0.20%～0.25%，总磷0.35%～0.45%；添加植酸酶可进一步降低非植酸磷水平。产蛋鸡各阶段时磷的需求量略有差别，前期较后期高；蛋鸡品种及日粮类型也可能影响磷需求量；据产蛋鸡年龄段设计日粮磷添加水平在生产中将有重要意义。添加植酸酶要确保添加到了蛋鸡的日粮中。

（五）开产后蛋鸡饲料配方设计

青年母鸡开产是其一生中最关键的阶段。开产后的8～10周内，母鸡必须摄取足够养分以使其产蛋率增加到90%左右，并且使体重增加25%。产蛋高峰期蛋鸡新陈代谢旺盛，应增加投入，尽量给予品质优良的配合饲料，既满足相应品种的饲养标准、营养浓度高而平衡，又易消化吸收，这是获得持续高产的关键。褐壳蛋鸡采食量较大，体型也大，饲养标准一般也比白壳蛋鸡高。

产蛋期前8～10周的日粮应有以下特征：①粗粉料，含谷物量高；②添加2.0%～2.5%的脂肪，至少含2.0%的亚油酸；③日粮代谢能不低于11.6 MJ/kg；④粗蛋白质含量不高于18%，含有足量氨基酸；⑤最多含3.5%的钙，且为粗颗粒钙。

（六）产蛋高峰鸡饲料配方设计

在温度合适时，如果日粮养分平衡，高产白来航蛋鸡每只每天需要采食代谢能1.26～1.34 MJ。高温季节采食量降低，可把饲养标准中能量降低5%左右，同时提高其他指标5%左右，尤其应注意补足维生素和微量元素；冬季则需要较多能量，可提高能量指标5%，降低其他养分指标5%。为保证蛋壳质量，炎热季节钙源饲料可用2/3贝壳。在寒冷季节日粮代谢能含量为10.88 MJ/kg时，日粮粗蛋白质含量可减少到15%；在温暖季节日粮有效能含量为13.8 MJ/kg时，日粮粗蛋白质含量必须达到21%；在营养平衡日粮中上述蛋白质指标可降低1～2个百分点。要保持母鸡下蛋率为

90%并维持11周，随意采食平衡日粮时，每只日采食蛋白质16 g、赖氨酸0.72 g、蛋氨酸0.34 g就足够；要保持母鸡下蛋率83%，每只日赖氨酸需要量在0.66 g就足够。

实验证明，在营养平衡的日粮，蛋白质含量在15.5%时就可满足产蛋率为92%的母鸡的营养需要。如果每日需要采食蛋白质17 g，则每日采食量为17/15.5%≈110(g)。

对于商品蛋鸡，棉子饼(粕)、菜子饼(粕)和亚麻(胡麻)饼等有毒原料最多可用到6%；羽毛粉、皮革粉、血粉等不易消化的原料最多可用到2%，芝麻饼最大用量为4%；麸皮等大体积饲料原料，一般根据配方设计需要而不会使用太多；用石粉做钙源而不用贝壳，但在高温季节，一般等量使用贝壳与石粉；黄玉米对家禽肤色、脚色和蛋黄颜色有良好作用且可大量使用。

油脂易消化吸收，能降低食糜在消化道内的流动速度，同时提高油脂和其他养分的利用率，所以饲料中添加油脂能产生“组合效应”；饲料中添加油脂还可增加蛋重，尤其在夏季热应激时添加更有效；油脂还可促进脂溶性维生素吸收，减少饲料粉尘，增加饲料适口性，改善饲料外观，降低饲料加工机械磨损。实践中一般在高产蛋鸡配合饲料中可加1%～5%油脂。

蛋氨酸一般是产蛋家禽的第一限制性氨基酸，蛋氨酸不足时，产蛋率和蛋重都随不足的程度而成比例下降，当蛋重降至90%时就停止下降，继续降低蛋氨酸水平时只有产蛋率继续下降(NRC，1994)。调整日粮氨基酸水平改变蛋重，会同时影响产蛋率；任何通过营养手段降低蛋重的措施都同时降低产蛋率。在产蛋高峰后期，甜菜碱盐酸盐在替代50%蛋氨酸可缓解产蛋后期产蛋率的下降，从而提高饲料转化效率。

实践中常见高峰蛋鸡料中钙磷比例不当，主要是钙。钙磷含量及其比例也可严重影响产蛋率，而不是仅影响蛋壳质量。蛋壳形成多在夜间进行，夜间不供饲料，母鸡就会挪用骨骼中存留的钙。为满足产蛋母鸡夜间对钙的需要，可用粗些的牡蛎壳或石粉。也可在傍晚饲喂含钙量高的饲料，以满足这时母鸡对高钙饲料的特殊食欲，这是提高蛋壳质量的有效措施之一。

日粮中钙和磷平衡时，如果同时提高钙和磷的含量不太过度，一般不会诱发生产性能下降，但没什么好处，这样做只会抬高饲料成本，蛋壳质量并不随钙磷水平提高而提高。这里再次强调营养平衡的原则，单独抬高某些养分指标只增加饲料成本而不提高生产性能！不过提高石粉的粒度有益于改良蛋壳质量，但是不要过粗，过粗了不易混合匀，甚至没消化就排泄了，沉淀物会堵塞水槽或排水沟等。

有研究表明，一般国家公布的饲养标准中维生素和微量元素的量都不足以满足产蛋母鸡充分发挥产蛋潜力、维持和促进高峰产蛋的需要。据笔者经验，一般可使用市售添加剂，按其使用说明的 3～5 倍量添加，效果较好。

（七）产蛋后期蛋鸡饲料配方设计

产蛋高峰过后，鸡进入产蛋后期，一般是 41～60 周龄，这时鸡已成熟，鸡体用于自身生长的营养需要将消失，产蛋率下降而蛋重增加，采食量也较固定。随周龄增加，养分摄入便过剩，体重增加，饲料利用效率下降。如此时能量摄入过多，易发生脂肪肝。此阶段的营养目的是使产蛋率缓慢平稳地下降。产蛋高峰期过后，仔细调节日粮中蛋白质和蛋氨酸水平可有效控制蛋重。产蛋下降后的 3～4 周内，日粮蛋白质含量最多可降低 0.5%。如果产蛋量下降超过预期水平，最安全的办法是减少日粮中的蛋氨酸水平，而不是日粮中的蛋白质水平。此期一般采用限制饲养。限食程度取决于产蛋鸡的体重、环境温度、产蛋率和日粮营养水平等因素，一般以采食量限制为正常量的 90%～95%较好。

产蛋率降到 80%以下的产蛋后期该使用普通蛋鸡料。其饲养标准低于高峰期，而钙浓度适当增加。一般含钙量不宜超过 4%，否则会影响日粮适口性，降低蛋壳强度和产蛋率；能量浓度宜低，以降低脂肪沉积对产蛋的影响。普通蛋鸡料中可大量使用棉子饼、菜子饼、亚麻（胡麻）饼等劣质有毒原料，一般可用到 8%，但 3 种原料的平均用量不能超过 6%；羽毛粉、皮革粉、血粉等不易消化的原料都可用到 3%，芝麻饼可用到 5%；麸皮等大体积饲料原料，一般可根据配方设计需要使用；一般情况下用石粉做钙源而不必用贝壳，但在高温季节至少需要等量使用贝壳与石粉。

第三节 种鸡饲料配方的设计

种蛋提供必需养分是胚胎正常生长发育的前提，这种养分供应源于种鸡日粮及新陈代谢，应取决于营养物质在种蛋内的沉积效率。种鸡营养水平在胚胎的发育和孵化中起着关键作用。养分的临界缺乏过量不像严重缺乏或过量那样容易被观察到或检测到。在饲料制备完成后，孵化假若出现问题也要在数周以后才会被发现；因此，应该将饲料样品至少保存 2 个月。疾病、寄生虫感染、化学毒素和生物毒素、毒物、营养吸收不良综合症或药物也会给孵化率或雏鸡质量造成营养性或假性营养性问题。而且环境因子、基因型以及各种因子之间的交互作用都是可影响孵化率的常见因子。

（一）种公鸡饲料配方设计

目前国内外关于种公鸡的饲养、营养需要和培育等方面报道很少，所以有关种公鸡的营养需要和配方设计要求应参考各相应育种公司的饲养手册。一般地说，生长期种公鸡的营养需要可参考同龄青年蛋鸡；繁殖期种公鸡的营养需要低于种母鸡，无论肉用型还是蛋用型种公鸡，建议实践中采用代谢能为 10.88～12.13 MJ/kg，粗蛋白质 11%～13%、赖氨酸 0.55%、含硫氨基酸 0.45%、钙 1.5%、磷 0.65%～0.8%的营养水平，维生素和微量元素按蛋鸡饲养标准的3倍设计。需要强调的是种公鸡和种母鸡饲料中都不能使用棉子饼、菜子饼等有毒原料。

(二)母鸡日粮对种蛋及雏鸡的影响

1. 蛋白质和能量

种鸡摄食低能量、高蛋白日粮时,种蛋孵化率往往较低,因为孵化中期胚胎死亡率升高,并且雏鸡不能破壳而出。种鸡日粮的能量和蛋白质水平没有影响胚胎异位或畸形的发生率。给老龄肉用种鸡饲喂粗蛋白质含量为9%～15%的日粮时,孵化率不受影响;在整个产蛋期内饲喂粗蛋白质含量为10%～16%并补充蛋氨酸和赖氨酸的日粮时,孵化率也不受影响。但也有报道,褐壳蛋鸡摄食高蛋白质日粮使其孵化率提高。高蛋白质日粮要增加维生素 B_{12} 和吡哆醇的添加量。

肉用种鸡的能量摄取量降低12%不影响受精蛋孵化率。将一种标准肉用种鸡日粮稀释15%没有显著影响孵化率,但显着增加每只蛋鸡所产雏鸡的数量。

在肉用种鸡生长期间较多地降低蛋白质、能量和赖氨酸的摄取量不影响以后的受精率和孵化率。

2. 脂肪和脂肪酸

日粮脂肪酸构成可影响蛋黄的脂肪酸构成,后者可影响胚胎发育和孵化率。棕榈酸加快胚胎对蛋黄的利用,看来可提高蛋黄中的油酸含量,影响透过卵黄囊膜的养分运输,并可为胚胎发育和种蛋孵化节约亚油酸。在基础日粮中添加富含必需脂肪酸的玉米油、棕榈酸、油酸或亚油酸可提高蛋黄中的必需脂肪酸含量,进而影响孵化率并降低孵化后期胚胎死亡率。幼龄肉用种鸡的孵化率较低与胚胎对蛋黄脂肪的利用率较低有关,而且也与蛋黄的脂肪酸构成发生变化有关。将种蛋的胆固醇含量提高70%不影响孵化率。日粮含有棉子饼或木棉子粉作为原料或污染物,种蛋的孵化率可下降到几乎为零,孵化后第二周的死亡率极高,第一周的死亡率稍低一些，而且血液和循环系统的形成发生严重阻碍。

3. 维生素

维生素A：维生素A缺乏可导致产蛋率降低，继而可降低孵化率。胚胎可能在孵化期第一周内死亡，或可存活到孵化期结束但无力出壳，或虽可出壳但很快死亡。维生素A过量（>10 000 IU/kg）也可造成胚胎早期死亡并使孵化率下降。

生物素：种蛋缺乏生物素时，孵化期内第一周和第三周的胚胎死亡率升高。老龄种鸡对日粮中添加生物素的反应较大。胚胎缺乏生物素时，所见症状包括孵化5 d以前或17 d以后出现死亡高峰、软骨营养障碍或畸形短肢、短骨和“鹦鹉嘴”。

核黄素（维生素B_2）：维生素B_2缺乏症是较常见的影响孵化率的营养缺乏症之一。胚胎缺乏维生素B_2时会出现水肿、孵化9～14 d期间死亡率升高、棍状绒毛、出血、矮小、畸形短肢以及贫血。维生素B_2缺乏症的严重程度会影响胚胎死亡高峰出现时的日龄。出血和棍状绒毛是最常见的症状。只要饲喂数天维生素B_2缺乏的日粮就会产生维生素B_2缺乏症，因热应激、疾病或其他原因而减少采食，就会使个别种鸡出现临界缺乏。现已查明，遗传因素可造成种蛋中维生素B_2沉积量不足，而且商品品系的个别种鸡也有这种遗传因子。

维生素B_{12}：维生素B_{12}给白色来航鸡饲喂给维生素B_{12}含量为3.45～3.60 μg/kg的日粮时，孵化率最高。维生素B_{12}过量会导致蛋黄中核黄素沉积量减少，维生素B_{12}缺乏可引起白色来航鸡产蛋量中等程度的下降，使洛岛红鸡产蛋量的下降程度更为严重，在日粮中添加维生素B_{12}大约4周后才能恢复。维生素B_{12}缺乏的日粮对白色来航鸡的种蛋孵化率没多大影响，但可使洛岛红鸡的种蛋孵化率降至大约20%，这表明维生素B_{12}缺乏的影响因品种而异。在维生素B_{12}缺乏症初期，孵化第一周出现胚胎死亡，随后在孵化第二周也出现死亡，最后在孵化率第三周也有死亡。这一结果与尼克酸缺乏时连续发生胚胎死亡的情形相似，但与核黄素缺乏时胚胎死亡的情况相反。维生素 B_{12}缺乏引起的异常现象包括周水肿、腿部肌肉发育不良、出血、矮小、短啄以及头部置于两腿之间。

泛酸：缺乏泛酸的日粮会使孵化率降低、雏鸡肌肉运动失调、飞节肿大以及羽毛生长不良。据报道，胚胎死亡高峰发生在孵化18 d以后、头 4 d 期间以及 13 d 以后或出现早期及晚期死亡高峰。

硫胺素：家禽日粮中常用的谷物富含硫胺素（维生素 B_1），因此种鸡不会缺乏，除非使用了非常规饲料原料。硫胺素缺乏症可导致多发性神经炎和胚胎死亡。重型种鸡在其种蛋中沉积硫胺素的效率较差。

烟酸：家禽对烟酸缺乏的敏感性和烟酸缺乏对孵化率的影响程度存在着品种差异。白来航鸡出现烟酸缺乏时，在孵化后期胚胎死亡；而当洛岛红鸡出现烟酸缺乏时，在孵化早期便发生胚胎死亡，并且随着烟酸持续缺乏，在孵化后期也发生死亡烟酸过量也可造成胚胎死亡，使孵化率下降。

叶酸：叶酸缺乏造成的胚胎畸形包括胫骨跗骨弯曲、骨短、鸡啄缺陷以及连趾畸形。许多胚胎看起来正常，但在啄入气室之后便死亡。叶酸缺乏对种鸡性能的影响存在着品种差异。日粮中添加叶酸提高蛋重，从而增加雏鸡重量。延长种蛋贮存时间可能导致胚胎缺乏叶酸，但未见其他维生素明显变化。

吡哆醇（维生素 B_6）：种鸡缺乏吡哆醇会立即出现食欲减退，接着孵化率下降，产蛋停止。

维生素 K：胚胎或胚胎膜出血被认为是维生素 K 缺乏的初始症状。缺乏维生素 K 的胚胎，血液凝固时间延长，骨中 γ-羧基谷氨酸含量降低，然而胚胎的骨骼发育正常。

维生素 D：维生素 D 缺乏会造成孵化后期胚胎死亡，死亡胚胎大多是孵化 18 d 和 19 d 的鸡胚。全部死亡胚胎的 10%左右与上啄较短有关。维生素 D_3 缺乏的种鸡摄食一种恢复日粮 10 d，孵化率就恢复至正常水平。维生素 D_3 缺乏除可造成孵化后期胚胎死亡外，还可导致啄畸形和骨骼发育不良。维生素 D 过量也会使孵化率下降。

维生素 E：在维生素 E 排空的第一周内，在胚胎发育的第一周和第三周内胚胎死亡率的上升幅度大致相同；然而，此后的胚胎死亡主要发生在第一周。胚胎死亡的分布没有明确的规律，而且胚胎畸形及异位的类型也没有明确的规律。维生素 E 缺乏的胚胎呈现出的一些症状有眼睛出现浑浊点、视觉缺失、血管系统异常（造成渗出性素质和出血）和生长发育迟缓。据报道，在种鸡日粮中添加维生素 E 可以增强雏鸡的免疫应答（抗体效价）。诸如硒、抗氧化剂和脂肪类型之类的其他因子，都可与维生素 E 发生相互作用，从而使得我们难以清楚维生素 E 在胚胎发育中的作用。现已证实，洛岛红鸡对维生素 E 缺乏敏感性高于白色来航鸡。

维生素 C：种鸡产蛋后期所产种蛋的清蛋白品质迅速下降，日粮中添加维生素 C 可有改善，所以添加维生素 C 可提高孵化率。

4. 维生素的添加

商品种鸡产蛋的分析结果表明，维生素 A 和维生素 B_2 的含量可满足种蛋孵化的需要，而某些种鸡群所产蛋中维生素 B_{12} 处于临界缺乏状态。往种鸡日粮中添加维生素可以使种蛋中大多数维生素的含量得到提高。提高种鸡日粮中核黄素、维生素 D_3、生物素、维生素 B_{12}、泛酸和叶酸的含量可很快在种蛋中见效，而种蛋对种鸡日龄中添加维生素 A 的反应比较缓慢。就维生素从日粮向种蛋中转移的效率而言，维生素 A 的转移效率极高，核黄素、泛酸、生物素和维生素 E 的转移效率较高，维生素 D_3 和维生素 E 的转移效率居中，维生素 K、维生素 B_1 和叶酸的转移效率较低。

5. 矿物质

硒：日粮硒可与维生素 E 相互作用，在某些情况下还可节约维生素 E，当饲喂缺硒日粮时，孵化率下降。孵出的雏鸡较弱，其肌胃患有肌病，许多雏鸡伏卧在地上，双腿后伸且向上弯曲。硒过量会产生毒性作用，降低种蛋的硒含量可使孵化率升高。硒过量引起的畸形包括矮小、下啄太短或缺失以及腿骨和翅骨过短。在某些地区种植的谷物可能含有中毒水平的硒。

碘：碘缺乏可造成孵化率下降，但天然碘缺乏很少发生。日粮碘过量也会造成孵化问题，导致胚胎死亡、雏鸡啄壳但不能出壳以及孵化期延长。

锰：锰缺乏可导致孵化率下降和胚胎畸形，此种胚胎畸形与生物素缺乏时，或遗传性软骨营养障碍时所见情况基本一样；然而，显微镜检查可见骨的结构存在着差别。据报道，胚胎缺乏锰时会发生表现为角弓反张型强直性痉挛的运动失调，这一运动失调明显与通常称之为“观星者”的病症有许多相似之处。种鸡可忍受日粮中不添加锰达数周之久，而孵化率不受任何不良影响。

钙：种鸡日粮中的钙水平主要是通过影响蛋壳质量来影响胚胎发育的。种鸡日粮缺钙或其他原因造成的蛋壳质量下降，可导致种蛋在孵化过程中失重过多，并伴随孵化第一周内死亡率升高、污染增多以及胚胎生长发育迟缓、骨骼发育不良和孵化期末死亡率升高。

磷：磷是保持正常胚胎骨骼发育和维持正常孵化率所必需的。笼养蛋鸡日粮需要 0.4%的磷才能维持正常孵化率，而 Wilson 等(1980)发现在地板上铺垫料饲养的肉用种鸡需要 0.31%就可维持正常孵化率，看来鸡可通过食粪重新利用相当数量的磷。植酸磷不能维持正常孵化率，但确可预防佝偻病发生。Waldroup 等(1967)提出笼养蛋鸡喂无机磷含量为 0.19%的日粮，便可使孵化率达到最高水平。通过日粮和粪便摄入过量的磷会降低蛋壳质量，从而间接降低孵化率。

镁：当种鸡摄食缺镁日粮时，孵化率下降幅度较大。日粮缺镁时会在孵化后期(19 d 和 20 d)出现胚胎死亡,且许多雏鸡不健康,会发生痉挛或昏迷,并于出壳后 2 d 内死亡。

锌:种鸡日粮含有较低水平的锌,即可获得正常水平的孵化率。种鸡日粮缺锌可使孵化率降低,胚胎死亡率升高,以及骨骼和羽毛发育受阻。种蛋缺锌会导致胚胎畸形。高水平日粮钙会加剧锌缺乏症。在玉米-大豆日粮中不必补充锌便可获得正常水平的孵化率;然而添加锌会增强雏鸡免疫力。在实用种鸡日粮中锌添加量高达 2 000 mg/kg 对孵化率没多大影响。

硼:当垫料用含硼消毒剂处理时,在这种垫料上饲养的种鸡会摄入过量的硼。给肉用种鸡饲喂高水平硼(硼酸或硼酸钠)会使孵化率降低,但不会影响产蛋率。给公鸡饲喂高水平硼会增加畸形精子数量,但受精率和胚胎存活率仍处于正常水平。

氯:肉用种鸡的日粮中氯摄取量不足(限量采食的玉米-大豆日粮)会使孵化率降低。

钾:蛋黄和白蛋白中各种矿物质含量的测定结果表明,不同蛋鸡之间矿物质含量有相当大的变异,同一只蛋鸡的不同产量之间矿物质含量有中等程度的重复性。白蛋白中钾含量较低或蛋黄中铁含量较高时,种蛋的孵化率也较低。

铝:饲喂 0.3%添加铝没有提高种蛋的铝含量,而且孵化率也没有受到影响。

6. 其他饲料成分

饲料添加剂(如药品)会影响孵化率。据报道,种鸡摄入某些日粮霉菌毒素会在一定程度上破坏雏鸡的免疫系统。

(三)种母鸡的饲料配方设计

种母鸡饲料配方设计时的饲养标准可参考高峰蛋鸡,只是要增加维生素和微量元素,以增加种蛋中的维生素和微量元素储备。据笔者经验,一般可用市售的、有信誉的添加剂品牌,按其使用说明的 3~5 倍量添加,效果较好。

在原料选择上，一般不要用棉子饼(粕)、菜子饼(粕)和亚麻(胡麻)饼等有毒原料；用1/3石粉和2/3贝壳以保证蛋壳质量。

种蛋大小对孵化率影响不显著，但对雏鸡的出壳体重和6周龄体重有正的相关。

第四节　蛋鸡饲料配方

(一)白壳蛋用鸡饲料配方

常见的白壳蛋用鸡饲料配方见表7-4。

表7-4　红太阳饲料厂白壳蛋鸡饲料配方　%

生长阶段	雏鸡(0～8周龄)	青年鸡(9～20周龄)	产蛋率(≤80%)	产蛋率(80%～90%)	高峰蛋鸡(≥90%)
黄玉米	65.0	62.5	63.0	62.5	60.0
麦麸		8.5			
大豆粕	25.0	20.5	26.0	23.0	21.0
花生仁饼					3.0
棉子饼		3.4			
鱼粉	3.0	2.0		2.0	3.0
肉骨粉					2.0
酵母	3.5		1.1	2.0	
蛋氨酸	0.05		0.06	0.13	0.08
赖氨酸				0.05	0.05
骨粉	2.4	2.0	1.8	2.0	2.0
贝壳粉	0.75	0.8	3.0	4.0	4.5
石粉			4.7	4.0	4.0
食盐	0.30	0.3	0.35	0.3	0.3
代谢能/(MJ/kg)	11.91	11.50	11.50	11.50	11.50
粗蛋白	18.5	16.0	16.5	16.5	17.5
钙	0.9	0.95	3.3	3.4	3.4
有效磷	0.40	0.35	0.35	0.33	0.35
赖氨酸	1.0	0.78	0.78	0.80	0.80
蛋氨酸	0.30	0.30	0.33	0.35	0.34
蛋氨酸＋胱氨酸	0.62	0.58	0.62	0.64	0.64

注：维生素和微量元素按使用说明书添加。

（二）褐壳蛋用鸡饲料配方

常见的褐壳蛋用鸡饲料配方见表 7-5。

表 7-5　红太阳饲料厂褐壳蛋鸡饲料配方　%

生长阶段	雏鸡（0～8 周龄）	青年鸡（9～20 周龄）	产蛋前期（19～36 周龄）	产蛋后期（37～75 周龄）
黄玉米	52.30	43.40	64.5	61.00
小(大)麦	—	2.00	2.00	5.00
四号粉	14.00	25.00	2.50	2.50
麦麸	—	10.30	—	—
大豆粕	25.00	12.2	17.4	19.00
好鱼粉	1.65	1.00	3.5	1.30
菜子粕	3.00	2.00	—	—
赖氨酸	0.11	—	—	—
蛋氨酸	0.175	0.025	0.13	0.125
贝壳粉	0.90	1.60	8.35	8.80
骨粉	2.40	2.0	1.20	1.60
食盐	0.33	0.35	0.27	0.36
添加剂	1.00	1.00	1.00	1.00
代谢能/(MJ/kg)	11.91	11.50	11.70	11.50
粗蛋白	19.2	16.0	16.0	15.00
钙	1.00	1.108	3.00	3.51
有效磷	0.47	0.394	0.36	0.35
赖氨酸	1.00	0.68	0.79	0.74
蛋氨酸	0.42	0.40	0.45	0.43
蛋氨酸＋胱氨酸	0.80	0.56	0.64	0.62
苏氨酸	0.68	0.53	0.56	0.53
色氨酸	0.25	0.21	0.19	0.18

（三）种鸡饲料配方

常见的种鸡饲料配方见表 7-6。

表 7-6　红太阳饲料厂蛋种鸡饲料配方　%

生长阶段	雏鸡（0～8 周龄）	青年鸡（9～20 周龄）	产蛋率（≤80％）	产蛋率（80％～90％）	高峰蛋鸡（≥90％）
黄玉米	68.0	58.0	63.5	63.0	64.0
麦麸		15.0			
大豆粕	24.0	13.2	22.0	18.0	20.0
花生仁饼		5.0	2.0	3.0	
好鱼粉	3.0		2.6	3.8	4.0
差鱼粉		2.0			
肉骨粉	2.0	3.0		2.0	
酵母		2.0			1.5
蛋氨酸	0.04		0.1	0.10	0.13
赖氨酸	0.07				0.10
骨粉	1.6	1.0	1.5	2.0	2.0
贝壳粉	1.0		4.0	4.0	4.0
石粉		0.5	4.0	3.8	4.0
食盐	0.30	0.3	0.3	0.3	0.3
代谢能/(MJ/kg)	11.91	11.50	11.50	11.50	11.50
粗蛋白	18.5	16.5	16.5	16.7	17.0
钙	0.90	0.80	3.4	3.4	3.4
有效磷	0.40	0.35	0.35	0.33	0.35
赖氨酸	0.90	0.67	0.76	0.80	0.80
蛋氨酸	0.33	0.3	0.33	0.39	0.39
蛋氨酸＋胱氨酸	0.62	0.55	0.63	0.64	0.65

注：维生素和微量元素按使用说明书添加。

第八章　鸡蛋质量的控制

近来市场上高附加值的药物鸡蛋不断增多，上市品种有 70 多个，其中高碘蛋已成为国内外食品卫生部门特许的产品，市场前景看好。目前的产品可分两大类，一是强化营养蛋，这是在饲料中添加了特定的高营养素后转化的蛋，具有独特营养功能；二是调节机能蛋，它在生产上与强化营养蛋的方法基本类同，主要是严格选择原料、不加任何药物、自配饲料生产的低胆固醇蛋等，还有在饲料中添加绿茶生产的茶蛋，添加廿二碳六烯酸（DHA）、微量元素等生产的脑黄金蛋、添加氨基酸、碘、维生素 E、维生素 B 生产的五高蛋和三高蛋等。

第一节　鸡蛋品质及其影响因素

（一）鸡蛋品质的评定

蛋的质量指标包括外部质量和内部质量两方面。我国鲜蛋分级标准是根据蛋壳、重量、气室、蛋白、蛋黄和胚胎状况等质量指标来分级。具体可见国家鲜蛋卫生标准 GB 2748—81 和无公害鸡蛋产品标准 NY 5039—2001。

生产者与消费者对鸡蛋质量的判断以蛋黄颜色为最重要的蛋质性状。鸡蛋与肉鸡的感官指标如蛋黄色泽、肉鸡脚胫与皮肤颜色很大程度上影响消费者的购买。

（二）鸡蛋的外观质量

蛋外部质量受日粮、环境、遗传和健康的影响。

1. 蛋壳质量

(1)蛋壳质量的意义。第一,蛋壳质量影响蛋的破损率和种蛋合格率;第二,蛋壳质量影响孵化率和雏鸡质量;第三,蛋壳对病原体构成关键性屏障。

(2)蛋壳质量用多种参数确定。蛋壳强度、外观(颜色、洁净度、质地)和形状均为蛋壳质量性状。在技术上用蛋壳密度、蛋壳厚度和比重来度量蛋壳强度,但消费者通常以"无裂纹"来分类,最常见的蛋壳缺陷是裂纹。

2. 营养因素对蛋壳质量的影响

日粮养分是影响蛋壳质量的决定因素,将在本章第二节详细论述。

3. 管理对蛋壳质量的影响

(1)密度适宜,通风良好,光照合理。保证饲料配方及喂料的连续稳定性,饲料要搅拌均匀。鸡主要在夜间形成蛋壳,此时钙需要量大。一般每只鸡每天需补钙 3~4 g。产蛋鸡对各种应激因素都十分敏感,突然声响、晃动的灯影和跑动的老鼠以及艳丽的色彩等都可引起产蛋鸡惊群,造成鸡蛋破损,蛋壳质量下降。

(2)光照强度对蛋壳质量有影响。光照不足时影响鸡体内维生素 D 的利用,从而影响蛋壳质量。

(3)高温影响蛋壳质量。主要因为钙摄入随采食量减少而减少。高温下鸡对钙消化吸收力差,血钙较低;蛋壳由 CO_2 参与合成,高温下鸡为散热,呼吸次数激增,排出大量 CO_2,结果血液中 HCO_3^- 减少,蛋壳形成受阻。因此在高温季节要适当提高日粮钙和碳酸氢钠的含量,添加维生素 C 等抗热应激添加剂,并且提高蛋白质的含量。

(4)集蛋次数过少或鸡笼设计问题。如果鸡笼设计不适当,在鸡蛋滚出鸡笼时会导致蛋与坚硬表面接触。过分拥挤导致蛋与喙和脚趾接触。鸡笼底面的倾斜率应不影响蛋滚出。

(5)应激因素。一切应急因素(热应急、疫苗接种、噪声、惊吓等)都会影响蛋壳质量。试验表明,噪声超过 50 dB,鸡蛋破损率增加,90 dB 噪声持续 3 min,破损率增加 3.5%,接连不断的金属撞击声,可使鸡蛋破损率增加 2.5%~3.5%。

4. 遗传对蛋壳质量的影响

(1)蛋壳强度高有利于收集和运输时减少蛋破损。不同品种的鸡产蛋破损率差别较大。京白鸡的破损率高于海兰鸡,本地鸡低于进口鸡,褐壳蛋低于白壳蛋。蛋壳强度的遗传力为 0.3~0.4。蛋壳质量受环境、营养和健康状态的影响较大。一般地说,产蛋率高的个体蛋壳质量较差,产蛋少的个体蛋壳质量较好。

(2)蛋壳颜色。蛋壳颜色取决于附着其上的嘌呤色素。这种色素由子宫壁上的蛋壳腺分泌,附在蛋壳外层的壳胶膜上。鸡蛋壳颜色主要有白色与褐色两种,只有少量青色或蓝色品种。白色与褐色是多因子遗传,所以白壳蛋鸡与褐壳蛋鸡杂交子代产浅褐色或粉色蛋。褐壳蛋鸡蛋壳颜色的遗传力约为 0.3,所以通过选种可以加深蛋壳颜色,一般不能通过改变饲料来改变蛋壳颜色。

蛋壳颜色不影响鸡蛋的营养价值,但是消费者常作为一种质量指标。蛋的基本颜色(褐或白色)由遗传决定,但褐壳蛋的着色程度下降跟鸡的年龄或疾病有关。患有减蛋综合症的鸡会产苍白的蛋,这是壳腺组织萎缩造成的。

蛋壳颜色随季节而变化。冬季色深,夏季色浅;产蛋开始时色深,结束时色浅。在饲料中添加尼卡巴津(抗球虫药商品名)可干扰这些色素的合成,导致正常情况下产褐壳蛋的品种产出白壳蛋,但这不是营养现象。饲料中添加过量的氯四环素可导致这种抗菌素的沉积,产出黄壳蛋,这也不能认为是营养现象,因为氯四环素添加目的是抗病。

产蛋期钙的供给水平应不断提高。40 周龄后的老母鸡对钙的吸收能力减弱,钙附着在蛋壳表面,形成一层白色钙粉或钙粒突起，蛋壳变薄或苍白。随年龄增加，鸡体内造血机能和其他生理代谢机能逐渐衰退，使色素合成不足或合成有限，而且随年龄增加鸡蛋增大，有限的色素分布于更大的蛋表面，颜色就显得浅。

管理不善造成的应激如笼养鸡鸡笼的设计不合理，使产蛋鸡没有一个合适的体位产蛋，造成蛋在壳腺中停留时间超常，导致过量的钙在表面沉积，使褐壳蛋看起来苍白。

5. 年龄对蛋壳质量的影响

蛋壳腺所分泌的钙是恒定的，而蛋重却随鸡龄增加而增加，尤以产蛋后期增加量最为显著。蛋重增加使蛋表面积增大，致使蛋壳变薄；即使增加钙在饲料中的浓度也不可改变这一现象，所以老龄鸡群的薄壳蛋、破壳蛋、软壳蛋多。

另外产蛋后期母鸡的蛋壳腺脂肪沉积较多，对活性维生素 D_3 的合成减少，钙的吸收和存留能力降低。周伯超(1933)报道，蛋鸡在产蛋初期可吸收饲料中约 60%的钙，但到了产蛋末期，蛋鸡只能吸收约 50%的钙。所以要从摄入量上控制母鸡体重及蛋重。

6. 疾病引起的异常蛋

(1)与异物蛋、异色蛋、异味蛋有关的传染病有鸡产蛋下降综合征、大肠杆菌病、葡萄球菌病、鸡白痢、鸡新城疫等。

(2)有些疾病干扰鸡形成蛋壳的能力。例如输卵管炎、新城疫、慢性消化系统疾病等不仅降低产蛋率，而且还降低蛋壳质量。另有报道，鸡感染镰刀菌属真菌毒素会使蛋壳质量下降。黄曲霉病也可直接影响蛋壳质量，因为黄曲霉毒素可破坏禽体内维生素 D_3，阻碍钙沉积。有机氯杀虫剂、重金属例如铅、汞等，在体内积累能破坏形成蛋壳腺体的作用机制，从而降低蛋壳质量。

(3)疾病对蛋质量的影响。新城疫、传染性支气管炎、减蛋综合征、禽流感、输卵管炎、肠炎等都会使母鸡产蛋异常，如小蛋、无壳蛋、沙壳蛋等。一些真菌污染饲料，会降低蛋壳质量。混入杀虫剂及重金属也会产生不良影响。

(三)蛋的大小与形状

蛋重受许多因素影响,包括遗传、开产日龄、开产体重、开产季节、年龄、气温、某些药物和饲料等。

(1)遗传对蛋大小的影响。不同品种的蛋鸡,产蛋数和蛋大小都不同,不过品种内个体间差异常大于品种平均数间的差异。这里强调说明,品种平均数间的差异虽小,但这是可遗传的差异;品种内个体间的差异虽大,但这不一定可遗传,这有可能是由于环境差异造成的。蛋重遗传力比较高,例如72周龄时蛋重的遗传力一般在0.5左右,说明蛋大小受遗传影响。

(2)年龄。一般青年鸡的蛋小,蛋重随年龄增长而变大;开产时产软蛋较多,畸形蛋也多,蛋内异物也多。

(3)开产体重与开产日龄越大蛋重越大。

(4)鸡蛋大小受鸡舍环境温度影响很大。在鸡舍温度超过26.7℃时鸡开始热应激,激素分泌量降低,呼吸加快,呼出二氧化碳过多时会造成呼吸性碱中毒,同时采食量降低,产蛋量、蛋重和蛋壳品质都下降。舍温越高,高温持续时间越长,影响越大。同时高温出现在产蛋前期比出现在产蛋后期影响小。

(5)营养。日粮对蛋大小影响很大,将在本章第二节详述。

(6)畸形蛋主要是由于壳腺发育不成熟、疾病、干扰和拥挤造成的。常见于开产青年母鸡(壳腺不成熟)或产蛋后期的母鸡(壳腺形成效率受影响)。蛋壳起皱是由于身体抑制(争斗或过度拥挤)和蛋壳形成中受到干扰。患新城疫时,在蛋壳形成过程中蛋白流动性大,可能造成鸡蛋侧面扁平或有皱纹。

(四)内部质量

1.鸡蛋蛋白

鸡蛋蛋白由浓蛋白与稀蛋白两种生理成分构成。一般通过测量浓蛋白的黏度——以哈夫单位表示,及在蛋白中是否存在异质来确定其质量。水样蛋白主要是由鸡群年龄和蛋龄引起的。蛋的储存条件也影响蛋白质量，高温高湿环境会使蛋白黏性迅速恶化。哈夫单位度量蛋白的稳固性，其值范围在1～110之间。低的哈夫单位蛋白较稀不适合消费者食用。青年母鸡所产蛋的蛋白更稳固，哈夫单位在80～90之间。通常哈夫单位低于60消费者就会拒绝，因为在蛋打破烹饪时蛋白流动过大。新鲜蛋的哈夫单位每月下降1.5～2个单位。高温储存加快蛋白变质。其对策是将蛋覆油以防止空气、水分通过蛋壳交换。鸡蛋包装时应使气室向上（圆头向上），防止储存期间对蛋白造成压力。

（1）遗传对蛋白品质的影响。蛋白品质是鸡蛋质量的重要指标，消费者常用蛋白浓度来衡量蛋的新鲜度。浓蛋白黏度（哈氏单位）要求要高。这个性状的遗传力约0.38，但是这个值随测定品种、群体结构、测定年龄和环境不同而变异很大。品种对蛋白品质的影响较大，一般褐壳蛋比白壳蛋品质好。

（2）蛋白颜色受日粮组分影响。正常鸡蛋蛋清有轻微黄绿色，是来自正常存在的核黄素；当日粮中核黄素含量过高时，鸡蛋蛋清颜色不好。

（3）蛋内异物（如血斑或肉斑）严重影响蛋质量。许多消费者认为它们是受精蛋，是胚胎发育的一部分。血斑通常是由于卵巢或输卵管血管破裂造成的。维生素缺乏是影响血斑形成的主要营养因素，维生素A缺乏常导致血斑出现率显著增加；缺乏维生素K可减少血斑出现，可能是排卵时血被扩散到整个蛋中，而不形成血斑。饲料受病毒、细菌毒素污染、使用磺胺喹恶啉或发生禽脑脊髓炎会提高蛋白中血斑的发生率。料中加药物尼卡巴津可使蛋黄上产生特有斑点。棉酚不仅可引起严重血斑，且引起蛋黄变蓝绿色，存放几天的鸡蛋更明显。建议在产蛋鸡饲料中至少提供1 mg/kg的维生素K和10 000 IU/kg的维生素A。

（4）遗传对鸡蛋血斑和肉斑的影响。白壳蛋的血斑率一般高于褐壳蛋，而肉斑率低于褐壳蛋。血斑率和肉斑率的遗传力约0.25。

肉斑由蛋鸡身体器官组织引起，主要是年龄因素。随年龄增加蛋白肉斑比率上升，蛋白本身也变稀，降低蛋白的直观品质。

2. 蛋黄颜色

可用颜色测定系统如测色仪测定蛋黄颜色，但罗氏比色扇(RYCF)简单实用。虽然比色扇是设计用来测定蛋黄颜色，但也可用来测量肉鸡脚胫颜色和胴体颜色的大致程度。

蛋黄颜色是由脂溶性色素在卵形成期间沉积到蛋黄中形成的。鸡没有合成这些色素的能力，蛋黄中的色素来自饲料。

(1)日粮对蛋黄颜色的影响最大。将在本章第二节详述。

(2)疾病导致的利用率降低。不管日粮着色剂供应情况如何，疾病如球虫病、隐孢子、营养吸收障碍、传染性法氏囊病(IBD)或其他病毒性疾病、沙门氏菌、慢性呼吸道病等均直接影响色素在机体组织的沉积，特别是消化系统或肠道吸收功能发生障碍时更明显。

(3)饲料受霉菌毒素污染会降低蛋黄着色，因为毒素影响鸡的代谢和吸收途径。某些饲料原料(如棉子)或药品(如尼卡巴醇)可致蛋黄杂色或变色。

(4)蛋黄发育时间。蛋黄色素沉积随卵巢中卵泡的发育而增强。卵泡发育(主要在卵小囊产生)需要10 d，完全沉积色素也需要10 d，所以要在产蛋前两周饲喂含色素的饲料。

(5)家禽品种、性别和年龄。不同品种的禽类对类胡萝卜素衍生物在蛋黄或外皮组织中的沉积亦不同。相同条件下母鸡着色优于公鸡；大龄鸡比幼龄鸡着色深。老龄鸡随年龄增大，肠道吸收类胡萝卜素衍生物的功能逐渐减退，色素沉积能力日趋变小。

(6)其他因素如饲料在加工过程中的温度高低、时间长短及贮存条件会影响着色。家禽饲养管理因素如光、高温、高湿及密度过大会降低着色效果。

3. 蛋内异物

新鲜禽蛋内肉眼可见的有形物质，主要有蛋清、蛋黄、胚珠、系带、壳膜等5种。除此以外，任何有形物质都应视为异物。异物分为病理组织和寄生虫或其他虫两大类。

(1)血斑、血块。含血斑、血块的禽蛋统称为血斑蛋。血斑主要附着在生、熟禽蛋的蛋黄表面，形态多样、大小不一，有芝麻粒大至豌豆大，颜色为红褐色。血块主要存在于生、熟禽蛋的蛋清中，形态、大小、颜色与血斑相同。血斑、血块都是内出血的产物，主要是禽蛋形成过程中卵泡破裂发生出血，或输卵管蛋白分泌部微血管破裂出血造成。初产期或低产期的蛋禽比较多见。据报道，在减蛋综合征病病毒、大肠杆菌、葡萄球菌侵害蛋鸡生殖器官引起输卵官炎或输卵管囊肿时，也可发生这种现象。鸡、鸭、鹅等家禽都可产生这种变异蛋。

(2)组织碎块。异物存在于蛋清中，形态多样，大小不一，颜色灰白。异物是生殖系统脱落的组织碎块，如黏膜上皮组织、卵泡膜、异常增生物、凝固蛋白等。前三者系因生殖系统组织结构代谢紊乱所致，在低产期家禽较常见。后者系因蛋清分泌过旺而致出现过度浓稠的蛋清所致，在产蛋高峰期家禽较常见。此四种异物，分别在禽蛋形成过程中与卵黄一起下行被包入同一蛋壳中即形成异物蛋。若不与卵黄一起下行被单独包入蛋壳中，则形成个头特小的无黄异物蛋，简称无黄蛋。

(3)变性卵黄。据江苏王效先等报道，扬州某地发现一个异物蛋，异物存在于蛋清中的大头一端，紧靠正常卵黄，体积比正常卵黄小；从其表面突起一条索状物，穿过气室露出蛋壳外。经检验，异物为包有异形外膜的变性卵黄。

(4)传染病对蛋品质的影响。与异物蛋、异色蛋、异味蛋有关的传染病有鸡产蛋下降综合征、大肠杆菌病、葡萄球菌病、鸡白痢、鸡新城疫等。

第二节 饲料对鸡蛋外观品质的影响

(一)常量矿物质对蛋壳质量的影响

营养是影响蛋壳质量的重要因素,蛋壳中平均含有机物4%、碳酸钙93%、碳酸镁1%、磷酸镁2.8%。所以蛋壳主要营养成分是矿物质,并且维生素对这些矿物质的吸收利用有重要作用。蛋壳中的钙、镁、锰、铜、锌和铁等微量元素的总量及其基质中的氨基酸成分是相对稳定的。了解矿物质和维生素对蛋壳质量的影响,对配方师有重要意义。

1. 钙对蛋壳品质的影响

(1)钙和磷是决定蛋壳质量的主要因素,所以一切影响钙和磷的供给、消化吸收和代谢的因素都可影响蛋壳质量。遗传、环境温度和母鸡年龄等,以及新城疫、支气管炎和减蛋综合征等疾病都可改变蛋壳质量,这些因素都不是饲料原因。因此仅仅依靠提供高水平的钙、磷不一定能改善蛋壳质量。

(2)钙决定蛋壳厚度和强度。一个58 g的鸡蛋,蛋壳重约7 g,其中碳酸钙约占94%,所以该蛋壳含碳酸钙6.58 g,碳酸钙含钙35%左右,所以该蛋壳含钙2.3 g。加上维持需要,蛋内容物含钙等,成年母鸡每产一枚蛋需要食入4.0 g钙,或每天采食3~4 g钙。蛋鸡如果不能从饲料中摄取足够满足蛋壳形成所需的钙,往往需动员骨组织中的钙。当产蛋鸡饲料中的钙为3.6%时,蛋壳中80%的钙由饲料提供,20%的钙由骨组织提供,这时蛋壳质量较好。饲料配方的钙水平一般在3.2%~3.5%,在高温或产蛋高峰(产蛋率达85%以上)情况下,钙水平可提高到3.6%~3.8%,40月龄后可取高值;产蛋量小于60%时需要钙量为3.0%。饲喂低钙日粮(1.5%~2.0%)2 d内蛋壳质量下降,蛋壳厚度和强度均降低,蛋壳变薄,产软壳蛋、砂壳蛋甚至无壳蛋且产蛋率下降,鸡啄食并吃掉蛋壳。高钙日粮(含钙>4%)在短期内可改善蛋壳质量,但其适口性差,鸡采食量下降,干扰磷、锌、铁、锰等元素的吸收,造成母鸡大量脱肛,还可因适口性差而降低采食量,影响产蛋性能,而且很可能导致鸡内脏型痛风病,影响蛋壳质量和产蛋率。

(3)产蛋鸡日粮中除含足量钙之外,钙源的颗粒度和溶解度对蛋壳质量也有影响。钙在母鸡消化系统中的溶解速度变异很大。细粒状牡蛎壳具有良好的酸溶解度(77%),比重略大于玉米-豆粕型日粮,是配合饲料优良的钙源添加剂,大颗粒性石灰石不仅酸溶解度低,而且密度比饲料大很多,日粮中不宜添加,80 目的石灰石粉酸溶解度为 88%,同时比重低,与牡蛎壳的实用性接近。当石灰石颗粒大于或等于 1 mm 时,就会停留在消化道上部很难溶解。对于高产蛋鸡,如果日粮中钙不足,可在傍晚单独补饲小颗粒钙。这些钙被吸收到血液中直接用于形成蛋壳,不必先沉积于骨髓中,因此利用率高,有利于改善蛋壳质量。贝壳粉与石粉两种钙质饲料对维持蛋壳品质效果基本相同,前者略优于后者。白云石作钙源时,因含镁太高,降低蛋壳强度。磷酸钙中含氟和矾等杂质时不宜用于蛋鸡饲料,使用骨粉时则应注意脱氟。

(4)蛋壳质量在很大程度上依赖于鸡的骨骼状况。患软骨病的鸡的蛋壳总是很薄。

(5)蛋鸡开产前补钙时间对骨骼和以后的蛋壳质量都有影响,约在 16 周龄小母鸡对营养的需要高于育成鸡,此时已具有代谢较高水平钙的能力。蛋鸡开产前从饲料中摄入大量钙,在产前 7~10 d鸡的骨髓中可沉积大量矿物质。蛋鸡在其产蛋初期,蛋的抗碎力、蛋比重随开产日粮钙、磷水平的增加而显著提高(蔡辉益,1987)。因此开产前两周提高蛋鸡日粮钙含量可提高蛋壳品质,降低蛋壳破损率。过早则不利于钙质在母鸡骨骼中的沉积,而且影响产蛋期鸡对钙质的吸收利用;过晚则难以储足产蛋期所需的钙。过早用含钙 2%的饲料饲喂青年鸡会破坏肾,低钠和低盐的饲料可造成鸡摄入水过少，接着可能造成痛风。在产蛋鸡中过高的粗蛋白水平也有可能造成痛风。

(6)日粮中蛋白质含量是否充分对产蛋鸡钙的吸收也十分重要，蛋白质水解产物氨基酸可与钙形成可溶性钙盐，从而增进钙的吸收，一般产蛋鸡日粮中蛋白质含量不应低于16.0%。

(7)在夏季炎热时添加维生素C可抗热应激，提高蛋壳质量。

2. 磷对蛋壳品质的影响

蛋壳中含磷为0.11%左右，约200 mg，主要决定蛋壳弹性和韧性。日粮中有效磷含量应维持在0.35%～0.4%。

产蛋鸡对磷的需要很敏感，高水平的磷会阻碍骨钙的重吸收作用，干扰钙从骨骼中脱出进入血液，使蛋壳的形成受到影响，比磷缺乏所造成的后果更严重。尤其在产蛋后期，磷的水平应该下调，因为产蛋后期，磷的需要量降低(40周龄以后机体组织生长基本完成)，同时老龄鸡自身对植酸磷的利用率也有所增加。当日粮中磷含量超过生理需要量(0.45%)时，蛋壳质量下降。

低磷对蛋壳品质有利，磷过低则降低产蛋性能，日粮含磷量低时，在几周内一般对产蛋量及蛋壳质量影响不显著，但长期缺乏会导致蛋壳质量下降，引起笼养鸡疲劳症，产蛋量下降。一般蛋鸡日粮含总磷0.5%～6.5%、有效磷0.3%～4.5%时蛋壳强度较好，有效磷0.3%～3.5%对产蛋率和蛋壳质量效果最佳。通过添加植酸酶来降低日粮磷水平时必须注意确保精确添加植酸酶。有效磷可减少20%，例如0.5%的磷的期望值，0.4%可以被植酸酶利用。

磷与钙的代谢关系密切，钙、磷比例对蛋壳质量有影响。因此常把钙、磷放在一起进行研究。一般情况下，钙磷比例为：雏鸡2.2∶1、后备鸡2.5∶1、产蛋鸡(4～6)∶1。高磷使血液中酸碱平衡发生变化，引起蛋壳质量下降，因为高水平磷会阻碍骨的重吸收作用，干扰钙从骨骼中脱出来进入血液，使蛋壳的形成受到影响。并且任何引起血浆磷提高的日粮，会导致蛋比重下降。

3. 镁对蛋壳品质的影响

镁对蛋壳强度的影响是间接的。日粮中含镁 400 mg/kg 才能保证蛋壳强度(刘建树,1993;秦卓明,1993)。日粮缺镁会导致蛋壳变薄、产蛋量下降。高镁(0.56%)使蛋鸡血浆钙降低,血浆镁升高,导致蛋鸡采食量下降,产蛋率下降,破蛋率增加。一般玉米-豆粕天然镁含量在 0.1%~0.3%,足以满足蛋鸡需要。在实际生产中,需注意日粮中含镁量过高。日粮中适宜的镁水平为 500~600 g/kg 时可满足各种家禽的生长、生产和繁殖需要。应避免使用含镁量高于 1.5%的石灰石做钙源。

4. 钠和氯对蛋壳品质的影响

产蛋鸡全价料中钠和氯的含量比例为 1∶1 可改进蛋壳质量,但氯含量不能高于钠含量。英国科学家证实,用碳酸氢钠代替食盐 0.1%~0.5%可减少蛋壳破损率。

(二)微量元素对蛋壳质量的影响

生产者和消费者最关注的鸡蛋品质是蛋重、蛋壳品质、蛋黄颜色和功能特性。

1. 锌对蛋壳品质的影响

蛋壳在体内钙化过程中需要碳酸酐酶,它在二氧化碳与水分子合成碳酸氢根离子的平衡反应中起重要的催化作用,而锌是此酶的主要成分之一。蛋鸡缺锌,碳酸酐酶活性降低,从而影响蛋壳形成。缺锌同缺锰一样,会使蛋壳发白,也需额外添加。植酸或钙含量过高时锌的吸收明显受到抑制,继而影响到蛋壳质量。一般认为,产蛋鸡需要日粮含锌 50 mg/kg 才能保证蛋壳质量正常。据报道饲喂蛋氨酸锌可克服饮用盐水对蛋壳质量的不良影响。有研究表明高温下每千克日粮添加 500 mg 蛋氨酸锌可显著改善蛋壳强度,达 1 000 mg/kg 时还可显著提高蛋壳重。

锌只有和锰同时添加到蛋鸡日粮中才有效。在高钙饲料中添加有机锌和锰,其生物利用率高,可显著改善蛋壳质量,在夜间饲喂可保证消化道持续释放钙,从而提高蛋壳质量。在炎热季节,夜间饲喂可防止蛋壳质量下降。缺锌母鸡所产的蛋孵化率低,鸡胚发育受阻,死亡率高。高锰抑制锌的吸收。钙与无机锌拮抗,高钙干扰锌的吸收。

2. 锰对蛋壳品质的影响

蛋壳的酸性黏多糖含量在很大程度上与蛋壳的抗裂强度相关,而锰在黏多糖的合成过程中起着重要的作用。日粮含锰降低到7 mg/kg,不论饲料中钙、磷含量多少,都会引起蛋壳质量下降。低锰对蛋重无影响,但使蛋壳单位面积重下降、产有疤痕的蛋、裂缝蛋比例上升、蛋破损率提高。锰对蛋壳和蛋黄品质都有影响。锰不足则产蛋量和孵化率降低。一旦缺锰,会长时间影响蛋壳强度,即使在日粮中连续8周补充至少100 mg/kg的锰,也不能改善蛋壳强度。对小母鸡提供锰量的多少可直接影响到将来的蛋壳质量,但如果缺锰日粮不是持续至开产前,蛋壳形成不会受影响。当日粮中锰水平提高到55~60 mg/kg时,蛋壳质量最佳。

锰和锌在体内代谢关系密切,用高锰(100 mg/kg)日粮喂鸡可防止蛋破裂,但是过高锰抑制锌吸收,也影响蛋壳质量。家禽对锰的需要量比哺乳动物要高,这是由于家禽对锰的利用率较低,且在体内的沉积率较低(随胆汁排出)。日粮中锌和锰的水平为50 mg/kg和25 mg/kg时蛋壳质量较好,蛋壳厚度虽不增加,而蛋破碎率低,便于贮存运输。高锰对蛋壳质量的影响争议较大。一些研究者认为饲料中含锰过高会影响钙吸收和代谢,对蛋壳形成产生不利影响,当饲料中添加180 mg/kg的锰,则破蛋率和软壳蛋率增加。高钙高磷日粮可在肠道内形成磷酸钙沉淀,吸附锰并随粪便一起排出,从而影响蛋壳质量,使蛋壳变薄发白。

3. 铜对鸡蛋品质的影响

试验表明添加硫酸铜使产蛋率及料蛋比都提高。添加铜60 mg/kg料蛋比最佳;30 mg/kg的蛋壳强度和蛋壳厚度最佳。

另外,饮水质量对蛋壳品质也有很大影响。饮水中存在高量氯化物会导致蛋壳质量低劣。饮水中含氟量≥5 mg/kg 时蛋壳质量明显下降。但陶瓷水、碱离子水及碳酸化水可提高蛋壳质量。

4. 碘和氟

碘在日粮中占 50 mg/kg,可使产蛋率提高,破蛋率明显下降(岳斌,1995)。氟对蛋壳质量也有影响,饮水中氟含量>5 mg/kg 时蛋壳质量明显下降(肖希龙,1994)。

(三)维生素对蛋壳质量的影响

1. 维生素 A 和维生素 E 的影响

维生素 A 水平影响色素吸收。足够维生素 E 对色素吸收和沉积有帮助。有试验表明饲料中加 1%绿茶粉,可增加蛋黄中维生素 A、维生素 E 含量,加深蛋黄颜色。

2. 维生素 D 对蛋壳品质的影响

维生素 D 是合成钙结合蛋白,活化骨钙代谢,加强肠内磷吸收和肾内磷代谢所必需的维生素,所以对蛋壳品质影响较大。舍饲鸡常光照不足,需在饲料中添加维生素 D。缺乏维生素 D 直接影响钙吸收,产蛋量下降,蛋壳强度和厚度下降,软壳蛋、破壳蛋增多。过量的维生素 D 可导致沙皮蛋比率上升。商品蛋鸡料添加 1 500 IU/kg,种鸡料加 3 500~36 000 IU/kg 的维生素 D_3 可确保最高产蛋量和蛋壳质量,而日粮中维生素 D_3 含量过高和过低均影响蛋壳质量。有报道说日粮中维生素 D_3 和碳酸氢钠水平对蛋壳质量有显著的互作效应。日食中含维生素 D_3 2 500~2 700 IU/kg 和碳酸氢钠 0.27%~0.73%,可使产蛋鸡群蛋壳厚度高于 0.37 mm,蛋壳相对重在 11%~12%,破、软蛋率在 3%以下。

3. 维生素 C 对蛋壳品质的影响

维生素 C 可促进骨中矿物质代谢,增加血浆钙浓度,因而可在一定程度上改善蛋壳品质。在饲粮中钙水平较低时这种作用更明显。维生素 C 是合成蛋壳有机质所必需的,对蛋壳有良好作用,可促进骨骼中矿物质代谢，增加血清钙浓度，特别是在高温下，能增加甲状腺活动，减缓热应激的不良影响。维生素C在健康鸡的肾脏能自行合成，但在各种应激条件下将导致合成量不满足需要，所以需要通过饲料或饮水补充维生素C。在饲料中添加维生素C有助于鸡耐受应激，在高温季节给蛋鸡日粮添加100～400 mg/kg维生素C，蛋壳质量明显改善。对实行强制换羽的老龄母鸡日粮中添加50 mg/kg维生素C，显著提高蛋壳品质。每吨饲料中添加150～500 g可改善蛋壳质量并将破蛋率降至最低。

4．烟酸对蛋壳品质的影响

饲料中烟酸过量会使维生素D灭活。因此即使日粮钙和维生素D含量足够，当烟酸过量时也会导致低血钙，致使蛋壳质量下降。

（四）日粮氨基酸和药物对蛋壳品质的影响

日粮中的氨基酸，尤其是蛋氨酸、赖氨酸不仅可强化蛋壳膜，而且可使蛋壳厚度均匀。

呋喃类、磺胺类药物，如果使用不当或长期使用，能抑制子宫腺上皮细胞内碳酸酐酶的活性，影响蛋壳强度。在产蛋期间接种各种疫（菌）苗时，由于机体对疫（菌）苗产生反应，产蛋量减少，蛋的破损率显著上升。接种前后2 d投喂氯丙嗪，剂量：雏鸡30 mg/kg体重，成年鸡50 mg/kg体重，可减轻鸡对疫（菌）苗的应激反应。应激反应（如惊群）也可能引起输卵管的收缩，造成蛋壳腺黏膜损伤或由于蛋的滞留，使钙质过多地附着而形成粉壳蛋，也可能由于应激激素（如肾上腺素）的释放而造成机体分泌（如蛋壳色素分泌）的紊乱。

（五）酸碱平衡对蛋壳品质的影响

饲料酸碱度影响蛋壳质量，一般认为碱性饲料有利于蛋壳形成。日粮中的钠、钾、氯可改变家禽血液pH值，从而影响禽蛋蛋壳质量。日粮钾从0.60％提高到0.88％时提高蛋壳品质，利用高钠

(0.52%)和低氯(0.12%)日粮能降低采食量和产蛋率，但蛋比重和蛋壳强度增加(Hughes，1989)。高磷高氯日粮可使体内酸碱平衡发生变化，日粮中补加硫酸钙后，鸡血液酸碱平衡受到破坏，钙存留量降低，蛋壳质量降低。因此如果仅仅考虑蛋壳质量，在蛋鸡日粮中应尽量少添加含有氯、磷、硫酸根等离子的物质，以免使体内阴离子比例上升，对酸碱平衡造成影响，从而导致蛋壳质量下降。

在设计饲料配方时，如果氯过高，使鸡体液成为酸性，会引起蛋壳质量下降，反之如果钠过高，则有利于改进蛋壳质量，因此在饲料中添加无氯的钠盐最佳。所以在饲料中添加一定量的碳酸氢钠有利于改进蛋壳的质量。

(六)饲料对鸡蛋大小的影响

已知影响蛋重最重要的营养因素是日粮蛋白质、氨基酸、日粮能量含量、脂肪含量以及必要的脂肪酸(加亚油酸)等的摄入量。提高饲粮蛋白质，特别是动物性蛋白质水平，可提高蛋重。改变饲料中维生素含量也能引起蛋重变化。在产蛋鸡饲料营养平衡，尤其是氨基酸平衡时，增加蛋白质或脂肪浓度均会增加蛋重，二者有可加性。只要缺乏某种限制性氨基酸，蛋重就会降低；当这种限制性氨基酸在日粮中的含量很低时，不仅使蛋重降低，同时还降低产蛋率，甚至造成产蛋停止。

日粮中缺乏亚油酸时，蛋重、产蛋率、蛋黄含脂肪率都下降，胚胎早期死亡率增加；高温季节采食量下降，日粮中添加脂肪可有效维持蛋的形成；蛋的脂肪酸组成与日粮脂肪酸组成有很大相关，蛋鸡对脂肪酸的需要实际上是对亚油酸的需要。只要日粮中维持1%的亚油酸，就能满足生长和成年家禽的必需脂肪酸需要。产蛋鸡和种鸡需要较多亚油酸，以维持蛋重和孵化率。豆油、玉米油、菜油中含亚油酸40%～60%，是鸡的最佳脂肪添加物，生产上一般在配合饲料中的实际添加量为0.5%～3.0%。在饲料中添加亚油酸，可促进鸡蛋的长大。亚油酸在饲料中的比例0.68%时，每个鸡蛋的重量基本上保持在58.8 g；当亚油酸的比例提高到2.83%时，每个鸡蛋的重量可达到59.6 g。若嫌鸡蛋过大，只要在饲料中添加牛黄酸0.5%，每个鸡蛋的重量就可下降1 g。

日粮中添加3%～5%脂肪（其中动、植物脂肪各半），可使产蛋量和饲料转化率分别提高10%～12%和7%～8%。

日粮能量水平主要通过影响饲料和蛋白质的采食量而影响蛋大小。能量摄入不足会降低产蛋率和蛋重。

抗菌素对蛋重影响很小或没影响；药物尼卡巴津可使蛋黄变小，所以使鸡蛋变小。棉酚使蛋重迅速变小直至母鸡产蛋停止。镇静剂利血平降低蛋重。推迟开产可增加蛋重。亚油酸可促进鸡蛋生长，在饲料中添加3%的亚油酸可增加蛋重。牛磺酸能抑制鸡蛋生长，在饲料中添加0.5%牛磺酸，鸡蛋重量可下降1 g。

第三节 饲料对鸡蛋内观感品质的影响

（一）饲料对蛋白品质的影响

1. 铬对蛋白品质的影响

铬能显著提高蛋鸡产蛋率，并显著降低卵黄胆固醇水平和提高哈夫单位。添加有机铬比添加无机铬效果好，添加量以0.8 mg/kg为最佳。Jenson（1978）报道，添加0.5 mg/kg的铬可显著提高鸡蛋哈夫单位，改进鸡蛋品质，而添加0.6～0.7 mg/kg的铬时，卵黄胆固醇含量显著降低（李海峰等，1999），也有报道无效果的，可能是由于鸡的品种、日龄、铬源及日粮中所含的与其吸收、代谢相关的物质的含量不同。罗绪刚等（2002）报道，日粮添加2.0 mg/kg和10.0 mg/kg的铬对采食量、料蛋比、蛋壳厚度、蛋壳百分率、蛋黄颜色、血清甘油三酯含量、碱性磷酸酶活性（AKP）和全血T淋巴细胞转化率有明显影响。三氯化铬在提高蛋壳品质和细胞免疫功能方面的作用效果优于吡啶羧酸铬；3价铬可改善热应激产蛋鸡黄颜色和蛋壳质量，降低血清甘油三酯含量，提高热应激产蛋鸡的细胞免疫功能和血清AKP活性。

2. 钒和氯化铵对蛋白品质的影响

哈夫单位与蛋清中的卵黏蛋白含量有正相关性。日粮中的钒引起蛋清质量下降，往新鲜蛋中直接注射少量钒酸铵可产生与饲喂钒相似的效果。喂氯化铵可导致蛋清高度增加并且浓蛋白量增加，所以哈夫单位就高，但是会导致蛋壳质量降低。

3. 棉酚和维生素 B_2 对蛋白品质的影响

棉子中的环丙烯脂肪酸会使蛋白呈现粉色，因此棉子通常在蛋鸡料中不超过5%。棉子对蛋黄的成分也有害，棉酚存在时会使蛋黄杂色。过量的维生素 B_2 可能导致蛋白产生黄色污染。

（二）饲料养分对蛋黄颜色的影响

1. 日粮叶黄素含量对蛋黄颜色的影响

鸡饲料中的天然色素如叶黄素、胡萝卜素、玉米黄素等一切呈黄色的色素都可进入蛋黄，严重影响蛋黄颜色，所以实践中通常是增加日粮中黄玉米及其产品以改善蛋黄颜色；绿色苜蓿、三叶草等绿色牧草除含有赋予它们绿色的叶绿素外，还含有黄色和红色两种色素，合称叶黄素（胡萝卜醇），叶黄素可使蛋黄几乎呈橙红色，深受消费者欢迎。一些饲料原料叶黄素含量较低（例如小麦、大麦、稻米或它们的副产品），如果在蛋鸡日粮中这些原料的使用比率较高，蛋黄颜色就较差。许多类胡萝卜素具有维生素A原的活性，如果缺乏维生素A，它们可在体内转化为维生素A以满足蛋鸡营养要求，从而降低蛋色素沉积程度。饲料维生素A含量低于600 IU/kg时会促进部分色素在体内转化，而含量高于2 500 IU/kg时，开始抑制色素吸收。有报道饲料中维生素A含量在10 000～15 000 IU/kg时鸡蛋含维生素A原较高。天然着色剂的增色速度比人工合成的色素约慢1周，且天然叶黄素的着色效果不如人工合成的叶黄素,大约1 g合成的玉米黄色素可替代高达2 g的天然复合叶黄素。

2. 日粮叶黄素质量对蛋黄颜色的影响

蛋黄颜色不仅受饲料色素含量影响,而且也受色素性质影响。玉米面筋中的色素对蛋黄的着色效果比苜蓿草粉和干藻粉的效果好。其原因是玉米所含色素中玉米黄素的相对比例较高。人工合成色素对蛋黄着色效果较好。饲料原料中叶黄素含量的变化会不同程度地影响鸡皮肤的着色效果。玉米因品种、产地、收获季节、贮存时间不同,叶黄素含量差异很大,玉米蛋白粉加工方式不同,叶黄素含量变化很大,大豆和苜蓿中含有的脂肪氧合酶极易破坏叶黄素,此类因素都影响着色效果。玉米蛋白粉颗粒小,与空气接触面大,其叶黄素易氧化,随贮存时间增加叶黄素含量逐步降低,在玉米蛋白粉和去壳谷粒比例较高的谷物尤为明显。

3. 日粮营养水平对蛋黄颜色的影响

日粮营养不平衡会影响叶黄素在肠道的吸收,从而导致皮肤苍白综合征,并且蛋黄颜色也会变浅。饲料中维生素E、蛋氨酸、胆碱、微量元素、能量水平不当都会造成着色不良。另外,饲料中盐分过高、硝酸盐过高也会影响着色效果。

4. 维生素和未知影响因子对蛋黄颜色的影响

据报道,维生素A和钙过量均使蛋黄颜色下降,有些饲料含某些影响蛋黄颜色的未知因子。如细稻糠和大麦的添加量达到一定水平时(稻糠20%,大麦50%)就会明显降低蛋黄颜色。日粮中类脂化合物氧化产生的大量过氧化物能使蛋黄颜色减退,所以日粮中添加抗氧化剂和维生素E有助于改善蛋黄颜色。

5. 钙和脂肪水平对蛋黄颜色的影响

日粮中钙和叶黄素在肠道吸收时存在竞争,钙水平太高使着色效果变差。叶黄素溶解于脂类,其在肠道中的吸收可能与脂类的吸收相伴随。所以在饲粮中添加油脂可提高蛋黄颜色,特别是在饲粮色素含量低时，效果明显。色素被氧化后就失去着色能力，因而饲粮中加入抗氧化剂可防止色素氧化，提高色素对蛋黄的着色作用。维生素 E 和乙氧喹在这方面都有效，尤其在饲料中加入不饱和脂肪酸时，效果更佳。

6. 霉菌毒素对蛋黄颜色的影响

霉菌毒素是饲料中影响皮肤和蛋黄着色度的重要因素。黄曲霉毒素可使蛋黄色泽明显降低，还能引起肉鸡皮肤苍白综合征。肉鸡采食发霉饲料，皮肤色泽会逐渐褪去。

7. 饲料加工工艺对蛋黄颜色的影响

饲料产品加工制粒时蒸气温度越高、加工时间越长，叶黄素损失量越大，使皮脂和蛋黄着色度降低。

（三）饲料原料对蛋黄颜色的影响

禽蛋内容异色主要发生在蛋黄中，可引起蛋黄发生异色变化的主要有以下几种原因。

1. 棉子饼对蛋黄颜色的影响

饲料含棉子饼多时蛋贮藏期短，存放时间过长时蛋黄中的蛋白变红，蛋黄膨胀。棉酚可使蛋黄变成多种怪异颜色，如粉红色、红色、绿色、黄绿色、黑绿色、橄榄绿色、褐色等。煮熟后，坚韧如橡皮，故名“橡皮蛋”。变色机理：棉子饼含两种有毒物质，一为棉酚，是引起变色的主要物质，它与蛋黄中的铁、脑磷脂相互作用，引起变色反应；二为环丙烯类脂肪酸，起加重棉酚变色反应的作用。美国 NRC(1994)推荐蛋鸡饲料中棉子饼不要超过 4%。

2. 大麦对蛋黄颜色的影响

大麦子实含抗营养因子 α-葡聚糖，其水解液黏性较大，在鸡肠道内易堵塞细胞膜孔，影响营养成分的传递与吸收和蛋黄色素沉积，使蛋黄变为淡黄白色。在维生素 A 缺乏时也可引起此种变化。

3. 脂类和抗氧化剂对蛋黄颜色的影响

叶黄素溶解于脂类，其在肠道中的吸收可能与脂类的吸收相伴随。所以在饲粮中添加油脂可提高蛋黄颜色，特别是在饲粮色素含量低时效果明显。色素被氧化后就失去着色能力，因而饲粮中加入抗氧化剂可防止色素氧化，提高色素对蛋黄的着色作用。维生素E和乙氧喹在这方面都有效，尤其在饲料中加入不饱和脂肪酸时，效果更佳。

（四）红心鸡蛋的生产

1. 在日粮中添加色素

规模经营的鸡场一般是在配合饲料中添加色素，目前市售的色素产品有β-胡萝卜素、辣椒红、β-阿朴-8′-胡萝卜素醛、β-阿朴-8′-胡萝卜素酸乙酯、β，β-胡萝卜素-4，4-二酮（斑蝥黄）、叶黄素、万寿菊提取物（天然叶黄素）等8种着色剂可适用家禽，虾青素只能适用于水产动物，这是农业部第318号公告（2004）公布的《饲料添加剂品种目录》中规定的。

2. 使用红辣椒粉和辣椒蛋白粉

在鸡饲料中添加红辣椒粉1%和少量苜蓿粉、植物油，可使蛋黄深红色，富含萝卜素和维生素C，并能提高冬春季鸡产蛋量、增加食欲、促进消化、强脾健胃、促进血液循环、扩张毛细血管、提高鸡的御寒能力、杀菌消炎增强抗病力等作用，产蛋率可提高8%～10%。产出的蛋富含胡萝卜素和维生素C，食后既有利于养颜美容，又能预防坏血酸病等症。

市售的“辣椒蛋白粉”是由辣椒籽经干燥、提油后的产物，含有丰富的辣椒素、辣椒黄素、辣椒红素和生物类黄酮。使用辣椒蛋白粉能极大地改善畜禽健康，提高肉、蛋产量，改善产品品质。所以说辣椒蛋白粉是一种优秀的绿色饲料原料。用法与用量：肉鸡配合饲料中添加0.8%～2.0%，浓缩饲料中添加2.5%～3.0%。蛋鸡配合饲料中添加0.8%～3%，建议冬季添加2%～3%，浓缩饲料中添加2%～3%。如需要蛋黄红色，建议添加5%。经8～10 d后，能使蛋黄颜色加深。

3. 添加胡萝卜

每千克胡萝卜含胡萝卜素 492 mg、叶黄素 508 mg。在日粮中添加 30%的鲜胡萝卜,可明显提高蛋黄色级。鸡、鸭都可用。在鸡饲料中加入 5%～10%胡萝卜,蛋黄颜色显著加深,还能提高黏膜抗病能力,在冬春季有防止感冒和呼吸道疾病的作用。

4. 其他原料

苜蓿草粉,日粮中加 5%,蛋黄色级可从 1 级提高到 4 级,鸡肉质颜色加深。拔节期刈割的多花黑麦草添加 5%。聚合草粉添加 5%。添加 10%～15%的苋菜,可使蛋黄颜色呈橘黄色或杏黄色。添加 2%～3%黄芪干粉,还可提高产蛋率 8%～10%。添加 2%～5%苍术干粉,还对鸡产蛋疲劳症、传染性支气管炎、鸡痘和眼病等均有良好预防效果。加 2%～3%艾叶粉,还可提高产蛋率 12%～20%。添加 2%～4%的海藻粉,还可使鸡产高碘蛋,有食疗保健功能。加 2%～5%野菊花干粉还能预防球虫病和眼病。加 0.5%～1%益母草粉,还使种蛋受精率有提高,抗病力增强,产蛋率增加。槐叶粉添加 5%～10%。猪血粉添加 5%。

(五)饲料对鸡蛋味道的影响

生鸡蛋不散发可嗅到的气味,熟鸡蛋可散发微弱的特有蛋香,不论生熟鸡蛋凡能嗅到强烈气味者皆属异味,禽蛋产生异味的原因有以下三个方面。

1. 饲料原料对鸡蛋味道的影响

鸡蛋一般不受饲料气味影响,但气味较浓的原料如葱、鱼粉、蒜味、鱼腥味、蚕蛹油味、牛油味等可直接影响蛋味道。在鸡饲粮中广泛应用的鱼粉、菜子饼和胆碱常与蛋产生腥臭味有关。

鱼粉用量在日粮 5%以下。蚕蛹应先进行脱脂处理再作饲料,或控制用量在日粮的 5%以下。菜子饼含有多种毒素,如异硫氰酸脂、噁唑烷硫酮等,喂量过多可使禽蛋产生特异腥味和苦味。应当采取毒措施,消除所含毒物,并控制用量在日粮 5%以下。卷心菜是可常年供应的优良青饲料，喂过量可使禽蛋产生不良气味，应控制用量在4%以下。因微量棉酚即可引起蛋黄变色反应，故减毒后因有少量残留仍不宜应用；由于含棉酚的种蛋孵化率很低，死胚率很高，应禁止作种蛋用。用大麦作饲料时，应添加β-葡聚糖酶，以促进β-葡聚糖水解，变为葡聚糖和低聚合度的物质，降低肠道内容物的黏度，促进营养质吸收。

2. 饲料添加剂对鸡蛋味道的影响

氯苯胍是一种抗球虫药，对鸡常发生的6种球虫病都有效，但可使禽蛋产生特异气味；虽然降低用量可不使禽蛋产生不良气味，但影响抗球虫效果。鱼油属于脂肪类饲料添加剂，添加过多可使禽蛋产生鱼腥味；添加量控制在1%以下。尿素有显著促进肉鸡增重作用，但喂蛋鸡可使鸡蛋产生氨味。

3. 疾病对鸡蛋味道的影响

血斑蛋因出血形成，故有微弱血腥味。变性蛋黄已变性故有腥臭气味，因同时检出了白痢杆菌，故属于白痢病产物。

（六）饲料对蛋内异物的影响

此问题已在上节介绍。因缺乏维生素产生血斑蛋者，可供给富含维生素的饲料，如胡萝卜、黄瓜、甘薯等。

第四节　饲料对鸡蛋内养分的影响

在一定范围内，蛋中的一些微量成分的含量受饲料影响比较明显。随着食物疗法的兴起，采用改变产蛋鸡饲料成分，增喂一些特殊的药物、微量元素、控制饮水、水质等措施，就能生产出各种类型的药蛋。在饲料中增加维生素A、维生素D或一些B族维生素均可使它们在鸡蛋中的相应含量得到提高。鸡蛋的铁、铜、碘、锰和钙等矿物元素的含量也因其在饲粮中的含量变化而有相应改变，尤其是铁，从饲料进入禽蛋的能力特强。鸡蛋中的维生素和矿物元素含量，对于商品蛋影响其食用价值，对种蛋则影响其孵化性能和雏禽健康及生长发育。

(一)微量元素对蛋内部养分含量的影响

1. 日粮对蛋内铁含量的影响

铁是人和动物机体营养代谢、生长发育及繁衍后代所必需的元素之一。缺铁性贫血不仅影响儿童的生长发育，还造成机体的免疫功能和智力开发的障碍。防治本病的方法就是提高膳食中铁的摄入量。

在饲料中添加 0.5%的硫酸亚铁，或 525 mg/kg 的蛋氨酸铁，饲喂蛋鸡、蛋鸭，经 7～12 d 后可生产出高铁蛋。高铁蛋中含铁量可达 1 500～2 000 μg/枚，比普通鸡蛋(800～1 000 μg/枚)高 0.5～1 倍。食用高铁蛋可防治缺铁性贫血症，并对失血过多患者有滋补作用。

2. 日粮对蛋内锌含量的影响

高锌鸡蛋可防治儿童缺锌综合症、伤口久治不愈，成人性功能减退或不育症。

在饲料中添加 1%～2%的碳酸锌或硫酸锌，饲喂 20 d 后，即可产出高锌蛋，蛋中含锌量为 1 500～2 000 μg/枚，比普通蛋(400～800 μg/枚)高 2～4 倍。也有报道说添加 1%的锌盐 20 d 后可以产出高 15 倍的高锌蛋。日食高锌蛋 1～2 枚，20～40 d 为一个疗程，可防治小儿缺锌综合征，促进伤口愈合，提高成人性功能，防治不育症等，特别对促进儿童智力发育作用良好。

3. 日粮对蛋内碘含量的影响

碘是人体必需的微量元素，缺碘会引起人单纯甲状腺黏液性水肿、粗脖子病、呆小病等。鸡蛋中碘主要沉积在蛋黄中，蛋黄中的碘直接与饲料中碘含量有关。高碘蛋提高了碘的生物学效价，不仅能预防缺碘病的发生，还可提高人体脂蛋白脂肪酶的活性，降低血液中胆固醇与甘油三酯的含量，防止动脉硬化、高血压、高血脂、冠心病、支气管哮喘，缺碘性甲状腺肿大、甲亢等，对糖尿病等亦有一定疗效。

从孵化角度看，蛋鸡饲料中碘最大允许量为 50 mg/kg。蛋鸡日粮中慢性缺碘，其卵巢功能受限制，垂体的促黄体功能受影响。严重缺碘的种鸡蛋孵化率极低，且胚胎重量下降，即使有孵出的雏鸡，体质也很弱，并伴有甲状腺肿大。

在蛋鸡、蛋鸭饲料中添加海藻粉 4%～10%或海带粉 4%～6%，或在每 100 kg 饲料中添加 50 g 碘化钾或碘化钙，连喂 15～21 d，即可产出高碘蛋，同时还提高产蛋率增加蛋黄色泽。生产的高碘蛋中含碘量 300～1 000 μg/枚，而普通蛋为 3～30 μg/枚。高碘蛋不仅大幅度提高了蛋中碘含量，同时降低胆固醇 50%左右，提高维生素总量达 30%，也是低胆固醇蛋。需要强调的是，用超量 300～1 000 倍的碘饲喂母鸡，导致暂时性停止产蛋，并且蛋的孵化率降低(许梓荣，1991)。

据试验，日食 2～3 枚高碘蛋，40～60 d 为一个疗程，对缺碘甲状腺肿大症、甲状腺机能亢进、侏儒症、中老年心血管病、呆傻症、脂肪肝、糖尿病都有一定疗效。

4. 高铁高碘鸡蛋

据报道，日粮添加 9%沸石，鸡蛋黄铁含量显著增加。日粮中添加碘化钾、蛋氨酸铁，含碘 50 mg/kg、铁 525 mg/kg 或含碘 100 mg/kg、铁 1 025 mg/kg，引起产蛋鸡生产性能下降，蛋黄和蛋白的含水量、蛋白质含量及蛋黄磷脂含量均无明显变化，蛋黄碘含量增加 13.95～17.62 倍，蛋白碘含量增加 1.21～1.87 倍，蛋黄铁含量提高 76.49%～124.34%，蛋白铁含量略有上升。表明日粮碘和铁能有效地向蛋中转移，且不影响蛋的其他养分。

高碘高铁日粮会引起蛋鸡生产性能下降。曹盛丰等曾用含铁 525 mg/kg 日粮饲喂罗曼蛋鸡，未发现生产性能变化，而 Arrington 等报道，日粮中碘过高会导致产蛋率降低，这是因为生长中的卵对碘有显著的聚集能力，当卵内碘蓄集达到阈值时，导致卵发育停止而发生退化。

5. 日粮对蛋内硒含量的影响

硒是人体必需的微量元素，硒缺乏会引起多种疾病。目前防治与缺硒有关疾病的方法主要是使用亚硒酸钠和含硒酵母。鸡蛋中的硒是一种有机硒，吸收率高达 80%，比无机硒(亚硒酸钠)吸收率高 1.6 倍。

蛋的硒含量约为 0.20 mg/kg。硒是剧毒元素，日粮添加 2 mg/kg时引起产蛋量下降。美国 NRC(1998)推荐蛋鸡日粮硒用量是 0.10～0.15 mg/kg，添加有机硒比添加无机硒更易在蛋中沉积。饲料中添加硒酸钠或亚硒酸钠 0.5 mg/kg，或硒酵母(10 mg/kg 饲料)，连续饲喂 14 d 后即可得到富硒蛋，含硒可达到 30～50 μg/枚，而普通鸡蛋 4～12 μg/枚。需要注意，饲料中硒含量不能超过 3 mg/kg，以免发生鸡中毒。

人食用高硒蛋每天 1～2 枚，连用 30～40 d，可抗癌，防治心绞痛、心肌梗塞、脑血栓、风湿性关节炎、大骨节病，对某些毒物(镉、汞、砷)等有解毒作用，还有清除自由基、刺激免疫球蛋白、保护淋巴细胞、增强免疫功能、延缓衰老和促进儿童生长发育的作用。

6. 日粮对蛋内锗含量的影响

在饲料中添加水溶性无机锗化合物，锗水平为 100 mg/kg，无机锗化合物在鸡体内可转化为有机锗化合物，其所产的鸡蛋即为含有机锗的高锗蛋。有机锗能调节机体免疫功能，促进血液净化，增强抗氧化能力，有抗衰老和抗癌功能。

7. 高复合微量元素蛋

在蛋鸡饲料中加入 0.4%的锌、铁、碘等微量元素，即可产出含锌、铁、碘较高的蛋。

(二)日粮对蛋内胆固醇含量的影响

每枚鸡蛋含 200～300 mg 胆固醇。鸡蛋蛋黄胆固醇受许多因素影响。老母鸡的蛋中胆固醇含量高;商品蛋鸡与肉用种母鸡相比,后者有更高的蛋重和蛋黄胆固醇含量,但以每克蛋胆固醇含量计,品种间没差异;通过选育和基因突变可获得产低胆固醇蛋的鸡品种;日粮对蛋黄胆固醇的影响不显著,能成功降低蛋黄胆固醇含量的试验有限,影响血清胆固醇含量的日粮并不能保证影响蛋黄胆固醇,蛋黄胆固醇难受日粮调节。不过也有报道说,蛋鸡采食高脂肪或高能量日粮则蛋中胆固醇水平会上升,高水平不饱和脂肪酸可降低肝脏中胆固醇的合成,日粮中的谷甾醇和高纤维也会使鸡蛋中胆固醇水平降低。

有人提出,鸡蛋中胆固醇含量若低于一定值时,胚胎不能正常存活,产蛋也告停止。Elkin(1999)指出胆固醇不是蛋黄形成的必需成分,可受药物调控,对产蛋率影响不大,在实际研究中以产蛋率下降结果居多,但有不同结论。Prakash(1996)报道鱼油、向日葵油可降低蛋的胆固醇含量而不影响产蛋率。Prakash(1990)用米糠喂鸡,虽胆固醇下降,而产蛋率在各组间没什么不同。乳杆菌和益生素的添加在降低胆固醇的同时也提高了产蛋率。

(三)低胆固醇蛋的饲料配方设计

1. 注意常规日粮组分

在配合饲料中加入鱼油 5%,或鱼油与亚麻油及菜子油的混合物,能使鸡蛋中胆固醇含量下降 15%～20%;日粮中添加 3%的沙丁油、1%或 2%的鱼油和向日葵油能显著降低蛋黄、血清胆固醇,而不影响产蛋率。

鸡饲料以玉米、豆粉、酒糟为主,并用中性水喂鸡,蛋中胆固醇含量约降低 55%,含钠量低 25%。

可溶性纤维也可降低蛋内胆固醇。Rybina(1985)增加苜蓿粉用量到 15%,并适当减少鱼粉和水解酵母用量,结果蛋黄胆固醇含量仅为对照组的 66.7%～50%,蛋重不受影响。

将筛状菌接种于稻谷、米糠、动物血液混合物中,经发酵、成熟后，将此发酵物按2%的量加入饲料中，可降低蛋黄中胆固醇的含量，并可提高蛋重。

2. 使用添加剂

(1)使用维生素。在其他维生素含量相同的基础日粮上，每吨产蛋鸡日粮补充12.5 g维生素E，0.15 g生物素，40 g烟酸及150 g维生素C，即可产出低胆固醇蛋。

(2)铜。用五水硫酸铜，日粮含铜125～250 mg/kg，可降低蛋黄胆固醇浓度30%～35%，缺铜会导致高胆固醇。若追求产蛋数量和饲料效率，则日粮铜需求可小于6 mg/kg，若要求低胆固醇蛋则要求250 mg/kg添加量。

(3)铬。Lien(1996)报道，蛋鸡日粮中添加0.8 mg/kg有机铬，显著降低了蛋黄中胆固醇含量。但也有实验报道吡啶羧酸铬不降低蛋黄胆固醇含量。

(4)锗。研究表明，在蛋鸡日粮中添加适量的β-羧乙基锗倍半氧化物(即锗-132)可在一定程度上改变机体脂类代谢，并降低鸡蛋蛋黄中胆固醇含量。

(5)β-环糊精。这是一种机体不能吸收的碳水化合物，Oakenfull(1990)建议用它降低牛奶和蛋黄中的胆固醇。

(6)壳聚糖。张丽英等(1996)在蛋鸡饲料中添加壳聚糖显著降低了蛋黄中胆固醇含量，但尹靖东(2001)在北京红鸡日粮中添加50 mg/kg壳聚糖，没发现对鸡蛋中胆固醇含量有影响。

(7)类黄酮物质。类黄酮物质具有很强的抗氧化和调控血脂的作用，所以豆类或豆类制品具有预防高血胆固醇、冠心病、肥胖病、糖尿病的作用。在蛋鸡日粮中添加类黄酮化合物是否能降低鸡蛋胆固醇含量还有待研究。

(8)大蒜素。饲料中添加1%～3%的大蒜，可使蛋中的胆固醇降低40%～55%，但Reddy等(1991)在基础日粮中添加0.02%大蒜油饲喂白来航鸡，结果血脂、血浆胆固醇的含量没变化。

(9)微生态制剂。日粮添加益生菌可降低蛋黄及全蛋胆固醇含量。部敏(2000)在海兰褐商品蛋鸡饲料中添加5%EM发酵饲料，饮水中添加1%EM稀释液，并用2%EM稀释液喷雾鸡舍每周两次，结果发现鸡蛋胆固醇含量下降了67.78%，效果明显。

(10)中草药。添加烘干的杜仲叶粉3%可有效减少肉鸡脂肪和降低胆固醇含量，并可提高高密度脂蛋白胆固醇的含量和磷脂含量，促进鸡肉紧度，吃起来味道可口鲜美，和野鸡味差不多。在蛋鸡饲料中掺入8%的葵花籽或10%的木头刨花粗粉，可使蛋黄中的胆固醇降低13%。

(11)药物添加剂。洛伐他汀是一种降血脂药，刘来亭等(2001)在32周龄海兰白商品蛋鸡日粮中分别添加0.00 675%，0.013 5%和0.027%，发现洛伐他汀可降低蛋黄中胆固醇浓度(最低达8%)和全蛋中胆固醇含量(最低达10%)，且对产蛋率有促进作用。Waldroup等(1986)在日粮中添加0.1%的丙丁酚，2周后蛋黄胆固醇显著下降。甲硫氨酸、胆碱、维生素B_2比维生素C也有一定的降低胆固醇的作用(Angeloviunva，1994)。

(12)低聚木糖添加剂。饲料中加低聚木糖添加剂可使蛋的胆固醇含量降低30%～60%，鸡的产蛋量增加，死亡率下降。

(四)日粮对蛋内脂肪酸的影响

1. 不饱和脂肪酸的营养价值

鸡蛋中的多不饱和脂肪酸对人体具有重要作用。ω-3不饱和脂肪酸(ω-3PuFA)可降低人体血浆甘油三酯和胆固醇水平，能改变类廿烷的生成的组成，抑制炎症，有抗血栓效应，抑制动脉硬化等心血管系统疾病，可ω-3PuFA不能在人体内合成，必须从食物中摄取。廿二碳六烯酸(DHA，俗称脑黄金)在维护人大脑和眼睛功能上起重要作用，有助于改善人的视力，提高记忆力和稳定情绪、促进儿童大脑发育、增强思维能力，增加智商，且有抗过敏、抗癌等功效。有报道表明，每周食入4枚富含ω-3脂肪酸的鸡蛋可以降低血小板凝集，受试者每天吃 2～3 枚这种鸡蛋，胆固醇和甘油三酯水平降低。

2. 生产富含不饱和脂肪酸鸡蛋关键在饲料

在饲料中添加富含亚油酸、亚麻酸等植物油脂后，脂质会在鸡体内富集，蛋黄脂质中相应成分的含量就会增加。蛋鸡年龄、年龄与日粮的互作也影响蛋黄脂肪酸的含量，而蛋鸡品种的影响较小。富含 ω-3 脂肪酸的鸡蛋有一种异味，即鱼腥味，这是由于三甲胺、脂质氧化产物和亚麻味引起的。在饲料中加入 B 族维生素作为抗氧化剂稳定脂质后可显著减少饲料和蛋中的异味和挥发物质，不减少 ω-3 脂肪酸沉积。

3. 生产富含不饱和脂肪酸鸡蛋所用的原料

(1)亚麻子中所含亚麻酸对氧化比较稳定，它是 DHA 的前体，可转化为 DHA。在鸡料中加入 2.5%～15%亚麻子 3 周后，可使蛋中 DHA 含量由普通蛋的 20 mg 提高到 80 mg。随着亚麻子添加水平的提高，鸡蛋中亚麻酸水平呈线性增长，亚麻子的安全添加量可增加到 15%，碾碎的亚麻子比整粒亚麻子有更大的 ω-3 脂肪酸沉积。添加亚麻子达 10%时，生产性能不受影响，15%的添加量使每千克蛋的饲料消耗增加。

(2)鱼油中富含长链 ω-3PuFA，如廿碳五烯酸(EPA)、廿二碳五烯酸(DPA)、廿二碳六烯酸(DHA)。在饲料中加入 2.5%的鱼油或 15%～20%的亚麻子，28 d 后即可将其作为多不饱和脂肪酸强化蛋出售。鱼油对空气氧化破坏很敏感，容易使食品风味改变，且易致慢性病。日粮中添加鱼油 6%，会改变蛋的风味，饲喂 3%时则不改变。Nash 等(1996)试验表明，为不使蛋风味改变，日粮鲱鱼油添加量应在 4%～8%。

(3)藻类是备受关注的 ω-3 脂肪酸源。日粮中添加 2.4%的藻类和 1.5%的鱼油具有相似的蛋内 ω-3 脂肪酸沉积，蛋的口感风味不减。添加量太大蛋黄重和整个蛋重出现短暂下降，产蛋量则显著下降。故添加量最好在4.8%以下(Herber等,1996)。

(4)鸡日粮中添加任何食用油,如添加7%鱼肝油、菜子油、豆油、亚麻子油、葵花油、玉米油等,都可提高蛋中亚油酸、亚麻酸等不饱和脂肪酸的含量。

(五)日粮对蛋内维生素含量的影响

在饲料中增加维生素A、B族维生素、维生素C、维生素D和泛酸等维生素均可提高它们在鸡蛋中的相应含量,进而影响孵化率及雏禽健康生长发育。人摄入高水平抗氧化维生素例如维生素E和β-胡萝卜素有益健康。维生素由日粮向鸡蛋中转移的效率:维生素A为60%～70%;核黄素、泛酸、生物素及维生素B_{12}转移效率为40%～50%;维生素D_3、维生素B_1和叶酸转移效率为5%～10%。另有报道,随日粮中维生素E添加量增加,鸡体组织中包括ω-3脂肪酸在内的不饱和脂肪酸有增加的趋势。提高日粮中维生素E水平不但可减缓脂质氧化,延长肉品售出时限,还有助于消除饲粮原料所产生的酸败和异味。

1. 高维生素A蛋

维生素A对上皮组织的发育、骨骼的生长起着重要的作用,与视觉密切相关。日粮中维生素A添加量至2倍量至上限时即可产出高维生素A鸡蛋。高维生素A鸡蛋中维生素A含量可达1 000～3 000IU/枚,而普通鸡蛋为200～900 IU/枚,高维生素A鸡蛋可有效治疗夜盲。

2. 高维生素B_2蛋

维生素B_2是人体内多种氧化酶系统不可缺少的构成成分,高维生素B_2鸡蛋中维生素B_2含量可达1 000～2 000 μg/枚,而普通鸡蛋200～600 μg/枚。可防治眼结膜炎、口角炎、脂溢性皮炎等。当蛋鸡日粮中维生素B_2的添加量加倍时,即可产出高维生素B_2鸡蛋。

3. 高维生素B_{12}蛋

维生素B_{12}是人体内骨髓造血所必需的维生素。当蛋鸡日粮中

维生素 B_{12}的添加量为饲养标准的 2～4 倍量时，可产出高维生素 B_{12}鸡蛋。

4. 高生物素鸡蛋

生物素在脂肪和蛋白质的代谢中起着重要的作用。鸡蛋中生物素的含量(Y)随着饲料中生物素含量(X)的增加而增加，其回归式为：$Y=175.96+2.075X$。

5. 高维生素 E 蛋

维生素 E 有抗氧化、保护红细胞的完整性和调节体内一些物质合成的作用。鸡蛋中维生素 E 含量随饲料中维生素 E 添加量的提高而增加，且效率相当高。当饲料中维生素 E 添加量为 400 mg/kg时，蛋黄中维生素 E 含量高达 0.477 mg/kg。

6. 高维生素 D 鸡蛋

维生素 D 有助于人体对钙的吸收，因此对骨骼生长、防治骨质疏松症等缺钙病有重要作用。将鸡饲料中维生素 D_3 含量提高到标准的 3.5 倍，用这种饲料喂养 6 周后，所产鸡蛋中维生素 D_3 含量可达普通鸡蛋的 7 倍。

(六)中草药对蛋内蛋白质的影响

将党参、杜仲、姜黄、常山、郁金等中草药分别制成粉剂，按 2%左右的比例添加到饲料里喂鸡，产下的蛋即为低能量高蛋白的中草药蛋，这种中草药蛋能补中益气、补肾强身，可防治心血管疾病和糖尿病。

(七)使用药物添加剂要严格遵照国家规定

设计配方时一定要严格遵守《无公害食品　肉鸡饲养饲料使用准则》、《无公害食品　肉鸡饲养兽药使用准则》、《无公害食品　蛋鸡饲养饲料使用准则》、《无公害食品　蛋鸡饲养兽药使用准则》。在使用促生长添加剂前，首先要细心研读使用说明。有停药期的添加剂，一定要在饲料外袋上标识“上市或送屠宰前 5 d 停止使用；请勿供产蛋鸡使用”等告示，以防残留于鸡蛋或鸡肉组织。

第九章　肉鸡饲料配方设计

目前肉用仔鸡的饲料配方有 3 种形式，即两段式、三段式和四段式。一般三段式划分方法是 0～3 周龄仔鸡为前期，4～6 周龄为中期，7 周龄至上市为后期；两段式划分方法是 0～4 周龄为前期，5 周龄至上市为后期；也有划分为四段的，太麻烦。我国制定的肉鸡饲养标准为两段式，适合于普通肉鸡。

第一节　肉用仔鸡营养特点

（一）肉鸡的特点

肉用仔鸡有黄羽和白羽两大类型。由于白羽肉鸡屠宰后屠体美观，所以目前我国新建的肉鸡屠宰加工厂均收购白羽肉鸡，这就促进了我国肉鸡饲养向白羽肉鸡发展，目前是以 AA 鸡和艾维因鸡为主。由于育种、饲养、疾病防治等科学技术的发展，目前肉鸡生产性能不断提高，商品肉鸡 6 周龄体重可达 2.0 kg 以上，饲料转化率为 1∶(1.8～2.1)，见表 9-1。

表 9-1　肉仔鸡的典型体重和饲料需要量　　g

周龄	体重			每周耗料			累积耗料		
	公	母	平均	公	母	平均	公	母	平均
1	152	144	148	135	131	133	135	131	133
2	376	344	360	290	273	281.5	425	404	414.5
3	686	617	651	487	444	465.5	912	848	880
4	1 085	965	1 025	704	642	673	1 616	1 490	1 553
5	1 576	1 344	1 460	960	738	849	2 576	2 228	2 402
6	2 088	1 741	1 914.5	1 141	1 001	1 071	3 717	3 229	3 473

续表 9-1

周龄	体重			每周耗料			累积耗料		
	公	母	平均	公	母	平均	公	母	平均
7	2 590	2 134	2 362	1 281	1 081	1 181	4 998	4 310	4 654
8	3 077	2 506	2 791.5	1 432	1 165	1 298.5	6 430	5 475	5 952.5
9	3 551	2 842	3 196.5	1 577	1 246	1 411.5	8 007	6 721	7 364

(二)肉鸡能量营养特点

由于商品肉鸡生产性能不断提高,对饲养标准的要求也不断提高。肉鸡能量需要量与蛋鸡育雏期的原理相同,也是维持加上组织生长加上羽毛生长需要,这里只介绍肉鸡的营养特点。

1. 肉鸡对高能日粮的反应

在高能量浓度的日粮,肉鸡调节每天能量采食量的能力很差,对不同能量浓度的饲料的采食量变化很小,所以日粮能量浓度越高,肉鸡采食的代谢能越多,每千克增长的耗料就越低。日粮代谢能在 11.72～14.23 MJ/kg 之间时,随能量浓度的提高采食量逐渐减少,日粮能量浓度每提高 418.4 kJ,采食量减少 3%～4%。实际上,当日粮能量浓度超过 11.92 MJ/kg 时,鸡就不能精确调节其能量采食量。所以采食高能日粮时会因采食能量过多而增多脂肪沉积,采食低能量日粮时鸡体消瘦。一般地说,日粮代谢能浓度控制在 12.97～14.23 MJ/kg 范围内时,增重和饲料效率最好。饲料厂可控制在 12.55 MJ/kg 以上,但如果成本太高,为满足市场需求,在 0～4 周龄和 5～8 周龄日粮营养浓度可降低为我国饲养标准,即分别为 12.13,12.55 MJ/kg。

2. 确定肉鸡日粮能量的原则

不论能量高低,自前期至后期的能量可逐渐抬高或保持不变,应尽量避免渐减趋势,以充分利用肉仔鸡前期形成的对低能量浓度配合饲料的适应性和补偿生长作用。

3. 日粮能量浓度与饲料转化率密切相关

在相同条件下，能量水平对饲料转化率起决定作用。如果用玉米、豆粕、鱼粉和油脂，代谢能水平可高达 13.39 MJ/kg 左右，其耗料增重比为(1.7～1.9)∶1，如果不是用油脂或其他高能量原料，日粮代谢能浓度在 12.13 MJ/kg 左右，耗料增重比将会超过 2.2∶1。

4. 日粮能量浓度决定肉鸡胴体脂肪含量

高能日粮鸡采食能量稍多，胴体脂肪含量较高。低能日粮鸡采食能量可能不足，达不到正常生长速度，并且体组织内脂肪沉积低于正常量。在蛋白质、矿物质和维生素正确平衡时能量含量在高限或低限范围内的日粮，在肉用仔鸡 8 周龄时会达到相同体重。不过 6 周龄前日粮中的能量很少转化为鸡体脂肪，到 6 周龄时体脂肪约 4%。7～8 周龄一般给予高能低蛋白质日粮，有利于提高饲料转化率，并且使肉鸡上市体况较理想。所以配方师必须在提高饲料转化率和较理想的肥育体况间定出合理的饲养标准。尤其需要指出，高能饲料不一定最经济。因为高能饲料必须同时提高其他养分浓度以求营养平衡，所以饲料成本增加，不一定获得最高利润。

5. 肉鸡日粮能量浓度与耗料量和料肉比的关系

为估计日粮能量浓度多高才能获得最高效益，可参考表9-2和表9-3。

(三)肉鸡对日粮中能源物质的消化率

研究发现，仔鸡日粮中添加 6%不饱和脂肪酸，4 日龄时脂肪酸的消化率超过 85%，12～15 日龄肉仔鸡饲喂超过 10%的不饱和脂肪酸，日粮脂肪酸的消化率超过 90%。家禽对饱和脂肪酸，特别是硬脂酸的利用率低。因此，不同熔点和硬度的脂肪具有不同能量价值。惠恩举(2004)报道，肉鸡日粮中添加油脂后，能量和蛋白质的利用率提高，肉鸡生长速度明显加快。一般来讲，肉鸡日粮中油脂的最佳配比为：前期为 0.5%，后期为 5%～6%。

表 9-2　肉鸡日粮营养浓度与耗料量的关系(每千只鸡耗料)　kg

生长阶段/周龄	日粮能量浓度/(MJ/kg)				
	12.14	12.56	13.00	13.40	14.24
1	135	129	122	116	104
2	299	286	273	259	232
3	474	454	435	416	377
4	661	637	614	590	545
5	784	760	736	712	663
6	940	914	888	862	809
7	1 096	1 068	1 040	1 013	957
8	1 253	1 223	1 193	1 163	1 103
9	1 407	1 376	1 345	1 313	1 252
10	1 558	1 526	1 494	1 463	1 397

表 9-3　饲喂不同能量水平日粮的肉鸡生产性能

日粮代谢能/(MJ/kg)	体重/g		饲料采食量/(g/只)		
	25 日龄	49 日龄	0～25 日龄	25～49 日龄	0～49 日龄
13.81	1 025	2 812	1 468	3 003	4 471
12.87	1 039	2 780	1 481	3 620	5 101
12.13	997	2 740	1 497	3 709	5 206
11.30	989	2 752	1 658	3 927	5 586

肉仔鸡对淀粉的消化率可达 85%～95%。

日粮中粗纤维水平较低时对肉鸡生产性能无明显影响。在标准鸡饲粮中添加 2%的纤维素,试验鸡生长率为对照组的 92%～101%。当日粮中含 10%的草粉或苜蓿粉时,肉仔鸡生长正常。Sibbald(1979)报道,成年鸡饲粮中添加纤维素不影响真代谢能和氨基酸的利用率。然而过高的粗纤维对仔鸡生产性能有害。

(四)腹水症

当饲喂高能饲料,尤其是颗粒饲料时,肉鸡发生腹水症十分普遍,当喂给粉料时,几乎没有腹水病发生。Hernandez(1987)认为,氧气不足是由饲喂高能饲料直接引起的,而且在饲料由初期转向肥育期时更易发生。据报道，在6～11日龄实行限饲，则由腹水病引起的死亡率可大大降低。

可通过限饲及使用营养浓度较低的饲料全面控制腹水症。下述饲养标准及饲喂方法可预防腹水症：①全程使用适当能量的饲料：早期11.93 MJ/kg，中期12.331 MJ/kg，后期12.958 MJ/kg；②用粉状饲料，不用颗粒料；③在7～20日龄考虑隔日饲喂的限饲方法或缩短饲喂时间，但要满足饮水；④不喂霉变及含毒素的饲料；⑤控制饲料中钠含量在0.19%以下；⑥在饲料中适当添加*L*-精氨酸。

（五）能量水平对黄羽肉鸡的影响

蒋守群等（2003）选用600羽0日龄岭南黄雏鸡随机分为5组，每组120只，公、母各半并分栏饲养，饲粮代谢能水平分别为11.88，12.19，12.92，13.22和13.60 MJ/kg，粗蛋白水平为21%，其他营养成分各组基本一致。试验期21 d。结果表明，黄羽肉鸡公雏饲粮代谢能水平高于12.19 MJ/kg的各组日增重显著高于11.88 MJ/kg水平组，料重比显著低于11.88 MJ/kg水平组，黄羽肉鸡母雏饲粮代谢能水平高于12.92 MJ/kg的各组日增重显著高于11.88，12.19 MJ/kg水平组，料重比显著低于11.88 MJ/kg水平组；黄羽肉鸡公雏13.60 MJ/kg代谢能水平组腹脂重、腹脂重占活重比例和腹脂重占净体重比例都显著高于其余4组；黄羽肉鸡公雏13.22和13.60 MJ/kg代谢能水平组体蛋白含量极显著低于11.88和12.19 MJ/kg水平组；黄羽肉鸡母雏11.88 MJ/kg水平组体脂肪含量显著低于其余4组，体蛋白含量显著高于其余4组，灰分含量极显著高于12.92，13.22和13.60 MJ/kg代谢能水平组。

(六)肉鸡蛋白质营养特点

1. 肉仔鸡对日粮蛋白质的消化能力随日龄增加而提高

4～7 日龄仔鸡,氮的回肠表观消化率为 78%～80%,19 日龄达 86%,21 日龄达 90%。日粮中蛋白质不足可降低甲状腺素分泌,导致生长强度降低。在肉仔鸡肥育后期保持日粮代谢能不变时,增加日粮粗蛋白质水平可降低腹脂沉积率,脂肪肝发病率也减少,而当日粮代谢能增加时,脂肪沉积会增加。将肥育肉鸡(6～7 周龄)日粮粗蛋白质降低至 16%时,腹脂量增加。在该日粮中添加 *DL*-蛋氨酸 0.25%、*L*-赖氨酸盐酸盐 0.38%和谷氨酸,可减缓脂肪沉积。试验发现,日粮蛋白质水平与肉仔鸡蛋氨酸需要量呈线性相关,即蛋白质水平愈高,蛋氨酸需要量愈高。肉鸡日粮中添加蛋氨酸不仅可提高生产性能,而且能降低胴体脂肪含量。对赖氨酸、色氨酸、苏氨酸等必需氨基酸的研究也得到类似结果。研究证明,为保证最大生产性能,0～2 周龄的肉鸡饲粮应含 26.5%蛋白质,2～6 周龄降到 22%,从 6 周龄至上市的蛋白质可降到 19.5%甚至 18%。实践中前期可取粗蛋白质 22.5%,后期可取为 18%。

2. 肉鸡的补偿生长

有人研究了肉鸡在生长早期不同阶段(第 1,2,3 周)采食不同蛋白质水平日粮(CP 22%,20%,18%以及 16%)时的补偿性生长效果。限饲低蛋白质日粮会降低限饲本周的饲料采食量和体增重,但不影响试验全期的生长、饲料效率及净膛率。当在第 3 周限饲蛋白质水平 16%的日粮时,获得了明显补偿,其结果是改善了料重比。结果表明,在出壳后第 1～3 周的任何一周投喂蛋白质水平在 16%以上的低蛋白质饲料都可引起肉鸡补偿性生长。

低蛋白日粮节省成本,可提高能量水平,有降低氮污染等经济和环境的优势。肉鸡日粮的粗蛋白水平可降低的幅度小于猪。

(七)蛋白能量比

肉仔鸡对日粮蛋白质浓度要求较高,一般认为前期在 23%,

中期在20%，后期在18%最好，蛋白能量比前期为70～74，中期为58～62，后期为54～58。不过在我国，根据我国饲料原料和饲养管理技术水平，生产中一般设计能量28日龄前为12.12～12.55 MJ/kg，28日龄后为12.97 MJ/kg，蛋白质前期21%，后期18%；这时蛋白能量比前期为72.5，后期为62。

鉴于前期生长对粗蛋白质水平的敏感性较高，所以采用如下的蛋白质-能量模式，不仅可获得理想增长指标，而且可有效利用蛋白质饲料，见表9-4。

表9-4 肉鸡的饲养标准

生长阶段/周龄	代谢能/(MJ/kg)	粗蛋白/%
1～2	12.12	23.0
3～4	12.55	20.0
5～8	12.97	18.0

在饲料配方设计和动物生产中，如何选择受饲动物的最适宜蛋白能量比有重要意义。肉鸡后期蛋能比要求60左右，则设定能值为13.40 MJ/kg时，蛋白质水平为19.2%。而当能量值为12.70 MJ/kg时，饲料蛋白质应为18.0%。同理氨基酸的数值根据比例可进行折算。

（八）氨基酸需要特点

1. 肉鸡的理想蛋白质和氨基酸模式

蛋氨酸是肉鸡的第一限制性氨基酸，日粮水平在0.5%较好。一般认为，肉仔鸡日粮蛋白质中必须氨基酸占到以下比例时可取得最佳效益：

肉鸡理想蛋白质结构（占日粮蛋白质）：精氨酸5%、组氨酸2%、异亮氨酸4%、亮氨酸6%、赖氨酸5%、蛋氨酸2%、胱氨酸1.6%、苯丙氨酸3.2%、酪氨酸3.2%、苏氨酸3.2%、色氨酸0.9%、缬氨酸3.2%。

2. 肉鸡日粮营养浓度与料肉比的关系

由于日粮能量浓度影响肉鸡采食量，所以应根据日粮能量浓度调整日粮蛋白质浓度，并相应调整配合饲料的氨基酸水平。表9-5总结了能量水平逐渐提高时的蛋白质需要量和相应的预期饲料利用率。

表9-5　肉鸡日粮不同能量水平时蛋白质需要量和相应饲料利用率

生长阶段/周龄	日粮代谢能含量/(MJ/kg)	蛋白质需要量/%	预期料肉比	蛋白能量比
0～2	11.72	23.2	1.2	82.86
	12.13	24	1.16	82.76
	12.55	24.8	1.12	82.67
	12.97	25.7	1.08	82.9
	13.39	26.5	1.05	82.81
3～6	11.72	19.5	2.0	69.64
	12.13	20	1.93	68.97
	12.55	20.6	1.87	68.67
	12.97	21.3	1.8	68.71
	13.39	22	1.75	68.75
7～8	12.13	18.1	2.27	62.41
	12.55	18.7	2.21	62.33
	12.97	19.3	2.13	62.26
	13.39	20	2.05	62.5
	13.81	20.5	1.99	62.12
	14.23	21.2	1.93	62.35

(九)影响肉鸡蛋白质需要量的因素

鸡对蛋白质的需要量，一般是根据鸡营养标准来定，无论采用哪种营养标准，只能作参考，应根据以下各种因素确定：

1. 鸡的品种、日龄

(1)品种类型。品种不同生产性能也不完全相同，对蛋白质的需要量也不同。如高能量、高蛋白日粮，对蛋用品种鸡能保持较高产蛋率，对肉用仔鸡品种可获得较大增重。但对其他品种则不能收到相应生产效果。

(2)日龄。幼龄鸡代谢强,生长速度快,对蛋白质的需要量多,随日龄增长而相应减少。

2. 环境温度

气温高时采食量减少,应适当提高蛋白质含量,相反则适当减少。

3. 日粮质量

(1)日粮中粗蛋白品质。动、植物蛋白质比例适当,各种必需氨基酸平衡的日粮利用率高,相反则利用率低,且用量要增多。

(2)能量蛋白比。日粮中能量与蛋白质的比例应与生产状况相适应,如高能量需要高蛋白。

(3)日粮中维生素与矿物质等营养物质如供应不足,则鸡日粮利用率低,应提高蛋白质量。日粮中粗蛋白质不足或过多,都会对鸡产生不良影响。由于日粮蛋白质不足,鸡体内合成蛋白质就少,合成蛋白质少于分解的蛋白质,就会引起蛋白质代谢的负平衡。鸡体重逐渐下降,消瘦,产蛋率下降或停止产蛋。同时,还会破坏肝脏和其他器官合成某些酶的作用,影响血浆蛋白、球蛋白与红蛋白形成而引起贫血症和血液中抗体减少,致使抗病力降低,影响鸡健康,往往继发各种传染病。相反,如日粮蛋白质过多,会引起代谢障碍,机体内尿酸盐大量沉积,也是导致鸡患痛风症的原因之一。此外,还浪费蛋白质饲料,增加生产成本。

(4)配合饲料中粗蛋白质浓度高可使屠体瘦肉率增高。有些添加剂如生长激素、β-肾上腺素、氨基糖等可提高瘦肉率。

(十)微量元素需要的特点

各国鸡饲养标准中肉仔鸡微量元素的需要量随肉仔鸡品种、日龄、饲粮组成等不同而对微量元素需要量存在差异,但从总体上看变化不大。

1. 铜需要的特点

各国规定肉仔鸡的铜需要量为2.5～8 mg/kg。王安等(1989)

用玉米和豆饼为原料，配制肉仔鸡日粮时添加铜 8 mg/kg($CuSO_4 \cdot 5H_2O$)，可满足最佳生产性能需要。周桂莲等(1996)推荐铜需要量分别为：1～2 周龄 9 mg/kg，3～6 周龄 9 mg/kg，7～8 周龄 10 mg/kg。值得注意是，很多实验证明高铜作为肉仔鸡饲料添加剂的作用效果不明显。

2. 锌需要的特点

锌通过调节酶的活性来影响动物体内蛋白质和核酸的合成与代谢、糖类的吸收、维生素 A 的代谢、生殖机能和内分泌机能等生命活动。世界大多数国家规定肉仔鸡对锌的需要量为 40 mg/kg。在生产中以玉米-豆粕为原料配制的日粮其含锌量为 30 mg/kg 左右，普遍缺锌，所以在生产中要补锌。王安等(1989)推荐肉仔鸡日粮中锌的适宜水平应在 50～80 mg/kg。虞泽鹏等(2002)表明，随着日粮锌浓度上升，日增重、采食量呈下降趋势；料重比呈上升趋势。高水平锌对肉鸡无增重效果，建议肉鸡后期日粮中加锌水平为 40 mg/kg。日粮中过量的 Ca，P 会抑制 Zn 的利用率。

3. 锰需要的特点

锰是动物体内多种酶的激活剂，是正常生长、发育、繁殖与部分内分泌机能以及骨的形成所必需的微量元素。我国肉仔鸡饲养标准饲粮锰水平推荐量为：0～4 周龄 60 mg/kg，与美国 NRC 标准相同。罗绪刚两次试验表明，肉仔鸡增重最快时饲粮锰水平在 90 mg/kg和 96 mg/kg。建议 0～4 周龄肉仔鸡日粮中锰以 120 mg/kg为宜。在配制肉仔鸡日粮时，要注意锰与其他矿物质元素间的相互作用，肉仔鸡饲粮中钙、磷、锰、锌和维生素 D 任一养分的添加水平过高都会影响其他 4 种养分的吸收和利用。

4. 铁需要的特点

铁是家禽必需的微量元素，在动物体代谢酶的组成及激活等生理功能中起重要作用。各国规定肉仔鸡铁的需要量为 75～80 mg/kg。常规日粮中的铁含量能满足肉仔鸡生长需要。一般认为家禽只有当饲料中铁含量低于 15 mg/kg 以下时才会出现铁缺乏症。铁缺乏或过量都会导致肉仔鸡生长受阻。

5. 碘需要的特点

动物体内 70%～80%碘存在于甲状腺中。碘的主要生理功能是参与甲状腺激素合成,并以甲状腺激素形式参与动物体内几乎所有物质的代谢,从而影响动物生长、发育和繁殖。呙于明等(1998)试验表明,在玉米-豆粕型日粮中添加碘酸钙,在肉仔鸡前期(0～3 周龄)的日粮中添加碘 1.05 mg/kg 能获得最大前期增重。在日粮中含碘 0.70 mg/kg 以上时肉仔鸡 6 周龄体重显著高于 0.35 mg/kg 的体重,后期增重最快,并推荐肉仔鸡的玉米-豆粕型日粮中碘添加量以 0.70 mg/kg 为宜。此外,生长鸡能耐受较宽范围的日粮碘水平变异。Newcomer (1978)向日粮中添加 0～100 mg/kg 的碘未观察到生长异常。

6. 硒需要的特点

硒是谷胱甘肽过氧化物酶的组成成分,以硒半胱氨酸的形式存在于其中。硒与动物繁殖、免疫、应激等密切相关。各种动物对硒的最低需要推荐量很接近,即日粮中含硒量 0.1 mg/kg 左右。肉仔鸡日粮中硒含量以 0.3 mg/kg 为宜。由于很多饲料中硒含量及其利用率较低,故一般需要在肉仔鸡饲粮中补加硒。应当指出,动物对硒的需要量随摄入的食物形态、性质及食物中维生素 E 含量而变化,B 族维生素可减少硒需要量。

7. 钴需要的特点

在一些国家,根本没有家禽日粮中钴的营养需要,它仅被视为维生素 B_{12}的组成成分。钴的营养作用实质上是维生素 B_{12}的作用。前苏联 1986 年研究发现,在肉仔鸡日粮中 0.5～2.5 g/t的钴对肉仔鸡存活率和增重均有良好作用。钴的吸收率不高,高锌不利于钴吸收;同时钴与磷、硫、锰、铜、碘有协同作用。各种动物对钴的耐受力都高达 10 mg/kg。但钴过量时肉仔鸡生长减慢。

8. 铬需要的特点

一般认为铬是葡萄糖耐受因子(GTF)的活性成分,协助或增殖胰岛素在体内的作用,它与糖代谢、脂代谢、氨基酸及核酸代谢密切相关。铬促进肉仔鸡生长、改进胴体品质、抗应激、加强免疫力。铬作为一种营养元素,其生理活性的发挥依赖于GTF的转运,因此只有在动物机体缺乏铬时补铬,其促进作用才会明显,如在正常条件下补铬需要一段时间才能发挥其功效。

9. 稀土可促进肉鸡生长

稀土是一组金属元素,包括镧、镥、铒等17种。在肉仔鸡日粮中添加100～400 mg/kg,可促进肉鸡增重,提高饲料报酬。抗坏血酸稀土和硝酸稀土对肉鸡促生长效果优于氧化稀土。

(十一)矿物质的添加

矿物质元素添加量应适可而止,注意离子平衡。例如钠离子和氯离子,若仅靠使用食盐来满足营养需要,势必导致氯离子过量而钠离子不足,过量的氯离子不利于鸡健康。如改为添加食盐0.22%～0.25%,另加小苏打0.05%～0.1%满足鸡对钠离子的需要,可提高抗应激能力,降低猝死率。

(十二)维生素需要的特点

1. 适当加大维生素喂量

由于肉鸡生长快,对维生素及微量元素的需求量也大,肉鸡后期日粮中维生素A和维生素D应比原标准增加1/3,以提高抗逆能力并使骨骼健壮。前期每千克日粮中维生素B_{12}的量应比一般雏鸡多0.01 mg。也有报道,维生素A添加量对生产性能影响不显著。大中型饲料厂自己生产预混料,注意各种维生素都需要超量添加,具体超量多少应根据经济效益具体情况确定。

2. 特殊考虑

实践中还应根据对上市体重、产品形态、饲养天数和饲料效率的要求修订相应饲养标准。另外,设计饲料配方时还应考虑饲养管理条件和技术水平，考虑通过饲料控制腹水症、猝死症、腿病等需要。研究表明，日粮中粗纤维含量低时可减轻艾美耳球虫感染后对动物的危害，大豆中的胰蛋白酶抑制素可降低球虫发病率。有试验表明，利用改性浓缩大豆磷脂替代肉仔鸡日粮中大豆油的25%，75%和100%，对7周龄体重和饲料转化效率、腿肌比例和胸肌比例无显著影响，而有提高屠宰率、降低腹脂、改善肉质的趋势。

第二节 肉鸡饲料配方设计

（一）饲养标准的确定

1. 调整饲养标准的方法

先确定蛋白能量比，然后按理想蛋白质模式确定各种氨基酸的比例。需要强调，不要轻易变动其他养分相对于能量的比例；只有蛋白质和氨基酸相对于能量的比例可以修改。在饲料生产实践中，国内一般设计肉鸡日粮的能量浓度在13.13～12.97 MJ/kg之间，蛋白质浓度前期为21%，中期为19.5%，后期为18%，所以蛋白能量比一般前期为68～72，中期为62～68，后期为58～62，经济效益较好，可参考。据报道，爱维因肉鸡在我国的生长速度和饲料转化率均低于国外资料介绍的性能，低10%～15%，这可能是由于饲养管理条件与其原产地不同。

2. 用参数配方法确定能量浓度

这里介绍用参数配方法确定肉用仔鸡饲养标准的方法。由于肉鸡对饲料中的能量浓度适应范围很大（11.91～14.21 MJ/kg），在这个能量范围内如果其他养分的比例合适，则能量越高，生长速度越快，饲料报酬越好。但是生长性能好的饲料配方不一定最经济，因为要达到13.38 MJ/kg的代谢能，油脂添加量在3.5%以上，我国油脂贵，配方成本随油脂添加量而提高。究竟能量指标定多高最好？这时可对肉鸡各生长阶段，分别在11.92～

13.39 MJ/kg范围内，每隔 0.042 MJ/kg 做一个最低成本配方，求其能量成本，看哪一个配方的能量成本最低，即为最佳成本配方。

3. 肉鸡早期卵黄囊阶段的营养需要

据文杰等(1996)研究，卵黄囊内营养素的 70%集中在出壳后 12～58 时龄耗用。0～2 周龄肉仔鸡生命早期阶段(卵黄囊阶段)对各种营养素的需要量为：代谢能 12.97 MJ/kg、粗蛋白 22.5%、赖氨酸 1.23%、蛋氨酸 0.67%、胱氨酸 0.58%、色氨酸 0.26%、维生素 A 10 000 IU/kg、维生素 D_3 1 250 IU/kg、维生素 E 30 IU/kg、维生素 B_2 4 mg/kg、烟酸 60 mg/kg、钙 1.06%、磷 0.51%、锌 120 g/kg、锰120 g/kg。

(二)肉用仔鸡饲料配方设计要点

1. 用优质原料

肉用仔鸡的生长强度大，饲料转换率高，所以要求饲料营养浓度高，易消化，各种养分平衡而且充足。生产上应多用优质原料如黄玉米、豆粕、优质鱼粉等，不用劣质原料如棉子饼、糠麸类。如果原料价格太高，则少量使用其他谷物和植物蛋白饲料原料，例如次粉、杂粕等。肉用仔鸡日粮中大豆饼、粕用量可达到 30%以上，玉米用量可达 50%左右，油脂用量可达 5%，鱼粉用量在 3%就行了。在鸡配合饲料中使用小麦会增大粉尘，并且易塞满鸡的下喙，所以常常限制小麦在鸡日粮中的使用；实践中可采用粗磨或压扁等以对付这种缺点，并且可以加小麦专用酶。当优质鱼粉(含粗蛋白 65%)的价格等于或略高于豆粕(含蛋白质 48%)价格的 1.5 倍时，可把鱼粉的用量增加到上限。肉骨粉和鱼粉，单独或两者配合，最高用量取决于下列因素：磷用量过大有害于幼龄肉鸡生长，并且有可能产生胫骨短粗病。生长鸡可耐受的有效磷最高水平为 0.75%，如果采用这个水平，应当增加钙的水平以保持钙磷比例为 2∶1，蛋鸡和肉鸡都是这样。利用其他的动物副产品饲料原料时也应考虑到有效磷问题。

2. 用油脂

(1)添加量。为了达到饲养标准规定的营养浓度,通常在肉鸡配合饲料中添加动、植物油脂,前期加 0.5%,后期加 5%～6%。动物油脂如牛羊脂的饱和脂肪酸含量高,雏鸡不能很好地消化吸收,如果同时使用 1%的大豆油或 5%全脂大豆粉作为替代物,则可有效提高脂肪的消化率。若不添加油脂,能量指标达不到饲养标准,就需降低饲养标准,以求营养平衡。否则,若只有能量与饲养标准相差很多,蛋白质等指标满足饲养标准,则不仅蛋白质做能源浪费,而且还会因尿酸盐产生过多,肾脏负担过重,造成肾肿和尿酸盐沉积。在制造颗粒饲料时,若无颗粒喷涂油脂设备,则配合饲料中油脂添加量不宜超过 2.5%～3%,否则制粒困难。

日粮中的能量浓度高则增重和饲料报酬都高。只要蛋白质和氨基酸对能量的比例合适,肉鸡日粮中的脂肪添加量高达 1/3,能量浓度高达 20.92 MJ/kg,肉鸡仍然可以很好地生长。但是当蛋白能量比失调时,添加 7%的豆油就引起严重的拉稀。实践中添加脂肪的量是根据配合饲料成本和经济效益确定的。但是油脂用量超过 3%时影响颗粒饲料的制粒。

(2)油脂饲料包括动物油和植物油。动物油如猪油、牛油、鱼油等代谢能在 33.5 MJ/kg 以上,植物油如菜子油、棉子油、玉米油等代谢能较低,也为 29.3 MJ/kg。

(3)使用方法。因油脂黏性大,添加时要先加热熔化,再由少到多加入粉料,均匀拌和,逐渐扩大稀释,最后与剩余日粮的其他部分混匀,切忌油脂直接与添加剂混合,以防黏结成球,无法拌匀,也可用喷雾器把油脂均匀地喷洒到颗粒饲料表面上。有条件生产颗粒饲料的,也可把添加量的 30%油脂加入到颗粒饲料中,另 70%喷到颗粒料表面上,从而提高适口性。

应注意不可使用变质油脂。要注意日粮营养平衡。油脂添加以后,由于提高了日粮能量水平,饲料中其他营养成分也要作相应调整，特别是要保持蛋白能量比不变。饲料贮存时间不宜过长。贮存时间过长或在高温条件下存放易发生酸败。一般来讲，含油脂饲料夏天贮存不要超过 7 d，冬天不超过 21 d。饲料中应加入抗氧化剂，以防酸败。

3. 用添加剂

(1)大胆使用添加剂。经验表明，肉鸡配合饲料中必须使用饲料添加剂才能达到较好效果。可大胆使用各种国家允许使用的添加剂，都有很好效果。只是要注意按照国家有关规定使用。

(2)使用抗球虫药物。0～42 日龄肉鸡的日粮中一般都应当使用抗球虫药物，经验表明，在这期间多种抗球虫药物交替使用比始终使用一种药物要好。使用较多的抗球虫药物有马杜拉霉素、克球粉、氯苯胍、有机砷等。马杜拉霉素的用量：在有效含量为4×10^{-6}～7×10^{-6}的范围内都有效，而一般推荐量为 5×10^{-6}。需要强调的是，在有效浓度超过 9×10^{-6}时就可以引起中毒。

(3)注意停药期。在上市前 5～7 d，饲料中应减少药物添加剂，以免因药物残留被拒绝收购；如抗生素、磺胺类药物、喹乙醇、呋喃类药物、克球粉、氯苯胍等。

(4)肉鸡日粮中添加酸化剂可提高生产性能。例如添加柠檬酸 0.50%，可使日增重提高 6.1%，使成活率提高 8.6%；添加延胡索酸 0.15%，可使日增重提高 5.35%，成活率提高 10%，饲料消耗降低 6.2%。

4. 注意酸碱平衡

通过饲料控制腹水症、猝死症、腿病等。通过饲料控制腹水症的关键技术在于日粮的离子平衡，主要是 Na，K，Cl，同时降低粗蛋白质浓度；添加维生素 C 可有效降低腹水症发生率。

5. 注意肉鸡胴体质量

日粮对肉鸡胴体质量有重要影响，设计肉鸡饲料配方时必须要考虑。

(三)利用可消化氨基酸配制肉鸡日粮

1. 总氨基酸的缺点

生产配制肉仔鸡饲料日粮时,其氨基酸水平通常是根据饲料原料表中氨基酸的化学分析值进行计算得出的,并没考虑肉仔鸡消化吸收过程中下列影响氨基酸利用率的因素:①天然消化酶抑制因子,如抗胰蛋白酶导致蛋白质消化降解不充分。②原料加工过程中形成的不易消化的化合物,如在一定高温条件下赖氨酸ε位氨基易与碳水化合物中游离的"—OH"结合成不易被酶分解的物质即所谓非酶糖化反应(Maillard 反应),赖氨酸失活,精氨酸、色氨酸也可发生此反应。③酸性洗涤纤维(ADF)和单宁结合的蛋白不易被消化酶消化。④氨基酸比例失衡或氨基酸之间的拮抗作用亦能造成氨基酸吸收率降低。

总氨基酸不同于可消化氨基酸。在其他营养指标相同的情况下,总氨基酸水平相同的日粮,由于原料组成不同,肉仔鸡生产性能表现出较大差异;只有可消化氨基酸水平相同,才能表现一致的生产性能。

2. 可消化氨基酸模式

根据平衡良好的可消化氨基酸配制肉鸡日粮更科学,但确定日粮可消化氨基酸水平是比较困难的。NRC 标准其能量浓度为 13 389 KJ/kg,在我国要生产能量浓度高于 12 134 kJ/kg 的饲粮很困难,而且高能饲粮生产的肉鸡含脂率较高,影响胴体品质。我国国家标准给出的能量浓度(前后期分别为 12.13 MJ/kg,12.55 MJ/kg),比较适合我国状况。但其给出的是总氨基酸水平,是在较理想的饲养环境中的数据,而在大规模生产条件下,常伴随众多应激因素(如球虫、冷、热、饲料中的抗营养因子等),因而这样的氨基酸水平较难达到理想饲养效果与生长速度。在一定幅度范围内家禽是根据日粮能量浓度来调节采食量的,因此单位能量浓度内各营养参数是决定肉仔鸡生长速度及其胴体品质的主要因素，而确定不同生长阶段肉仔鸡日粮单位能量浓度内可消化氨基酸消化率是进行可消化氨基酸日粮配制的基础。

氨基酸如何平衡？若干研究证明，饲料中可消化氨基酸与肉仔鸡体增重组成的比例相近，才能发挥最大效应，营养学家从而提出了肉仔鸡可消化氨基酸理想平衡模式（表 9-6）。

表 9-6　肉仔鸡可消化氨基酸平衡模式　　%

时间	赖氨酸	蛋氨酸	蛋氨酸+胱氨酸	苏氨酸	色氨酸	精氨酸	缬氨酸	亮氨酸	异亮氨酸	组氨酸	苯丙氨酸+酪氨酸
0～21日龄	100	36	72	67	16	105	77	109	67	32 (36)	105
21日龄至上市	100	37	75	70	17	105 (108)	77 (80)	109	67	32 (35)	105

可消化赖氨酸需要量由线性公式确定：$Y=3.66-0.022\,9X$，式中：Y 为可消化赖氨酸需要量，X 为饲养阶段中间点日龄。其他可消化必需氨基酸可由氨基酸的理想配比模式，按比例推算。

罗纳普朗克动物营养专家经过对各种饲料原料多次测定，系统地给出了 53 种饲料原料的氨基酸消化吸收率，现将常用饲料原料消化率列于表 9-7，详细数据可参阅《罗迪美营养指南》（罗纳普朗克动物营养公司，1993）。

表 9-7　常见饲料原料氨基酸平均消化率（家禽）　　%

饲料原料	赖氨酸	蛋氨酸	胱氨酸	苏氨酸	色氨酸	精氨酸	缬氨酸	亮氨酸	异亮氨酸	苯丙氨酸	酪氨酸	组氨酸
玉米	82	93	82	85	90	93	89	95	91	94	93	92
小麦	82	89	88	82	93	85	87	90	89	90	89	88
麦麸	77	81	67	73	65	83	78	82	79	85	81	84
米糠	76	80	61	70	87	88	73	73	72	72	80	84
豆粕	87	89	79	83	84	91	83	87	88	88	88	89
菜子粕	68	87	60	69	66	89	78	85	80	84	79	82
棉粕	60	78	52	67	69	86	72	72	69	82	75	79
进口鱼粉	85	90	79	84	71	86	81	88	85	86	85	79
肉骨粉	78	84	55	76		83	78	80	80	81	79	74

在目前生产条件下，苏氨酸、色氨酸是第三，第四限制性氨基酸，配制日粮时应根据所用饲料原料的氨基酸化学分析值与消化率首先满足肉仔鸡对可消化苏氨酸、色氨酸的需要，最后添加合成的赖氨酸、蛋氨酸。

（四）不同料形对肉用仔鸡生长性能的影响

刘苹等（2003）用 1 800 只艾维茵肉鸡随机分为 3 组，分别饲喂膨化料、颗粒和粉状料至 46 日龄后。与颗粒料和粉状料相比，饲喂膨化料的肉仔鸡、日采量分别提高 5.23％和 6.23％，日增重分别提高 8.08％和 9.60％。玉米经粗破碎后加工成膨化料和颗粒料，可使肌胃增重加大。膨化料组具有最佳和屠体效率。

（五）肉鸡日粮配方及其营养水平

资源网介绍的肉鸡料日粮配方及营养水平见表 9-8 和表 9-9。

表 9-8　肉鸡饲料配方　％

	配方编号	1	2		配方编号	1	2
	适用阶段/周龄	0～4	5～8		适用阶段/周龄	0～4	5～8
配方组成	玉米	61.17	66.22	营养水平	代谢能/(MJ/kg)	12.97	13.14
	豆饼	30.0	28.0		粗蛋白质	20.5	19.1
	鱼粉	6.0	2.0		有效磷	0.45	0.44
	DL-蛋氨酸(98％)	0.19	0.27		钙	1.02	1.11
	L-赖氨酸·盐酸(98％)	0.05	0.27		赖氨酸	1.20	1.20
	骨粉	1.22	1.89		蛋氨酸	0.53	0.53
	食盐	0.37	0.35		蛋氨酸＋胱氨酸	0.86	0.83
	微量元素、维生素预混料	1.00	1.00				

表 9-9　肉鸡典型饲料配方　　%

	配方编号	1	2	3		配方编号	1	2	3
	适用阶段/周龄	0～3	4～6	7～8		适用阶段/周龄	0～3	4～6	7～8
配方组成	玉米	56.69	67.04	70.23	营养水平	代谢能/(MJ/kg)	12.97	13.39	13.39
	大豆粕	25.10	14.80	15.10		粗蛋白质	24.00	20.00	18.00
	鱼粉	12.00	12.00	8.00		钙	1.00	0.95	0.90
	植物油	3.00	3.00	3.00		有效磷	0.50	0.50	0.40
	L-赖氨酸盐酸盐	0.14	0.23	0.31		赖氨酸	1.42	1.26	1.16
	DL-蛋氨酸	0.20	0.20	0.21		蛋氨酸	0.60	0.59	0.51
	石粉	0.95	1.03	1.08		蛋氨酸＋胱氨酸	0.95	0.86	0.80
	磷酸氢钙	0.42	0.20	0.57					
	含药维生素预混料	1.00	1.00	1.00					
	微量元素预混料	0.50	0.50	0.50					

第十章　肉鸡质量的控制

随着生活水平的提高，人们不仅要求肉品营养丰富，而且有较好口味和感官性状。然而为提高生产性能而进行的遗传选育及常规管理产生的应激，降低了鸡肉质量。肉品含有较高不饱和脂肪酸，极易发生脂肪氧化、加速肉品失色、增加滴水损失、产生异味。因此改善鸡肉品质是目前研究的重点之一。

Hofinarnann(1987)和 Russo(1986)将肉质特性概括为感官特性、加工品质、营养价值和卫生质量四个方面。影响肉禽产品品质的因素主要包括三个方面：遗传、营养、环境。

第一节　肉鸡外观品质的控制

(一)肉仔鸡腿病

肉鸡腿病可导致胸肌异常，降低商品价值。导致肉仔鸡腿病的原因很多，有的尚未完全探明。常见引起肉仔鸡腿病的病因有营养性因子，例如蛋白供给过多导致痛风；矿物元素如 Mn，Zn，Ca，P 供给不当；维生素维生素 A、维生素 D、胆碱、叶酸、烟酸、生物素、维生素 B_{12}、维生素 B_2 等供给不当；未知因素如软骨病(Osteochondrosis)等。也有传染性因素，例如病毒性关节炎、马立克病、新城疫、滑液霉形体、葡萄球菌病、骨髓炎等。还有非传染性因素，例如遗传；环境和管理(光照延长至 23 h 比 6 h 腿病高 3.32%，温度 30～37 ℃昼夜差高温环境易感脚病，相对湿度高和不适宜的网养比地面平养发病率高)。

1. 钙磷水平对胫骨软骨发育不良的影响

饲料中钙磷水平是影响胫骨软骨发育不良发生的主要营养因素。随着鸡日粮中钙与可利用磷的比例增加，胫骨软骨发育不良的发生率降低。幼鸡日粮钙磷比在1.88～1.91，肥育鸡钙磷比在2.51～2.53时，鸡表现出最好生产性能，但患胫骨软骨发育不良的发病率增高；当钙磷比例提高为2.80～2.85和3.37～3.38时，胫骨软骨发育不良的发病率最低，但生产性能会降低。此外，发现含0.75%磷的日粮中，添加沸石能明显降低胫骨软骨发育不良的发病率，并可缓解病情，这可能是由于沸石与磷结石降低了磷的利用率所致。一般肉仔鸡的快速生长伴随着胫骨软骨发育不良的高发病率。

2. 镁、氯水平对胫骨软骨发育不良的影响

日粮中氯离子的水平对胫骨软骨发育不良的发生影响显著。日粮中氯离子水平越高，胫骨软骨发育不良的发病率和严重程度越高，而镁离子的增加会使胫骨软骨发育不良发病率下降。且镁离子与氯离子的互作对腔骨软骨发育不良的严重程度有显著影响。调整其比例可减轻胫骨软骨发育不良的严重程度。

高镁通过促进骨中钙磷的沉积和钙化，或改变肉鸡体内的酸碱平衡来减少胫骨软骨发育不良的发生。高氯会破坏鸡体内的酸碱平衡。氯离子、镁离子是鸡体内调整电荷平衡的主要阴阳离子，从而影响体内的酸碱平衡，而酸碱平衡时，才能使机体进行正常生长发育，所以镁离子、氯离子可能通过对体内酸碱平衡的影响而作用于结缔组织的正常代谢，最终影响胫骨软骨发育不良的发病率。总之，代谢性酸中毒加剧胫骨软骨发育不良的发生，代谢性碱中毒减缓胫骨软骨发育不良的发生。相同条件下，磷离子最易诱发胫骨软骨发育不良，其余依次为氯离子和硫离子，它们可显著降低红细胞血红蛋白浓度并降低血氧运转效率。当氯离子水平正常时，胫骨软骨发育不良的发生效率随日粮中铜离子、锌离子等阳离子水平

的增高而降低。

3. 铜、锌对胫骨软骨发育不良的影响

铜缺乏时会破坏软骨的合成,尽管胫骨软骨发育不良与缺铜症极为相似,但目前不能证明胫骨软骨发育不良与铜代谢紊乱存在直接因果关系。Becker 等(1966)发现锌缺乏会引起骨端生长板软骨细胞的紊乱。由于腔骨胶原酶是一种含锌的金属酶,它对肉鸡生长板软骨的胶原起着重要作用。锌缺乏时,此酶活力下降,骨胶原的合成和更新过程被破坏,从而可能使胫骨软骨发育不良的发病率增高。

4. 含硫氨基酸(SAA)对胫骨软骨发育不良的影响

含硫氨基酸对骨基质糖蛋白和骨胶原蛋白正常形成是必需的,保持适宜的含硫氨基酸水平对肉鸡正常骨营养代谢、降低胫骨软骨发育不良的发生至关重要。

5. 生物素对胫骨软骨发育不良的影响

李健等(1994)证实,肉仔鸡缺乏维生素 H 会影响胫骨软骨的形成。张晋辉等(1998)进一步证实了这一结论,并建议在肉鸡日粮中添加 150～300 mg/kg 的生物素,能有效防止肉鸡胫骨软骨发育不良的发生。

6. 维生素 D_3 与维生素 C 对胫骨软骨发育不良的影响

一般认为维生素 D_3 代谢物在预防胫骨软骨发育不良的有效剂量为 10 mg/kg 的 1,25-$(OH)_2D_3$ 或 250 mg/kg 的25-$(OH)D_3$。此外,维生素 C 在维生素 D_3 防止胫骨软骨发育不良发生中起着重要作用。维生素 D_3 代谢物的产生需要一个发生于肾脏的羟化过程,需要维生素 C 参与,青年鸡日粮中补充维生素 C 可促进维生素 D_3 代谢物的产生,有助于软骨的钙化。总之,调整日粮中营养成分的比例使之达到适宜水平,对防止胫骨软骨发育不良这种营养代谢病的发生有十分重要的作用,值得注意。

7. 抗营养因子的影响

菜子粕含有的葡萄糖甙、恶唑烷硫酮提高肉仔鸡腿变形病发生率，生豆粕中的抗胰蛋白酶因子和脲酶可促发胫骨软骨发育不良，高粱含的单宁可使腿弯曲和肿胀。

（二）肉鸡颜色

1. 市场对肉鸡颜色的要求

蛋黄、肉鸡脚胫和内鸡胴体颜色是消费者的 些土要质量标准。消费者偏爱趋向于达到传统食品来源的土鸡蛋或鸡。饲养者、销售者和消费者对作为传统的健康标志的金黄色肉鸡有偏爱。在广州市场上消费者对金黄色的AA肉鸡表现出与传统三黄鸡一样的明确喜好。饲养者和零售商可利用这些明确的偏爱来提高市场销售率及周转率。

脚胫着色情况最重要，饲养者常作为鸡群健康指标。患病鸡颜色较差，是由于肠道或类胡萝卜素吸收受到影响。活鸡经销商与饲养者一样，主要的选择判断是基于脚胫的颜色，其偏爱的颜色与饲养者类似，选择为RYCF 7。因为脚胫颜色要21 d才能发育完成，所以仅需在鸡上市前21 d中饲喂类胡萝卜素。

2. 影响肉鸡颜色的因素

（1）叶黄素的影响。饲料原料中叶黄素含量的变化会不同程度地影响肉鸡皮脂的着色效果。玉米因品种、产地、收获季节、贮存时间的不同，叶黄素含量差异很大，玉米蛋白粉加工方式不同，叶黄素含量变化很大，大豆和苜蓿中含有的脂肪氧合酶极易破坏叶黄素，此类因素都会影响着色效果。

（2）着色剂本身。不同着色剂的效果不同，使用剂量不同，着色部位也不同。例如目前认为胡萝卜素类中最有效的着色剂是瑞士罗氏公司的阿卜胡萝卜素醛酯，对蛋黄和肉鸡皮肤着色较好，万寿菊花瓣粉对肉鸡脂肪着色效果较好。

（3）着色剂使用的时间。肉仔鸡色素沉着主要在上市前的3

周，一般是第6～8周龄。但也有的饲养者希望在第6周龄有良好的色素沉着，所以设计饲料配方时应注意在3～5周龄增加黄玉米和类胡萝卜素的使用。饲料中添加加丽素黄和加丽素红均显著提高肉鸡脚胫、胸体的颜色，不过国家已不准在肉鸡饲料中使用。许多天然着色剂含有较高的类胡萝卜素或叶黄素，如在饲料中添加适量的着色剂饲喂肉鸡，可使鸡皮肤和脂肪色泽鲜艳，呈金黄色或橘黄色，提高商品等级。目前常用的天然着色剂(及其添加量)有：苜蓿粉、松针粉、刺槐粉(均为5%)，柿子皮、胡萝卜、柑橘皮粉(2%～5%)、红辣椒粉、万寿菊粉(各为0.3%)、金盏花瓣粉(0.5%～0.7%)等，螺旋藻(2%～5%)也可改善肉鸡肌肉的颜色。

(4)能量、蛋白与氨基酸的影响。日粮营养不平衡会影响叶黄素在肠道的吸收，导致皮肤苍白综合征。饲料中维生素E、蛋氨酸、胆碱、微量元素、能量水平不当都会造成着色不良。另外，饲料中盐分过高、硝酸盐过高也会影响着色效果。

(5)维生素的影响。维生素A水平影响色素吸收。足够的维生素E对色素的吸收和沉积有帮助。有试验表明在饲料中添加1%绿茶粉，可增加蛋黄中维生素A、维生素E的含量，加深蛋黄颜色。

维生素E主要通过它的抗氧化作用而实现对肉禽产品品质的改善。维生素E的改善作用主要有：改善肉色，延缓宰后失色；减少滴水损失；影响鸡肉风味；对禽肉的储存也有影响。

饲料中其他维生素(维生素D、烟酸、泛酸、吡哆醇、生物素、叶酸、胆碱、维生素C)均直接或间接对鸡肉品质产生不同程度的影响。维生素C具有抗氧化性，可防止脂肪氧化，并且它还有缓解屠宰应激的作用。β-胡萝卜素防止脂质过氧化，保持鸡肉风味，延长贮存时间。

(6)钙的水平。日粮中钙和叶黄素在肠道吸收时存在竞争，钙水平太高使着色效果变差。

(7)饲料加工工艺的影响。饲料产品加工制粒时蒸汽温度越高、加工时间越长,叶黄素被破坏损失量就越大,使皮脂和蛋黄着色度降低。

(8)霉菌毒素的影响。它是饲料中影响皮肤和蛋黄着色度的重要因素。黄曲霉毒素可使蛋黄色泽明显降低,还能引起肉鸡皮肤苍白综合症。肉鸡采食发霉饲料,皮肤色泽会逐渐褪去。

3. 提高肉鸡着色的方法

肉鸡着色与类胡萝卜素色素在脚胫或胴体的沉积有关。这些色素来源于日粮,其中一些有选择性地沉积到表皮中(胴体和脚胫),另一些沉积到脂肪中,表现出组织特异性。在整个亚洲黄玉米是常见的肉鸡饲料原料来源,可以在商品化饲料中通过添加玉米蛋白粉来加强,但通常饲喂玉米-玉米蛋白粉日粮鸡的胴体颜色不超过 RYCF 2～3,并不能达到农村自由散养鸡达到的色素沉积程度。

随着饲料转化性能的提高,为以最小成本满足市场要求,就需要在玉米-玉米蛋白粉饲料中使用类胡萝卜素添加剂。可以在玉米日粮中添加角黄素非常经济有效地达到这个目的。1 mg/kg 的角黄素可以使脚胫颜色提高 1 个 RYCF 单位(即 3 mg/kg 角黄素使脚胫颜色从 4 提高到 7)。这使脚胫颜色从浅黄色加深到理想的鲜艳橘色,大约 21 d 就可全部完成。在广东和上海,脚胫颜色为 RYCF 9～12 最受欢迎,因此需要添加 5～6 mg/kg 角黄素,色素沉积必须连续进行,从饲料中去掉着色剂会导致颜色的迅速下降,因为在肉鸡生长时色素沉积组织不断替代。要使脚胫颜色满足饲养者的需要,必须在小鸡、中鸡和大鸡阶段都使用添加剂。

一般加入 4 mg/kg 的阿卜胡萝卜素醛酯后通过提高脂肪的颜色饱和度可使颜色从 RYCF 2～3 提高至 RYCF 3～4,8～10 mg/kg 阿卜酯可使颜色提高至 RYCF 4 以上(含 3%～5%玉米蛋白粉的玉米日粮)。当与来源于角黄素的胴体色素相结合时会使鸡呈现整体的金黄色外观。与脚胫颜色一样，脂肪色素沉积也需要 21 d。可通过在生长后期的最后 3 周混合添加角黄素和阿卜酯经济有效地满足大多数消费者的颜色要求。

(三)皮肤光泽

有机砷具有增强同化作用和兴奋神经系统、活跃造血机能的功效，因而可以促进红细胞和血红素的新生，改进机体色素形成，使肉鸡皮肤红润、羽毛光亮、屠体有光泽，从而促进屠体品质评级的提高。

第二节 鸡肉风味的控制

影响鸡肉风味的主要因素有遗传、饲料营养和环境等。遗传因素主要有品种、日龄、性别，营养因素主要是饲料，环境因素包括饲养管理、小气候因素等。

(一)品种对鸡肉风味的影响

品种对肉品质的影响主要用肉色、嫩度、pH 值、系水力以及氨基酸含量等参数来衡量。一般来说，小型鸡种的肉品质优于大型鸡种，地方鸡种优于外来品种。

(二)日龄对鸡肉风味的影响

日龄是已明确的对鸡肉风味有影响的几种因素之一。随着日龄的增加，鸡体不断发生生理学变化，这些变化会影响肉中滋味和风味前体物。Minor 等(1965)报道 20 月龄的来航母鸡肉比 12 周龄的小母鸡有更浓的风味，但后者还原糖(包括核糖)浓度高于前者，而老龄鸡中其他风味前体物的浓度高于年轻鸡。

(三)性别对鸡肉风味的影响

性别对风味的影响显然与性激素产生和代谢的遗传控制及其对脂类组成和代谢的影响有关。天然或人工合成类固醇激素都会影响脂类风味前体物。性别差异的表达依赖于性的成熟，因此性别对风味影响程度的大小与日龄有关，公鸡在达到性成熟时有较强的风味。

（四）常规饲料养分对鸡肉风味的影响

禽肉中的蛋白质与肉风味形成有很重要的关系，如甘氨酸会产生牛肉汤味，谷氨酸会产生鸡肉汤或烤火腿味，所以可通过饲料中氨基酸的添加量来改善禽肉风味。含有不饱和油脂特别是鱼油的饲料会引起禽肉鱼腥腐败味。另外，饲料对肠道菌群的改善可影响禽肉风味，用全麦和新鲜绿色蔬菜喂养的鸡，其肠道中大肠杆菌和粪链球菌以及其他菌类的菌数较高，如此得到的鸡肉风味较之正常喂养的鸡更丰富，肉味更浓，更具烧烤味。

（五）微量添加成分对鸡肉风味的影响

影响鸡肉风味的因素很多，仅化合物方面就不下 40 种。

（1）添加维生素（维生素 E、维生素 D 等）、矿物质（钙、镁、硒等）及其他一些饲料添加剂能够缓解动物应激，增强机体抗氧化能力，减少脂质氧化，改善肉的嫩度，减少滴水损失等。De 等（1996）报道，与对照组（15～20 mg/kg）相比，高水平维生素 E（200 mg/kg）可明显抑制鸡肉在冷冻、解冻然后在 4℃贮存过程中异味的产生；对照组鸡肉更易氧化，挥发物中醛更多，异味也更浓。袁秋兰等（1992）报道日粮添加稀土可显著提高肉仔鸡鸡肉香味和肉汤滋味。

α-胡萝卜素防止脂质过氧化，保持肉的风味，延长贮存时间。维生素 E 主要通过它的抗氧化作用而实现对肉禽产品品质的改善。维生素 E 的改善作用主要有：改善肉色，延缓宰后失色；减少滴水损失；影响肉的风味；对禽肉的贮存也有影响。

（2）在饲料中添加 3%的绿茶粉或废茶粉，可显著增加鸡脯肉中维生素 A 和维生素 E 的含量，同时还可以增加鸡肉的鲜美味。

（3）Sheldon 等（1982）报道通过饮水给鸡补充抗生素影响肉的风味。

（4）王权等（1985）报道中草药添加剂可提高肉汤鲜、甜、香味，去除腥味。

(5)构成鸡肉香味的主要成分在一定配合饲料中含量很少,而在大蒜中含量丰富。因此在鸡配合饲料中加入大蒜素可使鸡肉香味变得更加浓郁。用大蒜作饲料添加剂还可以预防疾病和改善肉品质量。郑诚等(1998)试验表明在肉鸡饲料中添加大蒜素可促进生长和提高饲料利用率,其中添加 250 g/t 的效果最佳,而且还观察到脚胫皮肤着色较黄,并且改善了鸡肉风味。添加 10%～20%捣烂的鲜大蒜或 0.2%大蒜粉,有同样效果。

(6)加喂桑叶粉。出栏前 4 周的肉鸡在饲料中加 3%的桑叶粉,能大幅度地提高肉鸡的品质,使肉质香味更浓,口感特别好,并可降低鸡舍臭气。

(7)添喂调味香料。在屠宰前用添喂调味香料如丁香、胡椒、生姜、甜辣椒等的饲料喂鸡,能明显改善鸡肉的肉质,使肉增香,味道更好。调味香料还具有防腐和药物功效,可延长保鲜期,以保持鸡肉新鲜。

(六)饲料原料对鸡肉风味的影响

当今饲养的肉用仔鸡,鸡肉风味更容易受饲料成分变化的影响。因为它们饲喂配合饲料,所以饲料中的某些成分就可影响到鸡肉风味,例如饲料中常用的动物性蛋白鱼粉,肉仔鸡饲喂这种含有鱼粉的饲料,其肉质就带有明显的鱼腥味。因此,一般人都感到肉食鸡的味道不如农村草鸡肉的味道纯正香郁可口,这就是鱼粉成分的影响之一。

Maw(1935)报道饲喂玉米的禽比饲喂小麦、大麦和燕麦的禽肉风味更强。事实上,日粮可在相当大范围内变化而不明显影响肉风味。某些饲料可能对风味有负面影响,如高度不饱和油脂,特别是鱼油,会给鸡肉带来鱼腥味。Mead 等(1983)报道,饲喂较高比例的整粒小麦和新鲜绿色蔬菜的鸡胸肉风味更强,但有时也有腐败味。肉鸡饲料中添加菜子饼或高粱也会引起鸡肉异味。

（七）果园土壤表层腐叶对鸡肉风味的影响

一般笼养鸡不如放养鸡的肉质，专家提出笼养鸡的饲料配方组成：鸡配合饲料占70%～85%，牧草饲料占10%～20%，菜园或果园土壤表层腐叶占5%～10%。用这种饲料喂笼养肉鸡，其肉质和口感与放养肉鸡一样，且所产的蛋，蛋黄呈鲜黄或橘黄色，蛋清浓厚。同时还可明显提高鸡的消化功能和抗病能力。

第三节　肉鸡胴体组成的控制

动物每天从食物中摄取能量，并主要在肝脏和脂肪组织中把多余的能量转变成脂肪储存起来。体脂沉积包括脂肪细胞体脂增加和脂肪容积的扩大。动物脂肪沉积所需要的脂肪酸来源于饲料脂肪和由肝脏合成的脂肪，大多来自于肉鸡合成的脂肪。脂肪在高等动物体内的合成需要两种原料，即α-磷酸甘油和脂酰CoA（或脂肪酸），通过一系列酶促反应来完成。前者主要来源于糖代谢的磷酸二羟丙酮和磷酸甘油；后者则由乙酰CoA羧化酶（ACC）和脂肪酸合成酶（FAS）复合体系催化乙酰CoA合成。影响机体脂肪沉积的因素很多，其中最重要的是激素和日粮因素。由于ACC和FAS是脂肪酸生物合成过程中的主要限速酶，故日粮营养素对体脂沉积的调节实质上是对乙酰CoA羧化酶（ACC）和脂肪酸合成酶（FAS）的调节。因此，日粮营养素脂肪酸、碳水化合物、蛋白质和矿物元素对ACC和FAS活性或基因表达的调控情况是配方师必须明确的。

（一）常规养分对肉鸡胴体脂肪含量的影响

1. 能量、蛋白与氨基酸的影响

饲料蛋白能量比影响肉禽腹脂沉积，直接影响肉质。日粮蛋白能量比上升则体脂和腹脂沉积量都减少；蛋白能量比降低促进肉鸡脂肪沉积，腹脂率显著提高；腹脂随饲料粗蛋白水平的升高而降低,随饲料代谢能的升高而升高。如果蛋白质、能量水平均提高,则体蛋白增加,可控制体脂增加,大概是由于分解食入的蛋白质时需要消耗较多能量。

2. 氨基酸平衡与否的影响

当日粮氨基酸组成不平衡时,肉鸡要采食更多的饲料,导致脂肪积量增加。日粮添加必需氨基酸可提高胸肉率,并降低胸肉和皮下脂肪含量。Tesseraud 等(2001)报道,日粮缺乏赖氨酸可显著降低蛋白质的沉积速度,从而影响胴体蛋白质含量。

3. 脂肪及其来源的影响

不同来源的脂肪对家禽体脂肪的组成有很大影响。日粮中添加玉米胚芽油,可使肉鸡肌组织中不饱和脂肪酸比例升高,而饱和脂肪酸含量下降。Manilia 等(1999)给肉鸡日粮中添加葵花籽油、亚麻油和鱼油,均取得了腹脂中不饱和脂肪酸含量升高的效果,而添加牛油则起相反作用。由于以上各种植物油和鱼油的饱和度很低,可见低饱和度油脂可增加胴体不饱和脂肪酸含量。

不饱和脂肪酸的形态对肉质的影响也不同。日粮添加亚油酸可降低肉鸡肝脏、骨骼肌脂肪,提高肝脏和腿肌蛋白含量。日粮中添加单链不饱和脂肪酸,鸡的腹脂低于添加多不饱和脂肪酸组。出于健康考虑,人们大多喜欢富含不饱和脂肪酸的禽肉。而且,含短碳链较高的植物油能提高叶黄素在肉鸡皮肤上的着色效果。因此,对低饱和度脂肪饲料的研究前景广阔。不过也有相反意见,认为油脂类会影响肉鸡的饲料效率,但屠体率不受影响。

4. 脂肪水平

饲料中脂肪的过氧化物及游离脂肪酸含量越高,色素沉积能力就越差,皮肤和蛋黄着色度就越差。

(二)矿物元素对肉鸡胴体质量的影响

1. 常量矿物元素

一些常量矿物元素对肉质有影响。Capion 等(1971)证明,高镁可提高肌肉的初始 pH 值，降低糖酵解速度，减缓 pH 值下降，从而延缓应激，提高肉质。孙克年等(1974)在肉鹅精料中添加 0.5% 硫酸钠，肉质得到改善。英国 ICI 公司的科技人员在肉鸡饲料中添加碳酸氢钠(1.5 kg/t)，胴体质量提高，肉质酸味消除，新鲜可口，并明显降低肉鸡体含脂率，提高了肉鸡胴体等级。

2. 微量元素

提高饲料中铜和铁的添加量，可增强肌肉中超氧歧化酶的活性，减少自由基对肉品质的损害，从而改善肉质(于福清等，2001)。但是，高铜日粮会因过度增加脱饱和酶的活性而造成胴体变软，而且动物长期采食高铜日粮还会导致铜在肝、肾中富集，使其食用价值下降，甚至对人体造成危害，在生产中应慎重使用。

据温萍等(2000)报道，日粮中添加 10 mg/kg 无机锗或 40 mg/kg 有机锗均能明显改善胴体性状，提高屠宰率和胸肌产量，且有机锗优于无机锗。另外，日粮添加锗-132 可显著降低蛋鸡血清胆固醇含量(唐兆新等，1995)。

添加矾可抑制肝脏内胆固醇的合成，并降低肝脏内磷脂和胆固醇的含量(刘雨田等，2001)。

有机铬。铬通过与胰岛素发挥协同生理功能，而参与机体碳水化合物、脂类、蛋白质和核酸代谢，这可能是各类铬制剂应用与畜禽饲料中对动物的生长及机体组织构成产生影响的根本原因。Hossain(1995)添加 0.4 mg/kg 有机铬饲喂肉鸡直至出售，降低了胸肌脂肪含量、减少腹部脂肪蓄积和提高 HDL-胆固醇的浓度。但是 Ward 等(1993)报道在 3 周龄肉鸡日粮中添加吡啶羧酸铬对其肌肉中蛋白质、粗脂肪等均无影响，但可明显改善胴体品质，显著提高胸肌率、降低腹脂率，对肝脂率、屠宰率、净膛率却无显著影响。

氟。据何箐等(1998)研究结果表明，随日粮氟含量的增加，肉仔鸡肝氟含量增加，而肝脂降低，血清胆固醇和甘油三酯基本呈下降趋势。

(三)类维生素对肉鸡胴体质量的影响

1. 甜菜碱

甜菜碱无毒,在动物体内它是胆碱的氧化产物,主要通过提供甲基合成多种营养物质间接参与体内的许多生理过程,甲基是合成动物体内的具有生理活性物质所必需的基团,如核酸、肉碱、肌酸、肾上腺素等的合成。由于动物体内的主要甲基供体之一——胆碱,不能直接提供甲基,需通过肝细胞线粒体将其转化为甜菜碱后才能提供甲基。动物体内另一甲基供体蛋氨酸为限制性氨基酸之一。甜菜碱对动物脂肪代谢的作用,一是甜菜碱提供甲基,部分替代胆碱合成磷脂酰胆碱,促进肝脏脂肪转运,抑制肝脏脂肪蓄积;二是甜菜碱提供甲基,部分替代蛋氨酸合成肉碱,促进动物脂肪氧化分解,从而产生降低动物体脂含量或重新分配体脂的作用。

日粮中添加甜菜碱具有促进肉鸡生长、改善胴体组成、提高肉质和抗球虫效果等功效。在肉鸡饲料中添加甜菜碱能有效地减少胴体脂肪,并能使肉的鲜味物质肌酐酸的含量增加,有利于改善肉的风味(耿家驹等,1999);并且甜菜碱还有降低肝重和肝脂肪含量的作用。添加 300 mg/kg 甜菜碱能显著提高肌肉肌酸、肌苷酸和肌红蛋白含量(王宗沛等,2001),这对改善肉质和肉风味有重要意义。

2. 肉碱

肉碱是B族维生素的类似物,称为维生素BT。肉碱能将脂肪酸转运进入线粒体,并将其在线粒体基质中氧化。90%的肉碱分布于动物的肌肉组织中。虽然成年动物体内能利用赖氨酸经甲基化合成肉碱,但是初生动物和高产动物的需求量是动物自身合成年不能满足的。肉碱主要通过降低腹脂率来影响肉质,宫下雅(1989)报道,在肉鸡日粮中添加肉碱,腹腔内脂肪含量较对照组下降 10%～20%。在肉鸡饲料中添加肉碱使腹脂率下降,并能抑制脂肪代谢异常引起的脂肪肝(耿家驹等,1999)。

3. 胆碱

大部分动物可自体合成胆碱。除可提供甲基外,还有甜菜碱和蛋氨酸所无法替代的作用,如作为磷脂的组成成分,是构筑和维持细胞结构所必需的;有利于机体利用脂肪和从肝脏输出脂肪,是肝脏脂肪代谢所必需的;是交感神经系统脉冲传递剂乙酰胆碱的前体(刘建辉,1998 译)。郭玉琴等研究结果表明,基础日粮中添加氯化胆碱可显著降低肉仔鸡肝重及肝脂肪含量($P<0.01$)。这有助于消除蛋鸡的脂肪综合症。日粮加入氯化胆碱 0.05%,可促进鸡的脂肪代谢。

(四)氨基酸对肉鸡胴体质量的影响

日粮中加入赖氨酸、蛋氨酸、天冬氨酸和谷氨酸时能降低内脏脂肪沉积量。

1. 半胱胺

生长抑素(somatostatin,SS)是由神经系统和胃肠道产生的,它对单胃动物的生长激素(GH)、甲状腺素(T3,T4)、胰岛素等代谢激素起抑制性调节作用,严重制约了动物生长性能。添加外源半胱胺能迅速选择性地降低动物体内生长抑素的免疫活性或使生物活性丧失,但对机体内其他神经激素没有影响。半胱胺主要通过这种机理来解除生长抑素不对动物生长的抑制,从而提高生长激素的基线水平和其他受生长抑素抑制的有关激素的水平,抑制脂肪酶活性,促进蛋白质的合成并加强消化道的蠕动和消化酶的分泌,从而起到促进动物生长和改善动物胴体品质作用。半胱胺处理能明显提高生长期动物的生长,并且能降低腹脂胴体比。

2. 天冬氨酸

N-甲基-*D*,*L*-天冬氨酸(NMA)的促生长效应,可能与其通过影响神经内分泌系统功能,调节与生长有关激素的合成与释放有关。

(五)激素与酶对肉鸡胴体质量的影响

1. 生长激素

生长激素的作用是将吸收的养分在各组织间重新分配,促进骨、软骨和组织的生长,刺激蛋白质和胶原的合成以及组织循环系统中氨基酸的摄取和利用,并通过多种生理过程使较多的养分用于组织中蛋白质的合成,减少脂肪组织中脂肪合成的养分需要。

2. β-兴奋剂

王彦文等认为在肉鸡后期日粮中添加 0.5 和 1.0 mg/kg β-兴奋剂能显著降低腹脂的沉积。张彬等(1995)以 3 种 β-兴奋剂在肉仔鸡上研究发现用 1.0 mg/kg 的克仑特罗(Clenbutrol)效果最好可提高胸肌率 19.06%,降低肌肉中脂肪 11.07%,降低腹脂率 10.64%。龚倩等(1998)在肉仔鸡日粮中添加 1.0 mg/kg 的特布它林(Terbutaline),可显著降低腹脂率,提高肌肉蛋白含量,降低血清甘油三酯含量,但对肌肉水分和脂肪含量无显著影响。

3. 胆固醇合成抑制剂

施用晖等(2001)的研究结果表明,胆固醇合成抑制剂能够减少鸡肌肉、肝脏胆固醇的沉积,改善肉鸡生产性能。此外,还有许多可以影响动物脂肪代谢的添加成分。添加牛磺酸可抑制胆固醇水平的升高(颜崇超,1988)。

4. 壳聚糖

Kobagshi 等(1997)通过肉仔鸡试验表明,添加壳聚糖能减少脂肪吸收而降低腹脂率,但不影响生长。王述柏等(1998)报道,肉鸡饲料中添加壳聚糖能降低血清胆固醇及腿肌、胸肌中的胆固醇含量。

5. 酶制剂

对于酶制剂对肉质影响的报道很少。钱利纯等(2000)报道,添加酶制剂能提高肉鸡的胸肌率。牛淑玲等(1993)在肉仔鸡日粮中添加复合酶制剂,皮下脂肪及腹脂呈下降趋势。

6. 免疫与生物技术

Sato 等试验表明，抗鸡脂蛋白酯酶（LPL）的单克隆抗体可使肉鸡腹部脂肪垫重量显著降低，而体重只是轻微下降。

（六）中草药对肉鸡胴体质量的影响

用大蒜、辣椒、肉豆蔻、胡椒、丁香、生姜等香辛料饲喂肉鸡可改善鸡肉质量，使鸡肉香味变浓（薛福连，1997）；用松针粉饲喂肉鸡，鸡肉鲜嫩可口（田允波，1997）。添加守宫叶粉可降低肉鸡腹部和肝脏脂肪的沉积，而不影响体增重（蔡元丽等，2001）。

（七）日粮对鸡肉中不饱和脂肪酸含量的影响

肉鸡采食含亚麻油的日粮时，肉中 ω-3 不饱和脂肪酸含量增加，肉鸡胸肌和腿肌中 ω-3 脂肪酸的沉积取决于日粮脂肪酸组成，这表明，通过给肉鸡饲喂不同来源的脂肪酸可以改变其体内的脂肪酸组成。

用亚麻饼或双低油菜子粕强化鸡体内的 ω-3 不饱和脂肪酸（ω-3 PuFA）是可行的，日粮中添加亚麻饼、亚麻粕或双低油菜子粕均会显著降低胴体脂肪量，提高胴体中 ω-3 PuFA 水平，为人们提供富含 ω-3 PuFA 以及具有最佳脂肪酸比例的食品。同样富含 ω-3 不饱和脂肪酸鸡肉的稳定性也应当注意，鸡采食全脂亚麻饼粕日粮时，添加维生素 E 可提高不饱和脂肪酸廿碳五烯酸（EPA）、廿二碳五烯酸（DPA）和廿二碳六烯酸（DHA，脑黄金）的含量，降低饱和脂肪酸水平，使 ω-3 和 ω-6 脂肪酸比例升高。所以通过在粮中添加天然抗氧化剂可改善富含 ω-3 脂肪酸鸡肉的稳定性。

紫苏种子中含有丰富的 α-亚麻油酸，将紫苏种子掺入玉米粉，并加入适量的维生素 E 制成饲料喂鸡，每 100 g 鸡肉中含 α 亚麻油酸 2.4 mg，维生素 E 1.08 mg，是一般鸡肉所含 α-亚麻油酸的数百倍和所含维生素 E 的 3.6 倍。

(八)饲料对保存期等的影响

在用作烤鸡的日粮中添加100～200 mg/kg的维生素E,能明显提高肉品质,防止肉快速氧化而导致肉色改变。Simnuns(1993)报道,维生素E有抗氧化作用,能延长肉制品的货架期,增加肉的稳定性,使肉制品在更长时间内保持更好的颜色和外观。饲料中其他维生素(维生素A、维生素D、烟酸、泛酸、吡哆醇、生物素、叶酸、胆碱、维生素C)均直接或间接地对肉品质产生不同程度的影响。维生素C具有抗氧化性,可防止脂肪氧化,并且它还有缓解屠宰应激的作用。

第十一章　夏季饲料配方设计

禽没有汗腺而全身覆盖羽毛，难散热，易受高温应激影响。夏季鸡舍温度常达30℃以上，空气湿度也大，使家禽新陈代谢和生理机能发生变化和紊乱，胃肠消化液分泌减少，甚至处于热应激状态，采食量下降5%～10%或更多，从而导致蛋白质、氨基酸、维生素及矿物质等营养成分摄入量不足，影响家禽健康和生产性能。热应激对蛋鸡产蛋的危害尤其严重，影响产蛋数和蛋重，降低蛋壳厚度，破蛋率上升，褐壳蛋着色不良。

有许多缓解家禽热应激的有效措施。例如在饲养管理中，除注意防暑降温（如经常供给清洁凉水和增加通风等）、减少饲养密度、改变饲喂时间和方式（避开高温时间喂食，可在早晚凉爽时饲喂，白天可加喂青绿多汁饲料）、搞好清洁卫生外，在设计饲料配方时调整日粮的营养水平和结构，例如添加油脂、使用抗热应激添加剂等，可使热应激得以改善。本章主要就缓解热应激的饲料营养措施作一较为系统地阐述。

第一节　鸡的夏季营养

蛋鸡高效生产的理想温度是18～21℃，在此温度下，产蛋效率最高。如果环境温度长期高于24℃，鸡对能量饲料的采食量降低，使其他营养物质的摄取量也相应减少，导致产蛋性能下降，这就需要用含较高营养浓度的日粮予以补偿。

（一）热应激机理

热应激是应激综合症中常见的一种，当环境温度超过27℃

时,即可引起家禽发生热应激。应激的发病机理是:应激源刺激家禽的末梢感受器,传入神经中枢,由下丘脑作为应答反应的起点;下丘脑兴奋后引起脑垂体促肾上腺皮质激素分泌增加,通过血液到达肾上腺,引起肾上腺内分泌的增加,糖皮质类固醇、醛固醇、去甲肾上腺素、肾上腺素等激素分泌量增加。这些激素进入血液到达各器官的靶细胞内,作用于细胞核的信使核糖核酸,从而调节酶和蛋白质的产量,形成体内复杂的防卫反应和损害变化。在24～30℃之间,家禽可通过行为学变化适应环境温度的改变;高于这一温度范围,体温无法继续保持平衡而开始上升;恰在此时,机体的生理生化反应开始起作用。

(二)肉鸡的热应激症状

据研究,肉鸡的最适生长温度为18～21℃,最大饲料转化率温度为27℃。当温度超过上限时,家禽采食量减少,饮水量增加,粪便变稀,种鸡产蛋减少,且蛋变小、壳变薄,蛋白变稀,软壳蛋、破蛋增加。当持续高温达32℃时,家禽表现为呼吸困难,张口喘息,心跳加快,体温升高,冠髯潮红、发绀,肌肉震颤,口吐白沫,极易发生急性支气管肺炎甚至死亡。发生热应激的家禽表现为呼吸紧迫,张口喘气,双翅张开,严重的伏卧不能站立。死鸡多分布在鸡群密集且通风不良处,笼养鸡则多发生在最上层,常发生于午间、扎堆以及应激后,而且多为体重较大、肥胖的鸡。

夏季高温气候使肉仔鸡采食量明显减少,一般可减少10%～15%。肉鸡饲料转化率降低,生长受阻,持续发展极易发生热衰竭症,引起死亡。

在热应激时给肉鸡加强通风,减少太阳辐射,降低鸡群密度,供给清凉饮水,湿度低时带鸡消毒,改变饲喂方式,在早晚凉爽时多给料,并注意多匀料,以刺激鸡群采食等都很有效。

(三)高温对肉鸡采食和生长性能的影响

高温对鸡的影响比低温的影响大得多。鸡的采食量随环境温度的升高而下降，环境温度在 21～30℃时，温度每升高 1℃，日采食量下降 1.5%，温度越高，下降越厉害，在 32～38℃时，温度每升高 1℃，日采食量下降 4.6%，这是高温下鸡生产性能下降的主要原因。

据《商品鸡生产手册》介绍，在低温(11℃)、适温(23.1℃)、高温(32.2℃)和炎热(37.8℃)环境中，肉仔鸡 49 日龄的平均日采食量分别为 182，171，146 和 129 g，49 日龄体重分别为 2.19，2.34，1.94 和 1.63 kg，料肉比分别为 2.17，1.92，2.07 和 2.15。

(四)蛋鸡在热应激时的营养生理

高温时调整蛋鸡日粮组成水平，保证供给足够营养，不仅可保持蛋鸡生产水平，还可缓解热应激对鸡的危害。当外界温度升高时，体热平衡(产热与散热)转向产热，体温开始上升。热应激可引起家禽行为、生理生化方面的综合反应。常见行为变化有：喘气(过度换气)、伸展翅羽、蹲伏冷凉地面、打湿鸡冠和肉髯；适应性反应有：降低进食饲料和摄入养分，减少机体活动，增加饮水，以降低体温。采食量下降导致鸡蛋变小、蛋壳变薄、产蛋量下降、饲料利用率降低。

产蛋鸡在不同温度的能量需要量(kJ/只·d)可按下式估计：

$$ME = 544\ W^{0.75}(1.015)\Delta T + 23\Delta W + 8.66We \quad (1)$$

或

$$ME = W^{0.75}(724 - 8.2Ta) + 23\Delta W + 8.66We \quad (2)$$

式中：Ta 为环境温度；ΔT 为环境温度与 25℃之差；ΔW 为体重变化(g)；We 为蛋重(g)。

在 15～30℃环境中，产蛋鸡的能量采食量(MJ/只·d)与温度(T)的关系为：

$$\text{白来航鸡} = 1\,606 - 35.283T + 1.646\,9T^2 - 0.036\,2T^3 \quad (3)$$

$$\text{褐壳蛋鸡} = 3\,597 - 294.47T + 13.589T^2 - 0.218\,3T^3 \quad (4)$$

温度超过27℃时采食量大幅下降。在热应激环境中，鸡要维持正常的生理和生产就需要有足够的营养补充。为解决这一矛盾，必须根据鸡采食量相应增加饲料营养浓度，以弥补热应激对能量、粗蛋白、矿物质和多种维生素摄入量的不足。

（五）热应激时的采食量与日粮能量水平

家禽能量需要随温度升高而减少，但采食量也降低，这是热应激期间鸡生产性能下降的原因之一。据报道，在24～30℃范围内，温度每升高1℃，蛋鸡产蛋率降低1.5%，蛋重降低0.1 g以上；在30～35℃范围内，温度每升高1℃，蛋重降低0.3 g以上。所以适当提高饲料日粮营养浓度，可使鸡不因采食量下降而造成营养不足。

例11-1 褐壳蛋鸡的能量需要量可按本章第一节经验公式(4)计算，常温(18～21℃，按照20℃计算)时褐壳蛋鸡的能量需要量为每只每日1 396.8 MJ代谢能。若日粮中能量浓度设计为11.92 MJ/kg(NRC，1994)，则日采食量为117.14 g。仍按式(4)计算，30℃时每只每日需要代谢能1 098.92 MJ，假定30℃时鸡的采食量降低为100 g，则鸡日粮中的能量水平应为1 098.92/100＝10.99 MJ/kg。

由上述数据进一步分析：30℃时鸡每日每只的能量需要量是20℃时的78.67%(1 098.92/1 396.8)，30℃时鸡每日每只的饲料采食量是20℃时的85.37%(100/117.14)；而30℃时日粮的能量水平是20℃时的92.16%(10.99/11.92)。

从上述分析可以看出，设计高温环境中的鸡饲料配方时，一定要注意能量需要量的降低量不等于采食量的降低量，也不等于配合饲料中能量浓度的降低量。

（六）热应激时的维生素需要量

热应激广泛影响矿物元素和维生素的吸收、利用和合成，从而导致产蛋鸡对这些营养素的需要发生改变。热应激时家禽对维生素的需要量增加，尤其是维生素C、维生素E、维生素K、维生素

B_{12}、维生素 B_2、维生素 B_6、维生素 A、维生素 B_1 和生物素等，如不及时添加易造成缺乏症，严重影响其生产性能。在饲料中增加维生素用量，可起到缓解热应激、提高采食量、提高生长速度的作用。

有关增加维生素的量报道很多，研究报道热应激不影响维生素 A 的绝对摄入量，而维生素 E、维生素 C 和 B 族维生素的变化较大，添加量可调整为正常量的 2～3 倍。

第二节　夏季鸡日粮的酸碱平衡

（一）热应激下的日粮酸碱平衡

高温应激时，血液中碳酸氢根离子 HCO_3^- 减少，导致 pH 值上升。加上醛固酮的分泌增加，加强了保钠排钾作用，使机体内钾的水平下降，影响蛋白质代谢。所以在饲料中添加碳酸氢钠、氯化钾及氯化铵等电解质可减缓热应激造成的危害。

热应激期间，钾、钠、锌和钼随尿排出量的增加，粪中钙、锰、硒和铜的排出量也增加，而镁、磷的贮存量减少。在环境温度高于 20℃时，每升高 1℃，饲料中的钙、磷、钠、钾和氯的实际含量应比在 20℃时的需要量增加 1.5%，才能满足机体需要。

在炎热气候中，酸碱平衡的日粮有利于抗热应激；有研究认为把 dEB 值设计为 200～250 mEq/kg 时最佳。

（二）电解质与日粮酸碱平衡

1. 氯化钾

氯化钾（KCl）具有维持细胞内渗透压和机体酸碱平衡的作用。热应激时，鸡的肾上腺皮质分泌醛固酮增加，加强了保 Na^+ 排 K^+ 作用，使机体内 K^+ 水平下降，易出现低血钾。因此，在热应激的蛋鸡日粮或饮水中可添加氯化钾以补充 K^+。

饲料中含钾量较高，常温下不需补充，但热应激时血钾降低，要在日粮或饮水中补钾。据报道，夏季蛋鸡饮用 0.05%～0.26%

的氯化钾水，可降低热应激蛋鸡的冠温、体温和呼吸率，增加采食量，明显提高产蛋量和蛋重，还有良好的后期效应。当环境温度从24℃上升到35℃时，肉仔鸡对钾的需要量会增加63.3%。为维持热应激时肉鸡血钾与血钙浓度，抑制体温升高；当温度为26～38℃时，饲料中添加0.4%～1.0%氯化钾，或在饮水中添加0.2%～0.4%氯化钾效果较理想。不过理论上说，日粮中应该添加某种电解质多少，不是固定不变的，而是随饲料配方而变化的，所以应以日粮酸碱平衡为标准确定电解质的添加量，下面介绍的几种电解质的添加量也存在同样问题。

2. 氯化铵

氯化铵（NH_4Cl）也能降低家禽热应激时血液的pH值，减轻呼吸性碱中毒的危害。据报道，肉仔鸡日粮中补充氯化铵0.3%或1.0%，血液pH值下降到7.19，而日增重分别提高9.5%和25.0%。氯化铵应用于急性热应激有很好效果，在慢性热应激下却不适用。在慢性热应激肉鸡日粮中添加1%氯化铵+0.5%碳酸氢钠的效果不如只添加0.5%碳酸氢钠的效果。

在温度为32℃、相对湿度74%热应激条件下，在肉鸡饲料中添加1%氯化氨，增重提高25%，若同时加入0.5%氯化钾，增重效果提高9%。将5周龄肉鸡置于37℃、相对湿度70%条件下饲养，在饮水中加0.2%氯化氨，可使热喘息鸡的血液pH值恢复正常，若同时在饮水中添加0.15%氯化钾，肉鸡平均日增重提高44.9%。

在日粮中添加0.5%碳酸氢钠+1%氯化氨，可显著提高蛋鸡产蛋率或肉鸡增重，对蛋壳重也有显著影响，而对采食量无显著影响。也可在配合饲料中加0.2%氯化钾。0.2%的氯化钾再加0.2%的氯化铵饮水也可提高热应激下肉鸡的成活率和生产性能。蛋鸡日粮中氯化物和碳酸氢盐的适宜比例为35∶38。

3. 小苏打

(1)作用机理。家禽没有汗腺,高温时只有通过增加呼吸道的水分蒸发来散热。当环境湿度过高时,家禽呼吸频率升高,肺通气量加大,从而增加呼吸道蒸发散发以保持体温恒定。但这样却排出了大量 CO_2,使血中 CO_2 结合量减少,pH 值升高,这样家禽就发生呼吸性碱中毒。而碳酸氢钠($NaHCO_3$),俗称小苏打,能增加血液中 H^+ 浓度,可作为血液和组织中主要的缓冲物质,减缓呼吸性碱中毒,提高抗热应激能力。碳酸氢钠作用机理为:①能中和胃酸,溶解黏液,降低消化液的黏度,并加强胃肠收缩,起到健胃、抑酸和增进食欲的作用。②饲料中添加碳酸氢钠,能补充家禽因热喘息(呼出 CO_2 过多)造成血液中碳酸盐的减少,从而改善机体的钙代谢。③饲料中添加碳酸氢钠能提高磷在蛋禽体内的移动性。为了形成良好的蛋壳,必须使血中维持适宜的磷浓度,碳酸氢钠可使蛋禽血液中磷的浓度维持在形成蛋壳所必需的最适水平。④碳酸氢钠在消化道中可分解放出 CO_2,由此带走大量热量,有利于炎热时维持机体热平衡。⑤饲料中添加碳酸氢钠,可提供钠源,使血液保持适宜的钠浓度。

(2)蛋鸡使用效果。蛋鸡饲料中钠在 0.14%～0.28%、氯在 0.20%～0.24%范围内,钠、氯比例适宜,产蛋率、蛋重、蛋壳形成和饲料效率等指标都较好。最适肉用鸡饲料矿物质水平,钠为 0.15%～0.20%,钾为 0.80%,氯为 0.12%～0.15%。而使用氯化钠很难使饲料中的钠和氯平衡在上述范围,由于氯化胆碱用量的提高,更加剧了钠、氯的不平衡。夏季每只蛋鸡每天可在基础日粮(含食盐 0.2%)中添加 0.1～1.0 g 碳酸氢钠。气温高于 30℃时可以添加 0.1%～0.5%,注意加后立即喂鸡,同时降低食盐用量。夏季蛋鸡日粮中添加适量碳酸氢钠还可提高饲料中磷的活性,并可提高日粮蛋白质的利用率。

(2)肉鸡使用效果。在舍温达 28℃以上时,在 42～63 日龄肉鸡日粮中加碳酸氢钠0.63%，其死亡率为4.88%，而未添加的死亡率为7.85%，从维持鸡体酸碱平衡考虑，添加碳酸氢钠能减少因热射病造成的死亡。小苏打在配合饲料中的添加量一般为0.15%～0.70%，或者0.5%小苏打＋1%氯化氨代替食盐。

4. 食盐

热应激时应适量增加日粮中食盐的含量。不过使用了小苏打后就不必增加食盐量了，相反还要适当减少。具体使用多少食盐要看日粮的酸碱平衡而定。

（三）有机酸与日粮酸碱平衡

有机酸在家禽体内可氧化成 CO_2 和 HCO_3^-，从而可能缓解呼吸性碱中毒，缓解高温应激对家禽的危害。机体内参与三羧酸循环的延胡索酸、苹果酸、琥珀酸、氨基酸等称为促适应剂，主要用来提高家禽防御能力，使处于应激状态的鸡较好地恢复正常生理状态和维持正常生产水平。目前这类物质的研究报道较少。

1. 柠檬酸

柠檬酸在抗家禽热应激上有良好效果。因为柠檬酸在家禽体内被氧化成 CO_2 和碳酸氢盐，它们可作为血液中的缓冲剂，有助于维持血液中的pH值稳定。高温时家禽饲料中添加一定量柠檬酸可防止呼吸性碱中毒的危害，减轻热应激影响。孙小琴等(2000)在高温条件下，给蛋鸡日粮中添加0.1%，0.2%，0.3%，0.4%，0.5%柠檬酸，减缓了蛋鸡热应激，提高了产蛋率和饲料报酬。刘桂林等(1994)在热应激状态下，向肉用仔鸡日粮中分别添加0.25%柠檬酸、0.25%氯化钾和0.5%碳酸氢钠，结果日增重比对照组分别提高8.42%，7.17%和8.85%。

2. 琥珀酸盐

瑚珀酸盐(又叫丁酸二酯)，是一种用法简单、价格便宜，效果良好的抗应激制剂。按0.1%～0.2%浓度拌料，能使处于应激状态状态的家禽较快恢复正常生理状态和维持正常产蛋水平；也可添加1%～3%的琥珀酸盐(丁二酸盐)添加剂(含0.55%～0.65%的琥珀酸盐,以细麦麸作稀释剂)和100 mg/kg的维生素C,均可获得好的生产效果。

3. 延胡索酸

延胡索酸也是近年来广泛用于集约化养禽业中的一种应激保护剂,它可提高雏鸡成活率和生长速度,增强免疫反应。延胡索酸是一种酸化剂,它可调节鸡体酸碱平衡,防止热应激导致的血液pH值升高。延胡索酸还有镇静作用,它能抑制中枢神经,减少机体活动,从而减少产热。可在雏鸡或肉鸡日粮中按0.2%拌料饲喂,或料中加0.1%的延胡索酸,饮水中加0.63%的氯化铵。

第三节 抗热应激的添加剂

目前市场上抗应激药物众多,它们的组成大多为电解质、镇静剂、抗生素、维生素、中草药等,作用机理一般为调节热应激导致机体的酸碱平衡紊乱、营养代谢障碍,改善生产性能,降低机体对应激的敏感性。

(一)酶添加剂

高温环境会影响家禽消化道内各种酶的活性,应用饲料酶制剂可提高能量和营养物质的消化率及减少排泄物中有机物、氮和磷的排放量,从而提高家禽的生产性能。

(二)糖类

1. 葡萄糖

热应激会增加血液黏度,降低血液渗透压,使家禽体内热的散发受到影响。而在饮水中添加葡萄糖则可缓解热应激对血液性状的影响,改善散热,并能减少血液中的有毒代谢产物。Iwasaki等(1997)报道,高温环境中饮用葡萄糖水的肉鸡肛温都要低于自由饮水的肉鸡,并且显著降低死亡率,提高增重。目前应用一般以

4%葡萄糖水为宜。

2. 低聚糖

低聚糖是目前研究较多的一类绿色添加剂。它们能促进动物生长,增强免疫力,保证动物健康。深入研究表明,低聚糖对改善热应激情况下家禽的健康状况和生产水平有一定作用。Orban 等(1997)发现,在热应激期肉鸡日粮中添加低聚糖能显著改善饲料利用率,增加日增重和采食量。

(三)抗应激药物

由于热应激机理的许多问题至今未搞清楚,所以还不能从根本上彻底消除热应激,而只能对症下药,以缓解热应激症状。这些添加剂一般应在热应激发生之前开始采用。

在饲料中添加适量抗生素,如土霉素、环丙沙星、氟哌酸等,可增强机体对疾病的抵抗力。长途运输后需在饮水中添加抗生素。蛋鸡一定要避免使用以下药物:磺胺类、金霉素、四环素、氨茶碱、疫苗、氨基糖甙类、雄雌激素等药物。因这些药物直接影响产蛋率和种蛋质量。

1. 杆菌肽锌

(1)作用机理。杆菌肽锌能抑制病原菌细胞壁的形成,影响致病菌蛋白质合成,并影响某些细胞膜的功能,最终抑制或杀死病菌。它还能改善肠壁结构,使肠壁变薄,从而增加对养分的吸收。此外,杆菌肽锌能增加一些酶的活性,调节机体代谢。杆菌肽锌是目前应用效果良好的抗热应激缓解剂,它的优点在于维持较高采食量。

(2)蛋鸡使用效果。在34℃环境下的母鸡日粮中添加100 mg/kg杆菌肽锌可使34℃热应激蛋鸡的体增重、日采食量、饲料利用率、产蛋数和总蛋重提高,降低死亡率,并提高蛋壳质量,降低产热量。杆菌肽锌的抗高温作用机制目前还不很清楚。

(3)肉鸡使用效果。姚浪群(2000)等试验表明,在肉鸡日粮中添加 50～150 mg/kg 杆菌肽锌均可提高热应激肉鸡的生产性能，缓解热应激的不良影响，并以 50 mg/kg 剂量添加时作用效果最好。

2. 黄霉素

在家禽日粮中添加黄霉素除能促进生长、增进营养成分吸收、提高饲料转化率之外，还证实有抗热应激的作用，其作用机理与杆菌肽锌类似。高温时，饲料中添加黄霉素可提高饲料转化率，增加营养物质吸收，从而使由于高温而使家禽采食量下降的不利影响减少，防止免疫机能下降，增强对热应激的抵抗力。据报道，高温时向肉仔鸡日粮中添加 5 mg/kg 黄霉素，能降低肉鸡死亡率，对提高夏季肉用仔鸡体重和饲料效率有一定的作用。

3. 维吉尼亚霉素

添加 15～22 mg/kg 速大肥（维吉尼亚霉素）能提高热应激下蛋鸡或肉鸡的生产性能。这是因为促生长剂既改善了机体的免疫应答，也降低了代谢热。

4. 阿散酸

阿散酸有显著促生长作用，并能提高家禽产蛋率和色素沉积，增强抗病力。研究发现，炎热夏季日粮中添加阿散酸对缓解家禽热应激有一定作用，尤其能提高热应激下蛋鸡和肉鸡的生产性能。添加量为 60 mg/kg。不过阿散酸有一定毒性，添加时在肉和蛋中有残留。

5. 中草药添加剂

中草药添加剂种类多，成分复杂，其抗热应激作用机理还不很清楚，一般认为，具有清热解毒、杀菌抗病作用的中草药能全面协调热应激时家禽的生理功能。

例如邵庆均等（1998）在夏季高温热应激的蛋种鸡日粮中，添加 0.1%中药刺五加浸膏，对蛋种鸡具有良好的抗热应激效果。

据报道，银翘解毒片也有很好的抗热应激效果。可用于鸡抗热射病的中草药主要有金银花、刺五加、菊花等单味中药,以及黄芩、石膏、柴胡、钩藤、地龙、酸枣仁、朱砂、五味子、党参、海藻、刺五加、甘草等。也可添加复方中药和中西药复方。

芹菜的叶、茎根均对蛋鸡的伤食、厌食有良好的防治效果。可每周喂芹菜 4 次,每次每只蛋鸡喂 50 g。也可用芹菜根 2 kg 放在 3 kg 洁净水中煮 15 min 让鸡饮用。

在饲料中按 1%的比例添加藿香、金银花、板蓝根、苍术和龙胆草中草药,也可使高温季节蛋鸡产蛋率提高,饲料报酬提高。

6. 阿司匹林

阿司匹林有助于鸡体散热,在日粮中加 0.05%～0.15%的阿司匹林可有效地提高产蛋量。

7. 金霉素

夏季蛋鸡日粮中添加 50 g/t 金霉素,可提高产蛋率,并降低破软蛋率和料蛋比。

(四)天然添加剂

抗热应激除杆菌肽锌允许在常规饲料中使用外,其他抗生素药物应限制使用。饲料添加剂如维生素 C、碳酸氢钠、氯化钾及复合酶制剂等均允许使用,但大幅增加饲料成本。而合理选择天然饲料不会增加饲料生产成本,且不会有药残问题。

1. 大蒜精油

天然大蒜精油含有丙基二硫化丙烯(约 60%)、二硫化二丙烯(23%～39%)、三硫化二丙烯(13%～19%)及甲基二硫化丙烯等 100 多种挥发性含硫化合物,总含硫量为 35%～45%。研究表明,大蒜素(精油)对多种球菌、痢疾杆菌、大肠杆菌、伤寒杆菌、真菌、病毒、阿米巴原虫球虫和蛲虫均有抑制或杀灭作用,特别是对于菌痢和肠炎有较好的疗效,并有促进采食、助消化、促进产蛋、改善产品风味和防止饲料发霉的作用。另外,大蒜素可与维生素 B_1 结合,防止后者遭破坏,故可增加有效维生素 B_1 的吸收。大蒜素还对动物免疫系统有激活作用。天然大蒜可直接(带皮)在产蛋鸡饲料中按1%～2%添加,经多年试验,效果良好。但人工合成大蒜素应经改性(如碘化大蒜素)或包被后使用,才能发挥预期效能。

2. 生石膏

生石膏研成细末,按饲料总量的0.1%～1%混饲,有解热清胃火之效。生石膏主要成分为含水硫酸钙,还有微量的铁离子及镁离子,生石膏含硫量约为18.6%。而煅石膏、熟石膏主要成分为无水硫酸钙,后两者无解热去暑作用,千万不可替代前者使用。试验证明,本品吸收入血后,可抑制神经应激反应,降低血管通透性,故有消炎解热作用。石膏还可以增加血清中钙离子的浓度,降低骨骼肌的兴奋性,缓慢肌肉痉挛,对动物暑热症及热应激症颇为适用。

3. 稀土

在肉仔鸡的日粮中添加50～150 g/t的稀土,可增强肉鸡体质,提高抗性,饲料报酬明显提高,肉仔鸡日增重可提高15%以上。

4. 沸石粉

沸石具有吸附、催化及离子交换等作用,还有防止拉稀和呼吸道疾病的作用。在21日龄后的肉鸡饲料中添加3%的沸石粉,可使肉鸡增重11.7%;在蛋鸡日粮中添加3%的沸石粉,蛋鸡的产蛋率可提高10%,并可节省饲料。

(五)镇静剂

使用镇静剂可降低中枢神经机能紧张度,减缓热应激反应。据报道,在肉鸡日粮中添加0.1%氯丙嗪与碳酸氢钠及维生素C,其效果优于只添加碳酸氢钠和维生素C。利血平(日粮添加1.6 mg/kg)能消耗交感-肾上腺髓质系统的储备,降低儿茶酚胺,从而使体液pH值稳定和改变二氧化碳分压。安定则有镇静、催眠、缓解焦虑的作用。在饲料中加入安乃近也可减少热应激反应。但国家已不准在蛋鸡饲料中使用镇静剂。

（六）海藻多糖铁

给饲养于高温环境（35℃）中的鸡补充海藻多糖铁，出栏率提高12%。

（七）皮质激素

国外还有一种抗应激强效剂，其主要成分是皮质激素，有的还配伍抗生素以防止皮质激素的副作用。

（八）夏季慎用尼卡巴嗪

尼卡巴嗪又名球虫净、球净，为高效抗球虫药。按0.012 5%的比例添加于日粮中，对鸡和火鸡的柔嫩、堆型、巨型、毒害、布氏等艾美尔球虫有较多的预防作用。但该药的缺点较多，除排泄缓慢，肉、蛋中残留的时间较长不宜用于肉鸡催肥末期和产蛋鸡的产蛋期外，由于在炎热的夏季可加重鸡的热应激反应而导致大批死亡，故在夏季应谨慎使用。

第四节　热应激的饲料调控

在高温环境下，鸡群对能量的需求较低，鸡群的采食量便会相应降低，这是生产性能下降的主要原因，所以，调整饲养标准和日粮配方，以保证鸡每日营养摄取量，是极其重要和有效的技术。

（一）调整饲养标准

1. 高温与采食量的关系

环境温度在18～32℃之间时，温度每升高1℃，鸡群采食量降低1.72%，环境温度上升到32～38℃之间时，鸡群采食量下降更快（5%/℃）。高温时提高日粮碳水化合物含量增加能量浓度作为采食量减少的补充，对维持蛋鸡高产能力无益，因为加喂碳水化合物反而使产热增加。一种较为理想的方法是用脂肪来代替碳水化合物，因为脂肪热增耗较低，日粮中添加油脂不仅可提高日粮的代谢能值，而且改善适口性，促进鸡采食，减少鸡体增热，降低饲料在胃肠道的流通速度，促进营养物质吸收，提高饲料利用效率。日粮中的能量浓度调整应以使热增耗的产生降至最低限度为原则。提高日粮能量浓度时，必须调整其他养分以保持日粮平衡。

2. 增加配合饲料的营养浓度

这是减少暑热时节蛋鸡生产力下降的有效手段。要确保蛋鸡每日最基本营养需要(如 18 g 粗蛋白，1.151 MJ 的能量，360 mg 蛋氨酸，720 mg 赖氨酸，3.5 g 的钙，0.4 g 有效磷及必需的维生素、矿物质等)，这样才可补偿高温应激引起的养分缺乏，在一定程度上缓解热应激的危害。为满足营养需要，在热应激时，有报道说能量的浓度应该提高 10%，其他营养成分的浓度应提高 25%。

3. 提高日粮蛋白质水平

由于鸡群对蛋白质和氨基酸的需求与环境温度无关，所以在热应激时鸡的蛋白质需求不会改变。然而环境温度上升时鸡的采食量下降，所以应提高饲料中的蛋白质水平。而在更高温度下，热应激会直接影响鸡群产蛋率，即使提高蛋白质水平也无法改善，但是高蛋白日粮对维持高温(30～33℃)下的产蛋量有良好作用，能改善鸡蛋品质，并对高温的不良影响有一定缓冲作用。轻度热应激下，提高饲粮蛋白质和钙不能缓解热应激对生产性能的影响，但可增加蛋重。商品饲料的蛋白质水平一般是从 16.5%调整为 17.6%。

4. 调整日粮的蛋白能量比

在热应激时，是否应提高肉鸡日粮的蛋白能量比以保持粗蛋白质的供给量不变？因为高蛋白日粮的特殊动力作用(SDA)十分有害，所以观念不一。有效的做法是不提高日粮蛋白质水平，而提高必需氨基酸的浓度。据报道，蛋氨酸能降低肉鸡对热应激的敏感性。以玉米-大豆为基础的日粮需要添加蛋氨酸才能获得较佳的肉鸡性能。有人认为在应激条件下，肉鸡在腹部沉积更多脂肪，在7～32℃之间腹脂和温度有直接关系而与蛋白质水平无关。但降低能量蛋白比有利于降低腹脂。

5. 提高日粮氨基酸水平

由于代谢蛋白质产生的热增耗远高于碳水化合物和脂肪，提高日粮蛋白质增加机体内的代谢产热积累。所以添加蛋白质不仅增加饲养成本，在一定程度上还加剧了热应激。日粮氨基酸不必通过肠道内蛋白酶的分解就可直接吸收进入机体，可减轻热应激受损肠道的负担，也能迅速补充机体所需。因而多数学者主张用低蛋白质日粮同时适当补加必需氨基酸保证必需氨基酸添加量，以减少蛋白质利用过程中产生的热增耗，保持必需氨基酸的添加水平能够改善肉鸡的生长速度和存活率和舍内氨浓度。

6. 注意日粮氨基酸平衡

日粮氨基酸平衡也受环境温度影响。在适宜温度下，精氨酸/赖氨酸为1∶10时最佳，而在高温环境中，比例应上调至1∶(1.27～1.37)。以可利用氨基酸为标准配制日粮，有利于减轻热增耗的负担。对热应激中氨基酸添加的研究还刚刚起步，缺少成熟的添加方案，有研究发现蛋氨酸、赖氨酸可以缓解热应激，是两种必须添加的基础氨基酸，它们的添加量一般为每天蛋氨酸 360 mg、赖氨酸 720 mg。

7. 注意日粮的钙磷平衡

热应激能影响蛋壳质量(蛋壳变薄、变脆)，其原因除蛋鸡子宫碳酸苷酶和维生素 D 活性降低外，蛋鸡血钙降低也是一个重要原因。为保证鸡每天至少摄入 3.5 g 钙，可将饲料中钙含量提高到4%，但要保持钙磷比例为 4∶1。尽管有报道提高饲粮有效磷可缓解蛋鸡热应激导致的生产性能下降，但是过多的磷会限制骨钙的释放，并抑制含钙碳酸盐的形成，所以过高的磷比低磷日粮更影响蛋壳质量，也影响蛋重。因此，要避免日粮中磷过高。例如热应激(30℃)时蛋鸡采食量是 20℃时的 92%，所以要保持每日钙和有效磷的采食量，就应当把他们的浓度分别提高到 108.7%，把日粮中钙与有效磷的比例调整到(4.0%～4.5%)：(0.40%～0.45%)较好。

(二)注意饲料原料的使用

调整日粮组成的具体策略如下。

1. 使用油脂做能量原料

脂肪是具有最低热增耗的营养物质，适当调整饲料中必需脂肪酸的比例，采用脂肪替代部分碳水化合物，以增加饲料的能量浓度，提高肉鸡热应激期间的适应性，可明显改善热应激家禽的生产性能。不过在高温时要注意防止脂肪氧化。例如，在热应激鸡群的饲料中，加入5%的脂肪，采食量便可升高17%，并且脂肪还可提高营养成分的利用率。一般可减少常规能量饲料用量，适当添加油脂提高能量摄入量和利用率，加乙氧喹类抗氧化剂防止脂肪氧化。以必需脂肪酸含量高的油脂为佳。

饲料中多用油脂和氨基酸，组成容易消化利用的高能高氨基酸配合饲料，可减少肉鸡体热的产生。油脂在日粮中的添加量可以达到1%～9%。一般是向饲料中添加1%～3%的动植物油脂。

2. 注意蛋白质、氨基酸原料

(1)植物源比动物源的蛋白质原料好。热应激时不同蛋白源的饲喂效果不同，在热应激期间使用植物蛋白质源比使用动物蛋白质源效果好。可以增加日粮中豆粕比例2%～3%或鱼粉比例1%～2%，对有异味的肉骨粉、血粉及羽粉要慎用或不用。

(2)适当添加氨基酸，尤其是蛋氨酸和赖氨酸。蛋氨酸的吸收可降低肉仔鸡对热应激的敏感性。玉米-大豆型日粮需要添加蛋氨酸才能获得较佳的肉鸡性能。在高温下添加蛋氨酸可使产蛋率和蛋重显著增加，理想饲料转化率时对蛋氨酸的需要为0.29 g/MJ代谢能，添加蛋氨酸羟基类似物比添加*DL*-蛋氨酸更有效。

(3)注意影响日粮稳定性的物质。高温、水分、腐败的脂肪、微量元素和胆碱等会加速饲料中蛋白质的破坏。要保持饲料中蛋白质的活性，可以使用抗氧化剂和维生素胶囊，或以合适的贮存条件贮存饲料，或者将胆碱和微量元素单独添加。

3. 注意钙、磷原料

(1)钙源。热应激可以抑制钙的摄入以及维生素 D_3 的转化。因此在高温环境下，产蛋鸡的钙需求便会升高。所以在夏天，在注意满足鸡群正常情况下的钙需求(3.75 g/只·d)的同时，应该给鸡群提供牡蛎壳粒或石灰石粒(1 g/只)。然而，饲料中过高的钙水平会降低饲料的可口性，从而导致鸡群的采食量降低。所以一般是随预期采食量的改变适当提高日粮钙浓度，保持钙的日进食量 3.5 g 和有效磷 0.4 g；或者将钙单独饲喂，在下午将钙料提供给鸡群，为了提高钙料在肌胃中的保留量，钙粒的尺寸应为 1 mm 左右，且总钙中有 50%以上为颗粒钙源。以较粗颗粒的贝壳粉或粗砂石形式供给钙源，更有益于提高蛋重和蛋壳品质。不过在生产中，增加钙就影响饲料适口性。所以高温应激时常采用低钙日粮，另外在下午 5 时左右单独补喂大颗粒贝壳砂一次，一般每千只鸡每天喂 3～4 kg 贝壳砂即可，以提高钙摄入量。

(2)磷源。没脱脂、脱胶的骨粉含有蛋白质等易滋生病源微生物的养分，夏季温度和湿度常为这些病源微生物的滋生提供方便。

4. 注意离子平衡

(1)热应激期间，钾、钠、锌和钼随尿的排出量增加，粪中钙、锰、硒和铜的排出量也增加，镁、磷的贮存量亦减少。在环境温度高于 20℃时，每升高 1℃，饲料中的钙、磷、钠、钾和氯的实际含量应比在 20℃时的需要量增加 1.5%，才能满足机体的需要。所以热应激时必须注意日粮的离子平衡。

(2)热应激引起蛋鸡醛固酮释放增加，醛固酮有保钠排钾功能，因此血钾降低，可通过添加氯化钾提高机体钾离子浓度，一般氯化钾的添加浓度为 0.15%～0.30%。另外热应激或者影响锰、硫、硒、钴和镁等离子的吸收，或者对它们的需要量增加，都应按照日粮摄入量的减少幅度相应提高在饲料中的含量。

5. 少用不含蛋白质和能量的原料

如沸石粉、麦饭石粉要少用，添加量不宜超过3%。

（三）增加维生素供应

热应激时应当提高鸡日粮中维生素的浓度，有两个理由：一是热应激时鸡的采食量减少，二是热应激时鸡的维生素需要量增加。

1. 维生素A

在高温时鸡对维生素A的吸收也会下降，所以在饲养雏鸡时，人们发现将日粮中维生素A的含量升高3倍可以有效地补充维生素A。王兰芳等（2001）在32℃高温下日粮中添加维生素A 3 000 IU/kg和9 000 IU/kg，后者采食量、产蛋率和血糖水平显著高于前者，证实高温下提高维生素A添加量有助于改善蛋鸡生产性能，维持正常生理状态。

2. B族维生素

在32℃以上时，鸡群对维生素B_1的需求为21℃时的2倍。增加维生素B_6、维生素B_{12}等B族维生素的添加量，可促进鸡对钙、磷的吸收。曹燕（1998）在热应激蛋鸡日粮中添加36 μg/kg的维生素B_{12}使产蛋量提高6.76%，蛋壳破损率下降。

3. 维生素C

维生素C参与体内多种代谢，是热应激中最为重要的一种维生素，其功能可以抑制家禽体温上升，增加采食量，另外也促进受损组织细胞的复原，增加骨骼中Ca的动员，加强肠道对钙的吸收利用，有利于热应激条件下保持生产，并保证受精率和孵化率不致大幅降低。也有研究认为，维生素C抗热应激的能力受温度限制，当环境温度高于34℃时维生素C不起作用。

家禽肾脏可合成维生素C。正常情况下合成量可满足家禽正常生长发育和生产需要，而高温应激时合成能力降低，必须在饲料中添加。在夏季蛋鸡日粮中分别补充100～600 mg/kg的维生素

C,均可提高产蛋量、饲料利用率,可明显提高蛋壳厚度,减少破壳蛋、薄壳蛋,改善蛋壳颜色,提高鸡的存活能力。

在急性热应激期间往饲料中添加维生素C,可确保鸡体稳定地产生皮质酮,从而提供更多为散热所需的能量。热应激时补充维生素C能明显抑制体温上升,增加采食量和减轻热应激对代谢的不良影响。肉鸡日粮中补充维生素C 100～500 mg/kg,可明显提高日增重;肉用种鸡150～200 mg/kg饲料,可改善精液质量,提高种蛋受精率。由于维生素C易被氧化,最好使用外层有保护膜的维生素C颗粒。同时添加维生素C和微量元素效果更好,但温度超过34℃时要添加维生素C 500 mg/kg以上才有效。维生素C也可通过饮水补充,每升饮水添加1 g,并不间断地供水。

4. 维生素E

维生素E可缓解热应激。维生素E抗应激作用的关键在于它能升高细胞内钙浓度。一般商品肉仔鸡日粮中维生素E含量为20～50 mg/kg,而热应激期间,商品鸡饲料中添加180 mg/kg的维生素E可显著提高增重和饲料转化率;最大限度地维持肉种鸡产蛋量的维生素E添加量可达200～300 mg/kg,这一剂量恰好处在改进禽肉品质和加强免疫功能的维生素E添加范围之内。在日粮中添加100～300 mg/kg的维生素E均能改善家禽热应激的临床症状。给遭受慢性热应激的蛋鸡日粮中添加500 mg/kg的维生素E,持续1周,可明显抑制应激期间产蛋量的下降,并使应激后的产蛋尽快恢复正常。另据报道,在日粮中添加维生素E,可以明显地降低由大肠埃希氏杆菌导致的死亡。

5. 维生素D

在家禽日粮中添加维生素D可提高肉禽和蛋禽的免疫反应,减轻热应激,提高生产性能。在日粮中生物素的添加比例为100 μg/kg。添加维生素A、维生素D_3可改善机体对钙的吸收。

6. 甜菜碱

研究发现，甜菜碱能促进体内高半胱氨酸向蛋氨酸的转化，降低体内高半胱氨酸的含量，减轻其对谷氨酸脱羧酶(GAD)活性的抑制，最终会使中枢抑制作用加强，使畜禽在应激情况下保持安静，减少产热，缓解应激危害。此外，甜菜碱还能保护肠道营养吸收功能，提高恶劣环境下的饲料转化率。国外研究发现，14～21 日龄的肉鸡在热应激并受到球虫攻击情况下饲喂含甜菜碱的日粮，能显著增加肉鸡的体重，降低体温。

(四)调整微量元素供应

1. 一般微量元素

在热应激蛋鸡日粮中应补加一些相对缺乏的元素，适宜添加量为：硒 0.33 mg/kg、铜 33.3 mg/kg、锌 100 mg/kg。也有报道热应激时在日粮中补充阿司匹林、锗、碘。

曹永春等(1999)使用抗氧化微营养素(维生素 C 1 000 mg/kg，Se 0.3 mg/kg，Cu 40 mg/kg，Zn 85 mg/kg)起到抗氧化保护作用，有效地缓解热应激，提高产蛋率和饲料报酬，改善蛋壳品质。

2. 有机铬

铬与烟酸、甘氨酸、谷氨酸、半胱氨酸等一起组成葡萄糖耐受因子(GTF)，GTF 是一种具有类似胰岛素生物活性的有机螯合物，它对调节三大营养物质代谢有重要作用。

铬对缓解应激危害有重要作用。应激导致动物糖代谢、矿物质代谢紊乱及糖原降解和异生作用加强，而葡萄糖利用的加强会导致组织铬动员加强，并最终通过尿排出体外，因此补充铬会提高动物的抗应激能力。热应激情况下补饲铬可加强葡萄糖的利用，有利于缓解高温应激所致的免疫系统的不良反应，缓解胸腺和法氏囊因高温所致的萎缩。此外，铬还可改善应激动物免疫功能并抑制皮质激素分泌，防止高温导致的皮质激素分泌增加。

3 价铬可改善热应激产蛋鸡蛋黄颜色和蛋壳质量，降低血清甘油三酯含量，提高热应激产蛋鸡的细胞免疫功能和血清AKP活性。热应激产蛋获得最佳蛋壳品质及细胞免疫功能时的饲粮铬添加水平至少为10.0 mg/kg，而获得最佳蛋黄颜色、最大血清AKP活性和血清甘油三酯降至最低时需添加的铬水平为2.0 mg/kg。给饲养于高温环境中鸡补充吡啶羧酸铬，可提高鸡日增重5%，降低因高温引起的死亡率50%以上。

呙于明等(1998)报道，在日粮中添加0.4 mg/kg酵母铬可以在一定程度上提高肉仔鸡的生产性能并加强其免疫力。

3. 硒

补饲微量元素硒可收到与维生素相似的抗应激效果。硒是一种抗氧化剂，可防止细胞膜的脂质结构遭到破坏。硒是谷胱甘肽过氧化物酶(GSH-PX)的必要组成部分。它与维生素E起补偿和协同作用，保护细胞膜免受氧化损伤。

硒抗热应激作用的机理是：高温时，家禽在热应激刺激下，产生自由基(包括大量的能损害细胞膜的氧自由基)，而GSH-PX存在于细胞液中，能中和穿过细胞膜进入细胞液的自由基，防止有害自由基对不饱和脂肪酸的氧化。细胞膜上的自由基则由位于膜上的维生素E来清除。

(五)控制电解质/缓冲因子

1. 日粮中添加碳酸氢钠

用碳酸氢钠(小苏打)代替日粮中的部分食盐，有利于鸡体内热的散发和促进鸡体增重。在日粮中添加0.5%碳酸氢钠或0.3%～0.5%的氯化钠(或沸石钠)，可以减轻由热应激引起的碱中毒。在高温环境下，碳酸氢钠可以提高饲料和水的摄入量。当温度从25℃上升到38℃时，钾的需求量也会从0.4%上升到0.6%。在较热的环境条件下，每只鸡每天需要的钾为1.8～2.3 g。

2. 日粮中添加稀土

夏季在肉仔鸡的日粮中添加50～150 mg/kg的稀土，可增强肉鸡的体质，提高抗性，饲料报酬明显提高，肉仔鸡的日增重可提高15%以上。

3. 增加日粮中的电解质

本章介绍的各种调整日粮电解质平衡的技术都可以使用，而且很有效。添加的办法是，当温度超过20℃时，每升高1℃时，日粮中的电解质（钠、钾和氯化物）可增加1.5%。要注意，过多的氯化物会降低血液中碳酸氢盐的浓度。在发生热应激时，鸡群会通过水分的代谢来保持体温，这样就导致水需求升高。所以将电解质（和维生素C一起）加于鸡群饮用的冷水中最好。

（六）使用抗热应激添加剂

夏季在鸡日粮中使用本章介绍的抗热应激添加剂是非常有效的手段。例如，在饲料中添加延胡索酸0.1%或维生素B_{12}和维生素C 0.05%，杆菌肽锌50～100 mg/kg和氯化铵0.15%，小苏打0.2%，能抑制中枢神经活动，明显提高鸡抗热应激能力。又如，取大青叶、苦参各30 g，白茅根、香薷各20 g，白术、连翘各25 g，石膏100 g，研末拌入100 kg饲料喂鸡，可收到清热解暑、抗应激的效果。

附　　录

附录1　常见饲料原料在鸡配合饲料中的一般用量　%

原　料	雏鸡	青年鸡	蛋鸡	肉仔鸡
谷实类	65	55	60	60
玉米	35～65	35～60	35～60	50～70
高粱	5～10	15～20	5～10	5～10
小麦	5～10	5～15	5～15	10～20
大麦	5～10	10～20	10～20	10～30
碎米	10～20	10～20	10～20	10～30
植物蛋白类	25	15	20	35
豆饼	10～25	10～15	10～25	20～35
花生饼	2～4	2～6	5～10	2～4
棉子饼(粕)	3～6	4～8	3～6	2～4
菜子粕	2～4	3～6	3～6	2～4
芝麻饼	4～6	4～8	4～8	4～8
动物蛋白类	10以下			
糠麸类	5以下	10～30	5以下	10～20
粗饲料	优质苜蓿等青草可用到5以下			
矿物质	1.5～2.5	1～2	6～9	1～2
石粉或贝壳粉	0.3～1	0.5～1	3～9	0.5～1
骨粉	1.5～2.5	1～2	2～2.5	1～2
食盐	0.37	0.3	0.37	0.35
维生素和微量元素	0.5～1			

附录 2 中国饲料数据库

饲料数据库中的数字都是通过科学分析得出的，但饲料成分表尤其是常用饲料成分表中不能将所有含高营养成分与含低营养成分的饲料都列出，而只能列出居中的数，如玉米蛋白质含量在7%～9%，但多数在8.2%～8.9%，而在饲料成分表所列数字为8.6% ，由此可见一斑。

附表 2-1 饲料名称、饲料描述及编号

饲料名称	饲 料 描 述	中国饲料编号
玉米	GB2 级，子粒，成熟	4—07—0279
玉米	GB3 级，子粒，成熟	4—07—0280
高粱	GB1 级，子粒，成熟	4—07—0272
小麦	GB2 级，混合小麦，子粒，成熟	4—07—0270
大麦(裸)	GB2 级，裸大麦，子粒，成熟	4—07—0274
大麦(皮)	GB1 级，皮大麦，子粒，成熟	4—07—0277
稻谷	GB2 级，子粒，成熟	4—07—0273
糙米	良，子粒，成熟，未去米糠	4—07—0276
碎米	良，加工精米后的副产品	4—07—0275
粟(谷子)	合格，带壳，子粒，成熟	4—07—0479
木薯干	GB 合格，木薯干片，晒干	4—04—0067
甘薯干	GB 合格，木薯干片，晒干	4—04—0068
次粉	NY/T2 级，黑面、黄粉、下面	4—08—0105
小麦麸	GB1 级，传统制粉工艺	4—08—0069
米糠	GB2 级，新鲜，不脱脂	4—08—0041
米糠饼	GB1 级，机榨	4—10—0025
米糠粕	GB1 级，浸提或预压浸提	4—10—0018
大豆	GB2 级，黄大豆，子粒，成熟	5—09—0127
大豆饼	GB2 级，机榨	5—10—0241
大豆粕	GB1 级，浸提或预压浸提	5—10—0103
大豆粕	GB2 级，浸提或预压浸提	5—10—0102
棉子饼	GB2 级，机榨	5—10—0118
棉子粕	GB2 级，浸提或预压浸提	5—10—0117
		5—11—0005
菜子饼	GB2 级，机榨	5—10—0083

续附表 2-1

饲料名称	饲料描述	中国饲料编号
菜子粕	GB2 级,浸提或预压浸提	5—10—0121
		4—06—0075
花生仁饼	GB2 级,机榨	5—10—0116
		5—11—0006
花生仁粕	GB2 级,浸提或预压浸提	5—10—0115
		5—11—0007
向日葵仁饼	GB3 级,壳仁比 35∶65	1—10—0031
向日葵仁粕	GB2 级,壳仁比 16∶84	5—10—0242
向日葵仁粕	GB2 级,壳仁比 24∶76	5—10—0243
亚麻仁饼	NY/T2 级,机榨	5—10—0119
亚麻仁粕	NY/T2 级,浸提或预压浸提	5—10—0120
玉米蛋白粉	玉米去胚芽、淀粉后的面筋部分 CP 60%	5—11—0001
玉米蛋白粉	玉米去胚芽, CP 50%	5—11—0002
玉米蛋白粉	玉米去胚芽, CP 40%	5—11—0008
玉米蛋白饲料	玉米去胚芽去淀粉含皮残渣	5—11—0003
麦芽根	大麦芽副产品,干燥	5—11—0004
鱼粉	SC2 级,浙江鱼粉,小杂鱼、蒸干	5—13—0041
鱼粉	秘鲁鱼粉,Anchovie	5—13—0042
鱼粉	白鱼整鱼或切碎,去油、粉碎	5—13—0043
血粉	鲜猪血,喷雾干燥	5—13—0036
羽毛粉	鸡羽毛,水解	5—13—0037
皮革粉	废牛皮,水解	5—13—0038
甘薯叶粉	GB1 级,70%叶,30%茎秆	4—06—0074
苜蓿草粉	GB1 级,1 茬,盛花期,烘干	1—05—0074
苜蓿草粉	GB2 级,1 茬,盛花期,烘干	1—05—0075
芝麻饼	机榨,CP 40%	5—10—0246
肉骨粉	屠宰下脚,带骨干燥粉碎	5—13—0047
啤酒糟	大麦酿造副产品	5—11—0005
啤酒酵母	啤酒酵母菌粉	7—15—0001
乳清粉	乳清,脱水	4—06—0075
DDG	玉米酒精糟,脱水	5—11—0006
DDGS	玉米酒精糟及可溶物,脱水	5—11—0007

附表 2-2 饲料常规成分及钙、磷含量 %

饲料名称	干物质	粗蛋白	粗脂肪	粗纤维	粗灰分	无氮浸出物	钙	磷	植酸磷
玉米	86.0	8.7	3.6	1.6	1.4	70.7	0.02	0.27	0.15
玉米	86.0	8.0	3.3	2.1	1.4	71.2	0.02	0.27	0.15
高粱	86.0	9.0	3.4	1.4	1.8	70.4	0.13	0.36	0.19
小麦	87.0	13.9	1.7	1.9	1.9	67.6	0.17	0.41	0.19
大麦(裸)	87.0	13.0	2.1	2.0	2.2	67.7	0.04	0.39	0.18
大麦(皮)	87.0	11.0	1.7	4.8	2.4	67.1	0.09	0.33	0.16
稻谷	86.0	7.8	1.6	8.2	4.6	63.8	0.03	0.36	0.16
糙米	87.0	8.8	2.0	0.7	1.3	74.2	0.03	0.35	0.20
碎米	88.0	10.4	2.2	1.1	1.6	72.7	0.06	0.35	0.20
粟(谷子)	86.5	9.7	2.3	6.8	2.7	65.0	0.12	0.30	0.19
木薯干	87.0	2.5	0.7	2.5	1.9	79.4	0.27	0.09	—
甘薯干	87.0	4.0	0.8	2.8	3.0	76.4	0.19	0.02	—
次粉	87.0	13.6	2.1	2.8	1.8	66.7	0.08	0.52	—
小麦麸	87.0	15.7	3.9	8.9	4.9	53.6	0.11	0.92	0.68
米糠	87.0	12.8	16.5	5.7	7.5	44.5	0.07	1.43	1.33
米糠饼	88.0	14.7	9.0	7.4	8.7	48.2	0.14	1.69	1.47
米糠粕	87.0	15.1	2.0	7.5	8.8	53.6	0.15	1.82	1.58
大豆饼	87.0	35.5	17.3	4.3	4.2	25.7	0.27	0.48	0.18
大豆饼	87.0	40.9	5.7	4.7	5.7	30.0	0.30	0.49	0.25
大豆粕	87.0	46.8	1.0	3.9	4.8	30.5	0.31	0.61	0.44
大豆粕	87.0	43.0	1.9	5.1	6.0	31.0	0.32	0.61	0.30
棉子饼	88.0	40.5	7.0	9.7	6.1	24.7	0.21	0.83	0.55
棉子粕	88.0	42.5	0.7	10.1	6.5	28.2	0.24	0.97	0.64
菜子饼	88.0	34.3	9.3	11.6	7.7	25.1	0.62	0.96	0.63
菜子粕	88.0	38.6	1.4	11.8	7.3	28.9	0.65	1.07	0.65
花生仁饼	88.0	44.7	7.2	5.9	5.1	25.1	0.25	0.53	0.22
花生仁粕	88.0	47.8	1.4	6.2	5.4	27.2	0.27	0.56	0.23
向日葵仁饼	88.0	29.0	2.9	20.4	4.7	31.0	0.24	0.87	0.74
向日葵仁粕	88.0	36.5	1.0	10.5	5.6	34.4	0.27	1.13	0.96
向日葵仁粕	88.0	33.6	1.0	14.8	5.3	33.3	0.26	1.03	0.87
亚麻仁饼	88.0	32.2	7.8	7.8	6.2	34.0	0.39	0.88	0.50
亚麻仁粕	88.0	34.8	1.8	8.2	6.6	36.6	0.42	0.95	0.53

续附表 2-2

饲料名称	干物质	粗蛋白	粗脂肪	粗纤维	粗灰分	无氮浸出物	钙	磷	植酸磷
玉米蛋白粉	90.1	63.5	5.4	1.0	1.0	19.2	0.07	0.44	0.27
玉米蛋白粉	91.2	51.3	7.8	2.1	2.0	28.0	0.06	0.42	—
玉米蛋白粉	89.9	44.3	6.0	1.6	0.9	37.1	—	—	—
玉米蛋白饲料	88.0	19.3	7.5	7.8	5.4	48.0	0.15	0.70	—
麦芽根	89.7	28.3	1.4	12.5	6.1	41.4	0.22	0.73	—
鱼粉	88.0	52.5	11.6	0.4	20.4	3.1	5.74	3.12	0.00
鱼粉	88.0	62.8	9.7	1.0	14.5	0.0	3.87	2.76	0.00
鱼粉	91.0	61.0	4.0	1.0	24.0	1.0	7.00	3.50	0.00
血粉	88.0	82.8	0.4	0.0	3.2	1.6	0.29	0.31	0.00
羽毛粉	88.0	77.9	2.2	0.7	5.8	1.4	0.20	0.68	0.00
皮革粉	88.0	77.6*	0.8	1.7	11.3	—	4.40	0.15	0.00
甘薯叶粉	87.0	16.7	2.9	12.6	11.5	43.3	1.41	0.28	—
苜蓿草粉	87.0	19.1	2.3	22.7	7.6	35.3	1.40	0.51	—
苜蓿草粉	87.0	17.2	2.6	25.6	8.3	33.3	1.52	0.22	—
芝麻饼	92.0	39.2	10.3	7.2	10.4	24.9	2.24	1.19	—
肉骨粉	92.6	50.0*	8.5	2.8	33.0	—	9.20	4.70	0.00
啤酒糟	88.0	24.3	5.3	13.4	4.2	40.8	0.32	0.42	—
啤酒酵母	91.7	52.4	0.4	0.6	4.7	33.6	0.16	1.02	—
乳清粉	94.0	12.0	0.7	0.0	9.7	71.6	0.87	0.79	0.00
DDG	94.0	30.6	14.6	11.5	3.6	33.7	0.41	0.66	—
DDGS	92.2	34.2	11.8	15.4	1.3	29.5	0.32	0.26	—

附表 2-3 饲料中氨基酸含量

%

饲料名称	赖氨酸	蛋氨酸	胱氨酸	苏氨酸	异亮氨酸	亮氨酸	精氨酸	缬氨酸	组氨酸	酪氨酸	苯丙氨酸	色氨酸
玉米	0.24	0.18	0.20	0.30	0.25	0.93	0.39	0.38	0.21	0.33	0.41	0.07
玉米	0.24	0.16	0.18	0.30	0.25	0.95	0.38	0.36	0.21	0.32	0.39	0.06
高粱	0.18	0.17	0.12	0.26	0.35	1.08	0.33	0.44	0.18	0.32	0.45	0.08
小麦	0.30	0.25	0.24	0.33	0.44	0.80	0.58	0.56	0.27	0.37	0.58	0.15
大麦(裸)	0.44	0.14	0.25	0.43	0.43	0.87	0.64	0.63	0.16	0.40	0.68	0.16
大麦(皮)	0.42	0.18	0.18	0.41	0.52	0.91	0.65	0.64	0.24	0.35	0.59	0.12
稻谷	0.29	0.19	0.16	0.25	0.32	0.58	0.57	0.47	0.15	0.37	0.40	0.10

续附表 2-3

饲料名称	赖氨酸	蛋氨酸	胱氨酸	苏氨酸	异亮氨酸	亮氨酸	精氨酸	缬氨酸	组氨酸	酪氨酸	苯丙氨酸	色氨酸
糙米	0.32	0.20	0.14	0.28	0.30	0.61	0.65	0.49	0.17	0.31	0.35	0.12
碎米	0.42	0.22	0.17	0.38	0.39	0.74	0.78	0.57	0.27	0.39	0.49	0.12
粟(谷子)	0.15	0.25	0.20	0.35	0.36	1.15	0.30	0.42	0.20	0.26	0.49	0.17
木薯干	0.13	0.05	0.04	0.10	0.11	0.15	0.40	0.13	0.05	0.04	0.10	0.03
甘薯干	0.16	0.06	0.08	0.18	0.17	0.26	0.16	0.27	0.08	0.13	0.19	0.05
次粉	0.52	0.16	0.33	0.50	0.48	0.98	0.85	0.68	0.33	0.45	0.63	0.18
小麦麸	0.58	0.13	0.26	0.43	0.46	0.81	0.97	0.63	0.39	0.28	0.58	0.20
米糠	0.74	0.25	0.19	0.48	0.63	1.00	1.06	0.81	0.39	0.50	0.63	0.14
米糠饼	0.66	0.26	0.30	0.53	0.72	1.06	1.19	0.99	0.43	0.51	0.76	0.15
米糠粕	0.72	0.28	0.32	0.57	0.78	1.30	1.28	1.07	0.46	0.55	0.82	0.17
大豆饼	2.22	0.48	0.55	1.38	1.44	2.53	2.59	1.67	0.87	1.11	1.76	0.56
大豆饼	2.38	0.59	0.61	1.41	1.53	2.69	2.47	1.66	1.08	1.50	1.75	0.63
大豆粕	2.81	0.56	0.60	1.89	2.00	3.66	3.59	2.10	1.33	1.65	2.46	—
大豆粕	2.45	0.64	0.66	1.88	1.76	3.20	3.12	1.95	1.07	1.53	2.18	0.68
棉子饼	1.56	0.46	0.78	1.27	1.29	2.31	4.40	1.69	1.00	1.06	2.10	0.43
棉子粕	1.59	0.45	0.82	1.31	1.30	2.35	4.30	1.74	1.06	1.19	2.18	0.44
菜子饼	1.28	0.58	0.79	1.35	1.19	2.17	1.75	1.56	0.80	0.88	1.30	0.40
菜子粕	1.30	0.63	0.87	1.49	1.29	2.34	1.83	1.74	0.86	0.97	1.45	0.43
花生仁饼	1.32	0.39	0.38	1.05	1.18	2.36	4.60	1.28	0.83	1.31	1.81	0.42
花生仁粕	1.40	0.41	0.40	1.11	1.25	2.50	4.88	1.36	0.88	1.39	1.92	0.45
向日葵仁饼	0.96	0.59	0.43	0.98	1.19	1.76	2.44	1.35	0.62	0.77	1.21	0.28
向日葵仁粕	1.22	0.72	0.62	1.25	1.51	2.25	3.17	1.72	0.81	0.99	1.56	0.47
向日葵仁粕	1.13	0.69	0.50	1.14	1.39	2.07	2.89	1.58	0.74	0.91	1.43	0.37
亚麻仁饼	0.73	0.46	0.48	1.00	1.15	1.62	2.35	1.44	0.51	0.50	1.32	0.48
亚麻仁粕	1.16	0.55	0.55	1.10	1.33	1.85	3.59	1.51	0.64	0.93	1.51	0.70
玉米蛋白粉	0.97	1.42	0.96	2.08	2.85	11.59	1.90	2.98	1.18	3.19	4.10	0.36
玉米蛋白粉	0.92	1.14	0.76	1.59	1.75	7.87	1.48	2.05	0.89	2.25	2.83	0.31
玉米蛋白粉	0.71	1.04	0.65	1.38	1.63	7.08	1.31	1.84	0.78	2.03	2.61	—
玉米蛋白饲料	0.63	0.29	0.33	0.68	0.62	1.82	0.77	0.93	0.56	0.50	0.70	0.14
麦芽根	1.30	0.37	0.26	0.96	1.08	1.58	1.22	1.44	0.54	0.67	0.85	0.42
鱼粉	3.41	0.62	0.38	2.13	2.11	3.67	3.12	2.59	0.91	1.32	1.99	0.67
鱼粉	4.90	1.84	0.58	2.61	2.90	4.84	3.27	3.29	1.45	2.22	2.31	0.73
鱼粉	4.30	1.65	0.75	2.60	3.10	4.50	4.20	3.25	1.93	—	2.80	2.60

续附表 2-3

饲料名称	赖氨酸	蛋氨酸	胱氨酸	苏氨酸	异亮氨酸	亮氨酸	精氨酸	缬氨酸	组氨酸	酪氨酸	苯丙氨酸	色氨酸
血粉	6.67	0.74	0.98	2.86	0.75	8.38	2.99	6.08	4.40	2.55	5.23	1.11
羽毛粉	1.65	0.59	2.93	3.51	4.21	6.78	5.30	6.05	0.58	1.79	3.57	0.40
皮革粉	2.27	0.80	0.16	0.71	1.06	2.64	4.64	1.99	0.42	0.66	1.63	0.50
甘薯叶粉	0.61	0.17	0.29	0.67	0.53	0.97	0.76	0.75	0.30	0.30	0.65	0.21
苜蓿草粉	0.82	0.21	0.22	0.74	0.68	1.20	0.78	0.91	0.39	0.58	0.82	0.43
苜蓿草粉	0.81	0.20	0.16	0.69	0.66	1.10	0.74	0.85	0.32	0.54	0.81	0.37
芝麻饼	0.82	0.82	—	1.29	1.42	2.25	2.38	1.84	0.81	1.02	1.68	—
肉骨粉	2.60	0.67	0.33	1.63	1.70	3.20	3.35	2.25	0.96	—	1.70	0.26
啤酒糟	0.72	0.52	0.35	0.81	1.18	1.08	0.98	1.66	0.51	1.17	2.35	—
啤酒酵母	3.38	0.83	0.50	2.33	2.85	4.76	2.67	3.40	1.11	0.12	4.07	2.08
乳清粉	1.10	0.20	0.30	0.80	0.90	1.20	0.40	0.70	0.20	—	0.40	0.20
DDG	0.51	0.80	0.48	1.17	1.31	4.44	0.96	1.66	0.72	1.30	1.76	—
DDGS	0.70	0.62	0.51	1.28	1.37	5.15	1.03	1.77	0.82	1.40	1.98	—

附表 2-4 饲料中矿物质及微量元素含量

饲料名称	钠/%	钾/%	铁/(mg/kg)	铜/(mg/kg)	锰/(mg/kg)	锌/(mg/kg)	硒/(mg/kg)
玉米	0.01	0.29	36	3.4	5.8	21.1	0.02
玉米	—	—	37	3.3	6.1	19.2	0.03
高粱	0.03	0.34	87	7.6	17.1	20.1	<0.05
小麦	0.06	0.50	88	7.9	45.9	29.7	0.05
大麦(裸)	—	—	100	7.0	18.0	30.0	0.16
大麦(皮)	0.02	0.56	87	5.6	17.5	23.6	0.06
稻谷	0.04	0.34	40	3.5	20.0	8.0	0.04
糙米	—	—	78	3.3	21.0	10.0	0.07
碎米	—	—	62	8.8	47.5	36.4	0.06
粟(谷子)	0.04	0.43	270	24.5	22.5	15.9	0.08
木薯干	—	—	150	4.2	6.0	14.0	0.04
甘薯干	—	—	107	6.1	10.0	9.0	0.07
次粉	0.06	0.60	140	11.6	94.2	73.0	0.07
小麦麸	0.07	0.88	170	13.8	104.3	96.5	0.07
米糠	—	1.35	304	7.1	175.9	50.3	0.09

续附表 2-4

饲料名称	钠/%	钾/%	铁/(mg/kg)	铜/(mg/kg)	锰/(mg/kg)	锌/(mg/kg)	硒/(mg/kg)
米糠饼	—	—	400	8.7	211.6	56.4	0.09
米糠粕	—	—	432	9.4	228.4	60.9	0.10
大豆饼	0.04	1.70	111	18.1	21.5	40.7	0.06
大豆饼	—	1.77	187	19.8	32.0	43.4	0.04
大豆粕	—	—	181	23.5	37.3	45.3	0.10
大豆粕	—	1.68	181	23.5	27.4	45.4	0.06
棉子饼	0.04	1.20	266	11.6	17.8	44.9	0.11
棉子粕	0.04	1.16	263	14.0	18.7	55.5	0.15
菜子饼	0.02	1.34	687	7.2	78.1	59.2	0.29
菜子粕	0.09	—	653	7.1	82.2	67.5	0.16
花生仁饼	—	1.15	347	23.7	36.7	52.5	0.06
花生仁粕	0.07	1.23	368	25.1	38.9	55.7	0.06
向日葵仁饼	0.02	1.17	614	45.6	41.5	62.1	0.09
向日葵仁粕	—	—	226	32.8	34.5	82.7	0.06
向日葵仁粕	0.01	1.23	310	35.0	35.0	80.0	0.08
亚麻仁饼	0.09	1.25	204	27.0	40.3	36.0	0.18
亚麻仁粕	0.14	1.38	219	25.5	43.3	38.7	0.18
玉米蛋白粉	0.01	0.30	51	1.9	5.9	19.2	0.02
玉米蛋白粉	—	—	434	10.0	78.0	49.0	—
玉米蛋白粉	—	—	—	—	—	—	—
玉米蛋白饲料	0.12	1.30	282	10.7	77.1	59.2	—
麦芽根	—	—	198	5.3	67.8	42.4	—
鱼粉	0.91	1.24	670	17.9	27.0	123.0	1.77
鱼粉	0.88	0.90	219	8.9	9.0	96.7	1.93
鱼粉	0.97	1.10	80	8.0	9.7	80.0	1.50
血粉	0.31	0.90	2 800	8.0	2.3	14.0	0.70
羽毛粉	0.70	0.30	1 230	6.8	8.8	53.8	0.80
皮革粉	—	—	131	11.1	25.2	89.8	—
甘薯叶粉	—	—	35	9.8	89.6	26.8	0.20
苜蓿草粉	—	—	372	9.1	30.7	17.1	0.46
苜蓿草粉	—	—	361	9.7	30.7	21.0	0.46
芝麻饼	0.04	1.39	—	50.4	32.0	2.4	—
肉骨粉	0.73	1.40	500	1.5	12.3	—	0.25

续附表 2-4

饲料名称	钠/%	钾/%	铁/(mg/kg)	铜/(mg/kg)	锰/(mg/kg)	锌/(mg/kg)	硒/(mg/kg)
啤酒糟	0.25	0.08	274	20.1	35.6	—	0.60
啤酒酵母	—	—	902	61.0	22.3	86.7	—
乳清粉	2.50	1.20	160	—	4.6	—	0.06
DDG	0.90	0.16	200	44.7	22.6	—	0.35
DDGS	0.90	1.00	200	44.7	30.0	85.0	0.38

注:①饲料编号、样品描述参见附表 2-1;②粗蛋白质含量变化较大,需实际测定。

附表 2-5　饲料有效能值含量 MJ/kg

饲料名称	猪消化能	鸡代谢能	奶牛产奶净能	肉牛增重净能	羊消化能
玉米	14.27	13.56	7.70	5.48	14.27
玉米	14.18	13.47	7.66	5.44	14.14
高粱	13.18	12.30	6.61	4.64	13.05
小麦	14.18	12.72	7.49	5.52	14.23
大麦(裸)	13.56	11.21	7.07	5.10	13.43
大麦(皮)	12.64	11.30	6.99	5.02	13.22
稻谷	12.09	11.00	6.44	1.39	12.64
糙米	14.39	14.06	8.08	6.11	14.27
碎米	15.06	14.23	8.28	6.32	14.35
粟(谷子)	12.93	11.88	6.90	4.90	12.55
木薯干	13.10	12.38	6.90	4.94	12.51
甘薯干	11.80	9.79	6.61	4.60	13.68
次粉	14.48	12.80	7.36	5.19	13.60
小麦麸	9.37	6.82	6.23	4.18	12.18
米糠	12.64	11.21	7.61	5.65	13.77
米糠饼	12.51	10.17	6.65	4.64	11.92
米糠粕	11.55	8.28	5.10	2.89	10.00
大豆饼	16.60	13.55	9.29	7.28	16.36
大豆饼	13.51	10.54	7.87	5.90	14.10
大豆粕	13.74	9.83	7.90	6.74	15.01
大豆粕	13.18	9.62	7.28	5.31	13.51

续附表 2-5

饲料名称	猪消化能	鸡代谢能	奶牛产奶净能	肉牛增重净能	羊消化能
棉子饼	9.92	9.04	8.37	6.36	13.22
棉子粕	9.46	7.32	6.82	4.81	12.47
菜子饼	12.05	8.16	7.32	5.31	13.14
菜子粕	10.59	7.41	6.44	4.44	12.05
花生仁饼	12.89	11.63	8.95	6.90	14.39
花生仁粕	12.43	10.88	7.61	5.61	13.56
向日葵仁饼	7.91	6.65	5.56	3.39	8.79
向日葵仁粕	11.63	9.71	6.32	4.23	10.63
向日葵仁粕	10.42	8.49	6.28	4.18	8.54
亚麻仁饼	12.13	9.79	6.69	4.69	13.39
亚麻仁粕	9.92	7.95	7.07	5.06	12.51
玉米蛋白粉	15.50	16.23	8.32	9.74	18.36
玉米蛋白粉	15.60	14.26	8.07	9.49	17.94
玉米蛋白粉	15.05	13.30	7.65	9.16	17.27
玉米蛋白饲料	10.38	8.45	7.03	4.85	13.39
麦芽根	9.67	5.90	5.94	3.77	11.42
鱼粉	13.05	11.46	6.90	4.64	12.89
鱼粉	12.47	11.67	6.78	4.77	12.97
鱼粉	16.74	10.75	6.94	5.02	13.26
血粉	11.42	10.29	5.69	3.05	10.04
羽毛粉	11.59	11.42	—	—	10.63
皮革粉	11.51	6.19	—	—	11.05
甘薯叶粉	4.98	4.23	5.44	2.76	8.20
苜蓿草粉	6.95	4.06	5.36	3.18	9.87
苜蓿草粉	6.11	3.64	4.69	2.34	9.58
芝麻饼	13.29	8.95	8.20	4.98	14.68
肉骨粉	11.84	8.20	6.53	4.35	12.51
啤酒糟	9.41	9.92	6.61	4.56	14.89
啤酒酵母	14.81	10.54	7.02	4.89	13.43
乳清粉	14.39	11.42	7.53	7.24	14.36
DDG	13.10	5.36	7.87	5.73	15.94
DDGS	15.40	10.42	8.54	6.44	16.15

附表 2-6 维生素含量参考值

饲料名称	样品说明	干物质/%	维生素/mg/kg							
			胡萝卜素	硫胺素	核黄素	烟酸	泛酸	胆碱	叶酸	维生素E
苜蓿	人工干燥	92.7	110.8	3.9	15.7	22.7	28.4	1 058	6.3	—
糙米		89.0	—	2.8	1.1	30.3	11.0	1 014	0.4	13.5
大麦		89.0	—	5.0	2.0	57.2	6.4	1 027	0.4	36.0
高粱		88.8	—	3.9	1.2	42.7	11.0	678	0.2	12.2
黑麦		88.6	—	4.4	1.5	15.6	9.2	—	0.6	15.0
小麦	硬	88.0	—	5.2	1.1	56.1	13.5	778	0.4	15.5
小麦	软	86.0	—	4.8	1.2	48.4	12.8	778	0.3	15.5
燕麦		90.0	—	6.4	1.6	18.0	14.9	1 070	0.4	20.0
玉米	黄玉米	88.0	1.3	3.7	1.1	21.5	5.7	440	0.4	22.0
米糠		89.8	—	19.3	2.0	715.0	13.0	1 010	—	89.5
小麦麸		89.0	—	6.0	3.1	321.0	29.0	980	1.8	10.8

附录3 允许使用的饲料添加剂品种目录

1. 饲料级氨基酸7种

L-赖氨酸盐酸盐，*DL*-蛋氨酸，*DL*-羟基蛋氨酸，*DL*-羟基蛋氨酸钙，N-羟甲基蛋氨酸，*L*-色氨酸，*L*-苏氨酸。

2. 饲料级维生素26种

α-胡萝卜素，维生素A，维生素A乙酸酯，维生素A棕榈酸酯，维生素D_3，维生素E，维生素E乙酸酯，维生素K_3（亚硫酸氢钠甲萘醌），二甲基嘧啶醇亚硫酸甲萘醌，维生素B_1（盐酸硫胺），维生素B_1（硝酸硫胺），维生素B_2（核黄素），维生素B_6，烟酸，烟酰胺，*D*-泛酸钙，*DL*-泛酸钙，叶酸，维生素B_{12}（氰钴胺），维生素C（*L*-抗坏血酸），*L*-抗坏血酸钙，*L*-抗坏血酸-2-磷酸酯，*D*-生物素，氯化胆碱，*L*-肉碱盐酸盐，肌醇。

3. 饲料级矿物质、微量元素46种

硫酸钠，氯化钠，磷酸二氢钠，磷酸氢二钠，磷酸二氢钾，磷酸氢二钾，碳酸钙，氯化钙，磷酸氢钙，磷酸二氢钙，磷酸三钙，乳酸钙，七水硫酸镁，一水硫酸镁，氧化镁，氯化镁，七水硫酸亚铁，一水硫酸亚铁，三水乳酸亚铁，六水柠檬酸亚铁，富马酸亚铁，甘氨酸铁，蛋氨酸铁，五水硫酸铜，一水硫酸铜，蛋氨酸铜，七水硫酸锌，一水硫酸锌，无水硫酸锌，氧化锌，蛋氨酸锌，一水硫酸锰，氯化锰，碘化钾，碘酸钙，六水氯化钴，一水氯化钴，亚硒酸钠，酵母铜，酵母铁，酵母锰，酵母硒，酵母铬，甲基吡啶铬，烟酸铬。

4. 饲料级酶制剂12类

蛋白酶（黑曲霉，枯草芽孢杆菌），淀粉酶（地衣芽孢杆菌，黑曲霉），支链淀粉酶（嗜酸乳杆菌），果胶酶（黑曲霉），脂肪酶，纤维素酶（reesei 木霉），麦芽糖酶（枯草芽孢杆菌），木聚糖酶（insolens 腐质霉），α-聚葡糖酶（枯草芽孢杆菌，黑曲霉），甘露聚糖酶（缓慢芽孢杆菌），植酸酶（黑曲霉，米曲霉），葡萄糖氧化酶（青霉）。

5. 饲料级微生物添加剂11种

干酪乳杆菌，植物乳杆菌，粪链球菌，乳酸片球菌，枯草芽孢杆菌，纳豆芽孢杆菌，嗜酸乳杆菌，乳链球菌，啤酒酵母菌，产朊假丝酵母，沼泽红假单胞菌。

6. 抗氧化剂 4 种

乙氧基喹啉，二丁基羟基甲苯(BHT)，丁基羟基茴香醚(BHA)，没食子酸丙酯。

7. 防腐剂，电解质平衡剂 25 种

甲酸，甲酸钙，甲酸铵，乙酸，双乙酸钠，丙酸，丙酸钙，丙酸钠，丙酸铵，丁酸，乳酸，苯甲酸，苯甲酸钠，山梨酸，山梨酸钠，山梨酸钾，富马酸，柠檬酸，酒石酸，苹果酸，磷酸，氢氧化钠，碳酸氢钠，氯化钾，氢氧化铵。

8. 着色剂 6 种

β-阿朴-8′-胡萝卜素醛，辣椒红，β-阿朴-8′胡萝素酸乙酯，虾青素，β，β-胡萝卜素-4，4-二酮(斑蝥黄)，叶黄素(万寿菊花提取物)。

9. 调味剂、香料 6 种(类)

糖精钠，谷氨酸钠，5′-肌苷酸二钠，5′-鸟苷酸二钠，血根碱，食品用香料均可作饲料添加剂。

10. 黏结剂、抗结块剂和稳定剂 13 种(类)

α-淀粉，海藻酸钠，羧甲基纤维素钠，丙二醇，二氧化硅，硅酸钙，三氧化二铝，蔗糖脂肪酸酯，山梨醇酐脂肪酸酯，甘油脂肪酸酯，硬脂酸钙，聚氧乙烯20 山梨醇酐单油酸酯，聚丙烯酸树脂Ⅱ。

11. 其他 10 种

糖萜素，甘露低聚糖，肠膜蛋白素，果寡糖，乙酰氧肟酸，天然类固醇萨洒皂角苷(YUCCA)，大蒜素，甜菜碱，聚乙烯聚吡咯烷酮(PVPP)，葡萄糖山梨醇。

附录4 药物饲料添加剂使用规范

二硝托胺预混剂(球痢灵),规格 0.25%,每吨饲料添加本品 500 g,休药期 3 d。

马杜霉素铵预混剂(抗球王,加福),规格 1%,每吨饲料添加本品 500 g,休药期 5 d。无球虫病时,含 6 mg/kg 以上马杜霉素铵盐的饲料对生长有明显的抑制作用,也不改善饲料报酬。

尼卡巴嗪预混剂(杀球宁),规格 20%,每吨饲料添加本品 100～125 g,休药期 4 d。高温季节慎用。

尼卡巴嗪、乙氧酰胺苯甲酯预混剂(球净),尼卡巴嗪 25%＋16%乙氧酰胺苯甲酯。每吨饲料添加本品 500 g,休药期 9 d。高温季节慎用。

甲基盐霉素预混剂(禽安),规格 10%,每吨饲料添加本品 600～800 g,休药期 5 d。禁止与泰妙菌素、竹桃霉素并用;防止与人眼接触。

甲基盐霉素、尼卡巴嗪预混剂(猛安),规格 8%甲基盐霉素＋尼卡巴嗪 8%,每吨饲料添加本品 310～560 g,休药期 5 d。禁止与泰妙菌素、竹桃霉素并用;高温季节慎用。

拉沙洛西钠预混剂(球安)。规格 15%或 45%,每吨饲料添加 75～125 g(以有效成分计),休药期 3 d。

氢溴酸常山酮预混剂(速丹),规格 0.6%,每吨饲料添加本品 500 g,休药期 5 d。

盐酸氯苯胍预混剂,规格 10%,每吨饲料添加本品 300～600 g,休药期 5 d。

盐酸氨丙啉、乙氧酰胺苯甲酯预混剂(加强安保乐),规格 25%盐酸氨丙啉＋1.6%乙氧酰胺苯甲酯。每吨饲料添加本品 500 g,休药期 3 d。每 1 000 kg 饲料中维生素 B_1 大于 10 g 时明显拮抗。

盐酸氨丙啉、乙氧酰胺苯甲酯、磺胺喹噁啉预混剂(百球清),规格 20%盐酸氨丙啉＋1%乙氧酰胺苯甲酯＋12%磺胺喹噁啉。每吨饲料添加本品 500 g,休药期 7 d。每 1 000 kg 饲料中维生素 B_1 大于 10 g 时明显拮抗。

氯羟吡啶预混剂,规格 25%。每吨饲料添加本品 500 g,休药期 5 d。

海南霉素钠预混剂，规格1%，每吨饲料添加本品500～750 g，休药期7 d。

赛杜霉素钠预混剂(禽旺)，规格5%，每吨饲料添加本品500 g，休药期5 d。

地克珠利预混剂，规格0.2%或0.5%，每吨饲料添加1 g(以有效成分计)。

莫能菌素钠预混剂(欲可胖)，规格5%，10%或20%。每吨饲料添加90～110 g(以有效成分计)，休药期5 d。禁止与泰妙菌素、竹桃霉素并用；搅拌配料时禁止与人的皮肤、眼睛接触。

杆菌肽锌预混剂，规格10%或15%。每吨饲料添加4～40 g(以有效成分计)。

黄霉素预混剂(富乐旺)，规格4%或8%，每吨饲料添加5 g(以有效成分计)。

维吉尼亚霉素预混剂(速大肥)，规格50%，每吨饲料添加本品10～40 g，休药期1 d。

那西肽预混剂，规格0.25%。每吨饲料添加本品1 000 g，休药期3 d。

阿美拉霉素预混剂(效美素)，规格10%，每吨饲料添加本品50～100 g。

盐霉素钠预混剂(优素精、赛可喜)，规格有5%，6%，10%，12%，45%，50%。每吨饲料添加50～70 g(以有效成分计)，休药期5 d。禁止与泰妙菌素、竹桃霉素并用。

硫酸黏杆菌素预混剂(抗敌素)，规格2%，4%，10%，每吨饲料添加2～20 g(以有效成分计)，休药期7 d。

牛至油预混剂(诺必达)，每1 000 g中含5-甲基-2-异丙基苯酚和2-甲基-5-异丙基苯酚25 g。每吨饲料添加本品450 g(用于促进生长)或50～500 g(用于治疗)。

杆菌肽锌、硫酸黏杆菌素预混剂(万能肥素)，规格5%杆菌肽+1%粘杆菌素。每吨饲料添加2～20 g(以有效成分计)，休药期7 d。

土霉素钙，规格5%，10%，20%，每吨饲料添加10～50 g(以有效成分计)。

吉他霉素预混剂，规格2.2%，11%，55%，95%，每吨饲料添加5～11 g（用于促进生长）或100～330 g（用于防治疾病），连用5～7 d。以上均以有效成分计，休药期7 d。

金霉素（饲料级）预混剂。规格10%，15%，每吨饲料添加20～50 g（以有效成分计），休药期7 d。

恩拉霉素预混剂。规格4%，8%。每吨饲料添加1～10 g（以有效成分计），休药期7 d。

附录 5　肉鸡饲养标准

我国没有肉用种鸡的饲养标准。饲料厂家多参考使用 NRC 的种鸡饲养标准。我们认为，最好是参考相应肉鸡原种厂推荐的饲养标准。一般肉种鸡后备期母鸡必须得到 10.04～10.46 MJ/kg 日粮，或通过其他方法限制饲养，才可避免在性成熟时体内积累较多脂肪。肉用种鸡饲养标准也可按蛋鸡种鸡饲养标准执行。肉种鸡产蛋期日粮中应含 1.67～1.88 MJ 代谢能才可获得最佳产蛋性能，所以种鸡配合饲料的能量标准最好控制在 10.89～11.51 MJ/kg(每天每鸡不超过 1.75 MJ)，以防过肥。

附表 5-1　中国肉用仔鸡饲养标准(ZB B 43005—86)　　%

营养成分	0～4 周龄	5 周龄以上
代谢能/(MJ/kg)	12.13	12.55
粗蛋白质	21.0	19.00
蛋白能量比/(g/MJ)	301.25	263.59
钙	1.00	0.90
总磷	0.65	0.65
有效磷	0.45	0.40
食盐	0.37	0.35
蛋氨酸	0.45	0.36
蛋氨酸＋胱氨酸	0.84	0.68
赖氨酸	1.09	0.94
色氨酸	0.21	0.17
精氨酸	0.31	1.13
亮氨酸	1.22	1.11
异亮氨酸	0.73	0.66
苯丙氨酸	0.65	0.59
苯丙氨酸＋酪氨酸	1.21	1.10
苏氨酸	0.73	0.69
缬氨酸	0.74	0.68
组氨酸	0.32	0.28
甘氨酸＋丝氨酸	1.36	0.94

附表 5-2 中国肉用仔鸡维生素和微量元素需要量(ZB B 43005—86)

营养成分	0～4 周龄	5 周龄以上
维生素 A/(IU/kg)	2 700	2 700
维生素 D_3/(IU/kg)	400	400
维生素 E/(IU/kg)	10	10
维生素 K/(IU/kg)	0.5	0.5
硫胺素/(mg/kg)	1.8	1.8
核黄素/(mg/kg)	7.2	3.6
泛酸/(mg/kg)	10	10
烟酸/(mg/kg)	27	27
吡哆醇/(mg/kg)	3	3
生物素/(mg/kg)	0.15	0.15
胆碱/(mg/kg)	1 300	850
叶酸/(mg/kg)	0.55	0.55
维生素 B_{12}/(mg/kg)	0.009	0.009
铜/(mg/kg)	8	8
碘/(mg/kg)	0.35	0.35
铁/(mg/kg)	80	80
锰/(mg/kg)	60	60
锌/(mg/kg)	40	40
硒/(mg/kg)	0.15	0.15

附表 5-3 美国 NRC(1994)肉用仔鸡营养需要量(干物质 90 %) %

营养成分	0～3 周龄	3～6 周龄	6～8 周龄
代谢能/(MJ/kg)	13.39	13.39	13.39
粗蛋白质	23.00	20.00	18.00
精氨酸	1.25	1.10	1.00
甘氨酸＋丝氨酸	1.25	1.14	0.97
组氨酸	0.35	0.32	0.27
异亮氨酸	0.80	0.73	0.62
亮氨酸	1.20	1.09	0.93
赖氨酸	1.10	1.00	0.85
蛋氨酸	0.50	0.38	0.32
蛋氨酸＋胱氨酸	0.90	0.72	0.60

续附表 5-3

营养成分	0～3 周龄	3～6 周龄	6～8 周龄
苯丙氨酸	0.72	0.65	0.56
苯丙氨酸＋酪氨酸	1.34	1.22	1.04
脯氨酸	0.60	0.55	0.46
苏氨酸	0.80	0.74	0.68
色氨酸	0.20	0.18	0.16
缬氨酸	0.90	0.82	0.70
亚油酸	1.00	1.00	1.00
钙	1.00	0.90	0.80
氯	0.20	0.15	0.12
镁	600	600	600
非植酸磷	0.45	0.35	0.30
钾	0.30	0.30	0.30

附表 5-4 美国 NRC(1994)肉用仔鸡的微量成分需要量(干物质 90 %)

营养成分	0～3 周龄	3～6 周龄	6～8 周龄
铜/(mg/kg)	8	8	8
碘/(mg/kg)	0.35	0.35	0.35
铁/(mg/kg)	80	80	80
锰/(mg/kg)	60	60	60
硒/(mg/kg)	0.15	0.15	0.15
锌/(mg/kg)	40	40	40
维生素 A/IU/kg	1 500	1 500	1 500
维生素 D/IU/kg	200	200	200
维生素 E/IU/kg	10	10	10
维生素 K/(mg/kg)	0.50	0.50	0.50
维生素 B_{12}/(mg/kg)	0.01	0.01	0.007
生物素/(mg/kg)	0.15	0.15	0.12
胆碱/(mg/kg)	1 300	1 000	750
叶酸/(mg/kg)	0.55	0.55	0.50
尼克酸/(mg/kg)	35	30	25
泛酸/(mg/kg)	10	10	10
吡哆醇/(mg/kg)	3.5	3.5	3.0
核黄素/(mg/kg)	3.6	3.6	3
硫胺素/(mg/kg)	1.8	1.8	1.8

附表 5-5 美国 NRC(1994)产蛋高峰期肉种鸡每天营养需要量(干物质 90 %)

营养物质	需要量	营养物质	需要量
代谢能/MJ	1.67～1.88	苯丙氨酸+酪氨酸/mg	1 112
蛋白质/g	19.5	苏氨酸/mg	720
精氨酸/mg	1 110	色氨酸/mg	190
组氨酸/mg	205	缬氨酸/mg	750
异亮氨酸/mg	850	钙/g	4.0
亮氨酸/mg	1 250	氯/mg	185
赖氨酸/mg	765	非植物磷/mg	350
蛋氨酸/mg	450	钠/mg	150
蛋氨酸+胱氨酸/mg	700	生物素/μg	16
苯丙氨酸/mg	610		

附录 6 中国蛋鸡饲养标准

我国是在 1986 年制定的蛋鸡饲养标准，已很老化。实践中使用时应注意吸收最新研究成果。中国在 1986 年制定蛋用鸡的维生素、亚油酸及微量元素需要量(ZB B 43005—86)时，并没有自己测定，而是参考了 NRC 等国际著名饲养标准，结合我国特点制定的，所以配方师在使用时要注意到这一点。

附表 6-1 生长期蛋用鸡的饲养标准(ZB B 43005—86) %

营养水平	0～6 周龄	7～14 周龄	15～20 周龄
代谢能/(MJ/kg)	11.92	11.72	11.30
粗蛋白质	18.0	16.0	12.0
蛋白能量比/(g/MJ)	263.59	238.49	184.10
钙	0.80	0.70	0.60
总磷	0.70	0.60	0.50
有效磷	0.40	0.35	0.30
食盐	0.37	0.37	0.37
蛋氨酸	0.30	0.27	0.20
蛋氨酸＋胱氨酸	0.60	0.53	0.40
赖氨酸	0.85	0.64	0.45
色氨酸	0.17	0.15	0.11
精氨酸	1.00	0.89	0.67
亮氨酸	1.00	0.89	0.67
异亮氨酸	0.60	0.53	0.40
苯丙氨酸	0.54	0.48	0.36
苯丙氨酸＋酪氨酸	1.00	0.89	0.67
苏氨酸	0.68	0.61	0.37
缬氨酸	0.62	0.55	0.41
组氨酸	0.26	0.23	0.17
甘氨酸＋丝氨酸	0.70	0.62	0.47

附表 6-2 生长期蛋用鸡维生素和微量元素需要(ZB B 43005—86)

营养成分	0～6 周龄	7～20 周龄
维生素 A/(IU/kg)	1 500	1 500
维生素 D_3/(IU/kg)	200	200
维生素 E/(IU/kg)	10	5
维生素 K/(IU/kg)	0.5	0.5
硫胺素/(mg/kg)	1.8	1.3
核黄素/(mg/kg)	3.6	1.8
泛酸/(mg/kg)	10.0	10.0
烟酸/(mg/kg)	27	11
吡哆醇/(mg/kg)	3	3
生物素/(mg/kg)	0.15	0.10
胆碱/(mg/kg)	1 300	500
叶酸/(mg/kg)	0.55	0.25
维生素 B_{12}/(mg/kg)	0.009	0.003
亚油酸/(g/kg)	10	10
铜/(mg/kg)	8	6
碘/(mg/kg)	0.35	0.35
铁/(mg/kg)	80	60
锰/(mg/kg)	60	30
锌/(mg/kg)	40	35
硒/(mg/kg)	0.15	0.10

附录7　中国产蛋期蛋用鸡及轻型种母鸡的饲养标准

附表7-1　产蛋期蛋用鸡及轻型种母鸡饲养标准(ZB B 43005—86)　%

营养水平	产蛋鸡及种母鸡的产蛋率			营养水平	产蛋鸡及种母鸡的产蛋率		
	78%	65%～80	85%		78%	65%～80	85%
代谢能/(MJ/kg)	11.51	11.51	11.51	粗蛋白质	16.5	15.0	14.0
蛋白能量比/(g/MJ)	251.04	225.94	213.38	精氨酸	0.77	0.70	0.66
钙	3.50	3.40	3.20	亮氨酸	0.83	0.76	0.70
总磷	0.60	0.60	0.60	异亮氨酸	0.57	0.52	0.48
有效磷	0.33	0.32	0.30	苯丙氨酸	0.46	0.41	0.39
食盐	0.37	0.37	0.37	苯丙氨酸+酪氨酸	0.91	0.83	0.77
蛋氨酸	0.36	0.33	0.31	苏氨酸	0.51	0.47	0.43
蛋氨酸+胱氨酸	0.63	0.57	0.53	缬氨酸	0.63	0.57	0.53
赖氨酸	0.73	0.66	0.62	组氨酸	0.18	0.17	0.15
色氨酸	0.16	0.14	0.14	甘氨酸+丝氨酸	0.57	0.52	0.48

附表7-2　产蛋期蛋用鸡的维生素、亚油酸及微量元素需要量(ZB B 43005—86)

营养水平	产蛋鸡	种母鸡	营养水平	产蛋鸡	种母鸡
维生素 A/(IU/kg)	4 000	4 000	胆碱/(mg/kg)	500	500
维生素 D_3/(IU/kg)	500	500	叶酸/(mg/kg)	0.25	0.35
维生素 E/(IU/kg)	5	10	维生素 B_{12}/(mg/kg)	0.004	0.004
维生素 K/(IU/kg)	0.5	0.5	亚油酸/(g/kg)	10	10
硫胺素/(mg/kg)	0.80	0.80	铜/(mg/kg)	6	8
核黄素/(mg/kg)	2.2	3.8	碘/(mg/kg)	0.30	0.30
泛酸/(mg/kg)	2.2	10.0	铁/(mg/kg)	50	60
烟酸/(mg/kg)	10	10	锰/(mg/kg)	30	60
吡哆醇/(mg/kg)	3	4.5	锌/(mg/kg)	50	65
生物素/(mg/kg)	0.10	0.15	硒/(mg/kg)	0.10	0.10

附录 8　美国 NRC（1994）建议的鸡营养需要量

营养成分	白壳蛋鸡/周龄				褐壳蛋鸡/周龄			
	0～6	6～12	12～18	18 至产蛋	0～6	6～12	12～18	18 至产蛋
代谢能/(MJ/kg)	11.92	11.92	12.13	12.13	11.72	11.72	11.92	11.92
粗蛋白质/%	18.00	16.00	15.00	17.00	17.00	15.00	14.00	16.00
精氨酸/%	1.00	0.83	0.67	0.75	0.94	0.78	0.62	0.72
甘氨酸＋丝氨酸/%	0.70	0.58	0.47	0.53	0.66	0.54	0.44	0.50
组氨酸/%	0.26	0.22	0.17	0.20	0.25	0.21	0.16	0.18
异亮氨酸/%	0.60	0.50	0.40	0.45	0.57	0.47	0.37	0.42
亮氨酸/%	1.10	0.85	0.70	0.80	1.00	0.80	0.85	0.75
赖氨酸/%	0.85	0.60	0.45	0.52	0.80	0.56	0.42	0.49
蛋氨酸/%	0.30	0.25	0.20	0.22	0.28	0.23	0.19	0.21
蛋氨酸＋胱氨酸/%	0.62	0.52	0.42	0.47	0.59	0.49	0.39	0.44
苯丙氨酸/%	0.54	0.45	0.36	0.40	0.51	0.42	0.34	0.38
苯丙氨酸＋酪氨酸/%	1.00	0.83	0.67	0.75	0.94	0.78	0.63	0.70
苏氨酸/%	0.68	0.57	0.37	0.47	0.64	0.53	0.35	0.44
色氨酸/%	0.17	0.14	0.11	0.12	0.16	0.13	0.10	0.11
缬氨酸/%	0.62	0.52	0.41	0.46	0.59	0.49	0.38	0.45
亚油酸/%	1.00	1.00	1.00	1.00	1.00	1.00	1.00	1.00
钙/%	0.90	0.80	0.80	2.00	0.90	0.80	0.80	1.80
非植酸磷/%	0.40	0.35	0.30	0.32	0.40	0.35	0.30	0.35
钾/%	0.25	0.25	0.25	0.25	0.25	0.25	0.25	0.25
钠/%	0.15	0.15	0.15	0.15	0.15	0.15	0.15	0.15
氯/%	0.15	0.12	0.12	0.15	0.12	0.11	0.11	0.11

续附表 8

营养成分	白壳蛋鸡/周龄				褐壳蛋鸡/周龄			
	0～6	6～12	12～18	18 至产蛋	0～6	6～12	12～18	18 至产蛋
镁/(mg/kg)	600.0	500.0	400.0	400.0	570.0	470.0	370.0	370.0
锰/(mg/kg)	60.0	30.0	30.0	30.0	56.0	28.0	28.0	28.0
锌/(mg/kg)	40.0	35.0	35.0	35.0	38.0	33.0	33.0	33.0
铁/(mg/kg)	80.0	60.0	60.0	60.0	75.0	56.0	56.0	56.0
铜/(mg/kg)	5.0	4.0	4.0	4.0	5.0	4.0	4.0	4.0
碘/(mg/kg)	0.35	0.35	0.35	0.35	0.33	0.33	0.33	0.33
维生素 A/(IU/kg)	1 500	1 500	1 500	1 500	1 420	1 420	1 420	1 420
维生素 D_3/(IU/kg)	200	200	200	300	190	190	190	280
维生素 E/(IU/kg)	10.0	5.0	5.0	5.0	9.5	4.7	4.7	4.7
维生素 K/(mg/kg)	0.5	0.5	0.5	0.5	0.47	0.47	0.47	0.47
核黄素/(mg/kg)	3.6	1.8	1.8	2.2	3.4	1.7	1.7	1.7
泛酸/(mg/kg)	10.0	10.0	10.0	10.0	9.4	9.4	9.4	9.4
尼克酸/(mg/kg)	27.0	11.0	11.0	11.0	26.0	10.3	10.3	10.3
维生素 B_{12}/(mg/kg)	0.009	0.003	0.003	0.004	0.009	0.003	0.003	0.003
胆碱/(mg/kg)	1 300.0	900.0	500.0	500.0	1 225.0	850.0	470.0	470.0
生物素/(mg/kg)	0.15	0.10	0.10	0.10	0.14	0.09	0.09	0.09
叶酸/(mg/kg)	0.55	0.25	0.25	0.25	0.52	0.23	0.23	0.23
硫氨素/(mg/kg)	1.0	1.0	0.8	0.8	1.0	1.0	0.8	0.8
吡哆醇/(mg/kg)	3.0	3.0	3.0	3.0	2.8	2.8	2.8	2.8
目标体重/g	450	980	1 375	1 475	500	1 100	1 500	1 600

参考文献

[1]王合民,叶浴浚．配合饲料配制技术．北京:中国农业出版社,1990

[2]中国动物营养研究会,中国农业科学院畜牧研究所．饲料配方手册．北京:中国财政经济出版社,1987

[3]冯定远．配合饲料学．北京:中国农业出版社,2003

[4]祁凌云,牛其照．饲料加工新技术．郑州:中原农民出版社,1996

[5]李复兴,李希沛．配合饲料大全．青岛:青岛海洋大学出版社,1994

[6]李德发．现代饲料生产．北京:中国农业大学出版社,1997

[7]刘继业．饲料工业手册．北京:新华出版社,1990

[8]朱广祥,范克平．饲料生产应用手册．北京:中国农业科技出版社,1998

[9]全国饲料工业标准化技术委员会,中国饲料工业协会．饲料工业标准汇编(上下)．北京:中国标准出版社,1996

[10]呙于明．家禽营养与饲料．北京:中国农业大学出版社,1998

[11]林东康,刘庆华,王炎忠等．实用饲料配合手册．郑州:河南科技出版社,1998

[12][美]国家研究委员会．家禽营养需要．蔡辉益,等译．北京:中国农业科技出版社,1994

[13]胡迪先,王立常,夏先林,等．配合饲料配方计算手册．成都:四川科学技术出版社,1987

[14]席克奇,王长青．蛋鸡笼养技术大全．北京:中国农业科

技出版社,1998

[15]韩友文.饲料与饲养学.北京:中国农业出版社,1998

[16]姚军虎,魏忠义,宋宇轩.设计蛋鸡最佳经济效益配方的营养学原理.饲料工业,2000,21(1):22~24

[17]博礼敦.生产者与消费者对鸡蛋与肉鸡质量的判断.中国家禽,2001,23(11)

[18]GB 2748 蛋卫生标准

[19]GB/T 5009.47 蛋与蛋制品卫生标准的分析方法

[20]NY/T 5043 无公害食品蛋鸡饲养管理准则

[21]GB 10648—99 饲料标签国家标准

[22]熊本海,等.对偶模型在畜禽饲料配方优化设计上的应用.中国种猪信息网,2004-04-10

[23]惠恩举.怎样给肉鸡配用油脂饲料.东北饲料信息网,2004-01-05

[24]中国饲料行业信息网.肉鸡热应激的控制措施.http://tech.feedtrade.com.cn.2002-06-24

[25]佚名.猪和肉鸡低蛋白日粮的研究进展.中国养殖信息网,2004-02-04

[26]郭振东.8种特种蛋饲喂技术.金光农业网,2004-03-18

[27]北京中农博思科技发展有限公司.配方调整及优选的基本方法介绍.http://www.nbs.net.cn,2004-06-01

[28]王利华,霍责成,杨丽洁.亚麻子脂肪酸在蛋黄中的沉积效果.中国饲料行业信息网,2002-07-09

[29]唐胜球,董小英,邹晓庭.五种微量元素对鸡蛋品质的影响.中国饲料行业信息网,2002-06-28

[30]冀贞阳.新鲜禽蛋内异物异色异味.http://tech.feedtrade.com.cn,2001-04-27